大学文科数学

（上册）

（第二版）

徐 岩 李为东 编著

科 学 出 版 社

北 京

内 容 简 介

本书为高等学校文科类各专业的高等数学教材,是根据多年教学经验,参照"文科类本科数学基础课程教学基本要求",按照新形势下教材改革的精神编写而成.本套教材分为上、下两册,上册内容包括一元微积分、二元微积分、简单一阶常微分方程等内容.下册内容为线性代数和概率论与数理统计.各章配有小结及练习题,并介绍一些与本书所述内容相关的数学家简介.此外书中还有丰富的数字教学资源,读者扫描二维码即可学习.

本书可作为高等学校文科类、艺术类等少学时高等数学课程的教材.

图书在版编目(CIP)数据

大学文科数学:全 2 册/徐岩,李为东编著. —2 版. —北京:科学出版社,2022.1
ISBN 978-7-03-068817-0

I. ①大… II. ①徐… ②李… III. ①高等数学–高等学校–教材 IV. ①O13

中国版本图书馆 CIP 数据核字 (2021) 第 094076 号

责任编辑:张中兴 梁 清 孙翠勤/责任校对:杨聪敏
责任印制:张 伟/封面设计:蓝正设计

科学出版社 出版
北京东黄城根北街 16 号
邮政编码:100717
http://www.sciencep.com
北京虎彩文化传播有限公司 印刷
科学出版社发行 各地新华书店经销
*
2014 年 8 月第 一 版 开本:720×1000 1/16
2022 年 1 月第 二 版 印张:28 1/4
2022 年 1 月第七次印刷 字数:564 000
定价:98.00 元(上下册)
(如有印装质量问题,我社负责调换)

P
第二版前言
Preface

  本书第一版的出版已经是六年之前的事了. 这期间作者及部分同事都在反复使用这部教材, 从而获得了很多有价值的意见和建议. 只要适合教学的需要, 我们都予以参考采纳. 在此一并表示感谢!

  从数学基础、数学兴趣方面考虑, 文科生有其鲜明的特点, 这一直是教师在教学中应重点关注的问题, 在教材编写和修改过程中也应考虑到. 因此我们放弃了一些逻辑严密的推理, 换之以生动的例题.

  本次修订改正了一些错误和疏漏, 删掉了一些过于繁琐的叙述和例子, 增加了广义积分、无穷级数, 以及一些例题、习题和数学家人物简介等.

徐 岩

2020 年 8 月于北京

第一版前言
Preface

　　当前的时代是信息化时代, 也就是数字化时代. 数学对信息化时代的影响是巨大的, 同时也是深远的. 20 世纪, 随着电子计算机的问世, 计算技术得到了迅猛的发展和进步, 使得数学不仅仅是自然科学的语言, 也逐渐成长为社会科学、文化艺术等诸多社会学领域的不可或缺的语言. 当今社会, 数学早已不仅仅是人类思维的载体、人类智慧的试金石, 更是诸多学科的思想和方法的描述工具、解决问题的强有力的武器, 数学方法本身就是一种思想方法.

　　在这样一个时代, 了解和掌握必要的数学知识对于每一个接受高等教育的人来说, 都是十分必要的. 在这样的大背景下, 近年国内许多高等学校相继为大学文科学生开设了高等数学课程. 多年的大学教学实践使得编者认识到大学数学教育的目的应包括三个基本方面: 一是掌握数学知识、二是提高数学素养、三是培养数学美感.

　　在现代社会, 数学在各个学科的渗透越来越广泛, 越来越深入. 统计的方法、组合的方法早已应用于社会科学研究和社会实践活动的很多方面. 而经历上千年酝酿, 几百年发展起来的微积分学则被认为是人类智慧发展的一个顶峰. 微积分的发现帮助社会解决了大量的实际问题, 促使人类获得更大的进步. 在当今社会, 微积分仍然发挥着巨大的作用, 因此掌握基本的微积分知识和方法对于大学本科生是十分必要的.

　　大学数学教育的目的之一就是提高学生的数学素养, 培养学生使用数学工具解决实际问题的意识、思想和能力. 知识的重要价值之一就是它的实用性. 对于一个大学文科生而言, 建立起用数学方法解决问题的意识和观点比单纯掌握数学知识重要得多. 因此, 本书选择了一些应用型问题作为例题或习题, 目的是为学生展示微积分在解决实际问题的过程中是如何发挥作用的.

　　美是人类最高级别的一种意识感受. 伽利略说过数学是上帝用来书写宇宙的文字, 数学中充满了各种各样的美的要素. 数学的简洁性、抽象性、和谐性无不体现着数学美. 但是, 数学知识抽象难懂和人们对数学美的无意识性, 使得大多数人很难从数学中体会到美的存在. 培养学生美的意识和欣赏美的能力也是大学文科数学课程的重要任务之一, 这有助于真正培养学生对数学的兴趣和爱好, 培养学生的数学意识.

有鉴于此, 编者在课堂教学内容、课后学习资料等诸多环节进行了精心的选择, 希望本教材可以尽可能多地为学生带来益处.

本套教材分为上、下两册, 上册内容包括微积分和常微分方程, 下册内容包括线性代数与概率统计.

2005 年, 我校开始在文法学院等文科专业设置数学课, 内容包括微积分、线性代数、概率论与数理统计等内容. 2006 年开始立项自编校内讲义, 并于 2007 年完成, 该讲义作为校内讲义正式开始使用, 其间又几经修改成现在的教材. 本教材的编写和正式出版还得到 "十二五" 高等学校本科教学质量与教学改革工程建设项目和北京科技大学教材建设经费资助.

在讲义与教材的编写过程中, 周庆欣老师编写了函数与极限, 导数与微分, 不定积分与定积分; 李为东老师编写了中值定理及其应用, 线性代数部分; 胡志兴老师编写了古典概型部分; 徐岩老师编写了二元函数, 微分方程, 概率论与数理统计部分并负责全书统稿. 郑连存教授、范玉妹教授、廖福成教授等多位老师提出了丰富而宝贵的意见和建议, 编者对诸位老师的热情帮助非常感谢, 在此一并致谢.

编 者

2014 年 6 月于北京

目录
Contents

C第1章
hapter 1　函数与极限

1.1　函　　数

第1章课件

1.1.1　集合

集合 (或简称集) 是指具有特定性质的一些事物的总体. 组成这个集合的事物称为该集合的**元素**, 通常用大写字母表示集合, 用小写字母表示集合中的元素. 元素与集合之间的隶属关系称为**属于关系**. 元素 a 是集合 M 的元素, 记作 $a \in M$ (读作 a 属于 M), 元素 a 不是集合 M 的元素, 记作 $a \notin M$ (读作 a 不属于 M).

由有限个元素组成的集合称为**有限集**, 否则称为**无限集**. 集合一般有两种表示方法: 列举法和示性法 (描述法). 列举法就是把集合的元素都列举出来. 例如 A 是由 $2, 3, 4, 6$ 这四个数字组成的集合, 记作 $A = \{2, 3, 4, 6\}$. 需要注意的是, 集合的元素不可重复.

示性法就是通过描述集合中元素的特性达到刻画集合的目的, 通常记为

$$A = \{x | x \text{ 具有的性质}\}.$$

例如, 集合 $B = \{2n | n < 4\}$, 集合 $C = \{x | x^2 - 2x - 3 = 0\}$. 也可以使用列举法表示集合 B 与 C, 就是集合 $B = \{2, 4, 6\}$, 集合 $C = \{-1, 3\}$.

通常我们用字母 $\mathbb{N}, \mathbb{Z}, \mathbb{Q}, \mathbb{R}$ 分别表示自然数集合、整数集合、有理数集合、实数集合. 本书用到的集合主要是数集, 即元素都是实数的集合或者说都是实数组成的集合. 如果没有特殊说明, 以后提到的数都指实数. 不含有任何元素的集合叫做空集, 记作 $\varnothing$, 例如方程 $(x + 1)^2 + 3 = 0$ 的实数解的解集合就是空集. 注意空集 $\varnothing$ 与 $\{0\}$ 不是一回事. $\{0\}$ 是含有一个元素的集合, 而 $\varnothing$ 是没有任何元素的集合.

设 A, B 是两个集合, 如果集合 A 的元素都是集合 B 的元素, 即若 $x \in A$, 则必有 $x \in B$, 那么称集合 A 为集合 B 的**子集**, 记作 $A \subset B$ 或 $B \supset A$ (读作 A 包含于 B 或 B 包含 A). 规定: 空集为任何集合的子集.

例 1.1.1　设 $A = \{2, 4, 6\}$, $B = \{2, 4\}$, 则 $B \subset A$.

设 A, B 是两个集合, 如果 $A \subset B$ 且 $B \supset A$, 那么称集合 A 与 B **相等**, 记作 $A = B$.

例 1.1.2 设 $A = \{2, 3\}$, $B = \{x | x$ 为方程 $x^2 - 5x + 6 = 0$ 的解$\}$, 则 $A = B$.

设 A, B 是两个集合, 称集合 $\{x | x \in A$ 或 $x \in B\}$ 为集合 A 与集合 B 的**并集**, 即由集合 A 与集合 B 的全体元素共同构成的集合, 记作 $A \cup B$.

例 1.1.3 设 $A = \{2, 4, 6, 7, 9\}$, $B = \{2, 5\}$, 则 $A \cup B = \{2, 4, 5, 6, 7, 9\}$.

集合之间求并集的运算有以下性质:

(1) $A \subset (A \cup B), B \subset (A \cup B)$;

(2) $A \cup \varnothing = A, A \cup A = A$.

设 A, B 是两个集合, 称集合 $\{x | x \in A$ 且 $x \in B\}$ 为集合 A 与集合 B 的**交集**, 即由 A 与 B 的公共元素构成的集合, 记作 $A \cap B$. 若 $A \cap B = \varnothing$, 则称集合 A 与集合 B 互不相交.

例 1.1.4 设 $A = \{2, 4, 6, 7, 9\}$, $B = \{2, 5\}$, $C = \{5, 8\}$, 则

$$A \cap B = \{2\}, \quad A \cap C = \varnothing.$$

集合之间求交集的运算有以下性质:

(1) $(A \cap B) \subset A, (A \cap B) \subset B$;

(2) $A \cap \varnothing = \varnothing, A \cap A = A$.

1.1.2 区间与邻域

在本书中, 我们使用较多的数集是被称为区间的数的集合. 设 a 和 b 都是实数, 且 $a < b$. 数集 $\{x | a < x < b\}$ 称为**开区间**, 记作 (a, b), 即

$$(a, b) = \{x | a < x < b\}.$$

a 和 b 称为开区间 (a, b) 的端点, 这里 $a \notin (a, b)$, $b \notin (a, b)$. 数集 $\{x | a \leqslant x \leqslant b\}$ 称为**闭区间**, 记作 $[a, b]$, 即

$$[a, b] = \{x | a \leqslant x \leqslant b\}.$$

a 和 b 也称为闭区间 $[a, b]$ 的端点, 这里 $a \in [a, b]$, $b \in [a, b]$. 类似地可以定义

$$[a, b) = \{x | a \leqslant x < b\}, \quad (a, b] = \{x | a < x \leqslant b\}.$$

$[a, b)$ 和 $(a, b]$ 都称为**半开半闭区间**.

以上这些区间统称为有限区间. 数 $b - a$ 称为这些区间的长度. 此外, 还有所谓的无限区间. 引进记号 $+\infty$ (读作正无穷大) 及 $-\infty$ (读作负无穷大), 则通常以下列一系列的符号表示相应的无限区间:

$$[a, +\infty) = \{x | a \leqslant x\},$$

$$(a, +\infty) = \{x | a < x\},$$
$$(-\infty, b] = \{x | x \leqslant b\},$$
$$(-\infty, b) = \{x | x < b\}.$$

全体实数的集合 $\mathbb{R}$ 也记作 $(-\infty, +\infty)$, 它也是无限区间. 注意, 记号 $-\infty$, $+\infty$ 都只是表示无限性的一种记号, 它们都不是某个确定的数, 因此不能像实数一样地进行运算.

本书中各种类型的区间统称为区间.

邻域是微积分中一个经常用到的术语, 其关注点是某个指定点的临近范围. 集合 $\{x | |x - x_0| < \delta, \delta > 0\}$ 表示以点 x_0 为中心, 长度为 2δ 的开区间 $(x_0 - \delta, x_0 + \delta)$, 称开区间 $(x_0 - \delta, x_0 + \delta)$ 为点 x_0 的 δ 邻域, 记作 $U(x_0, \delta)$, 即 $U(x_0, \delta) = \{x | |x - x_0| < \delta\}$. 其中, 点 $x = x_0$ 称为该邻域的中心, δ 称为该邻域的半径. 如图 1.1 所示.

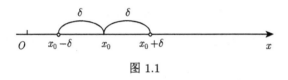

图 1.1

如果 x_0 的 δ 邻域不包含点 x_0, 即 $\{x | 0 < |x - x_0| < \delta, \delta > 0\}$, 则称之为点 x_0 的**去心邻域**. 这里 $0 < |x - x_0| < \delta$ 蕴含 $x \neq x_0$. 例如 $\{x | 0 < |x - 2| < 1\}$ 表示以点 2 为中心, 半径为 1 的去心邻域, 即数集 $(1, 2) \cup (2, 3)$.

1.1.3 函数

在中学时已经学习过函数的概念, 在问题的研究过程中保持不变的量称为常量, 可以取不同数值的量称为变量. 在变量的变化过程中观察和研究函数的性质是高等数学的普遍方法, 对于初等数学来说有着质的飞跃.

例 1.1.5 设物体下落的时间为 t, 下落的路程为 s, 假定开始下落的时刻为 $t = 0$, 不计空气阻力, 那么 s 与 t 之间的对应关系为 $s = \frac{1}{2}gt^2$, 其中 g 为重力加速度. 假定物体着地的时刻为 $t = T$, 那么当时间 t 在闭区间 $[0, T]$ 上任意取定一个数值时, 按上式 s 就有确定的数值与之对应.

设在某变化过程中有两个变量 x 和 y, 变量 y 依赖于变量 x. 如果对于变量 x 的每一个确定的值, 按照某个确定的对应法则 f, 都有唯一的 y 值和 x 相对应, y 就叫做 x 的**函数**. 此时, 变量 x 叫**自变量**, y 称为**因变量**. 自变量 x 的取值范围叫该函数的定义域, 定义域通常记作 D, 与自变量 x 对应的因变量 y 的值记作 $f(x)$, 即 $y = f(x)$, 称为函数 f 在点 x 处的函数值. 比如当 x 取值 $x_0 \in D$ 时, y

的对应值就是 $f(x_0)$. 当 x 取遍定义域 D 的所有数值时, 对应的全体函数值所组成的集合

$$W = \{y \mid y = f(x), x \in D\}$$

称为该函数的值域.

需要指出的是, 按照上述定义记号 f 和 $f(x)$ 的含义是有区别的, 前者表示自变量 x 和因变量 y 之间的对应关系, 后者表示与自变量 x 对应的函数值. 但为了叙述方便, 习惯上也常用记号 $f(x)$ 或 $y = f(x)$ 来表示函数.

历史上 "函数" 一词是由德国著名的数学家莱布尼茨 (Gottfried Wilhelm Leibniz, 1646—1716) 首先引入的, 但当时并没有对函数这个概念给出一个完整的定义. 今天我们使用的函数概念是后来由欧拉 (Leonhard Euler, 1707—1783) 等人不断修正扩充才逐步形成建立的.

每一个函数都有它在数学上的定义域, 也就是函数的自然定义域. 所谓自然定义域是指使得函数有意义的全体实数组成的集合. 但是在实际问题中, 函数的定义域是根据问题的实际意义确定的, 如例 1.1.5 中的定义域 $D = [0, T]$. 例如函数 $y = \sqrt{4 - x^2}$ 的定义域是闭区间 $[-2, 2]$, 函数 $y = \dfrac{1}{\sqrt{4 - x^2}}$ 的定义域是开区间 $(-2, 2)$.

在函数的定义中, 用 "唯一确定" 来表明所讨论的函数都是单值的, 所谓单值函数就是对于每一个 x 都有一个而且只有一个 y 的值与之对应的函数, 否则就叫做多值函数, 本书只讨论单值函数.

对于一个函数 $y = f(x)$ 来说, 我们可以把对应法则描述的对应点 (x, y) 画在一个平面直角坐标系里, 这就是函数的图形, 即 $\{(x, y) \mid y = f(x), x \in D\}$.

下面举几个常用函数及其图形的例子.

例 1.1.6　绝对值函数

$$y = |x| = \begin{cases} x, & x \geqslant 0, \\ -x, & x < 0. \end{cases}$$

这个函数的定义域是 $D = (-\infty, +\infty)$, 值域是 $W = [0, +\infty)$, 它的图形如图 1.2.

例 1.1.7　符号函数

$$f(x) = \operatorname{sgn} x = \begin{cases} 1, & x > 0, \\ 0, & x = 0, \\ -1, & x < 0. \end{cases}$$

它的定义域是 $D = (-\infty, +\infty)$, 值域是 $W = \{-1, 0, 1\}$, 它的图形如图 1.3. 对于任何一个实数 x, 下列关系成立: $x = \operatorname{sgn} x \cdot |x|$. 例如 $\operatorname{sgn}(-5) \cdot |-5| = -1 \cdot 5 = -5$.

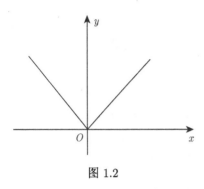

图 1.2

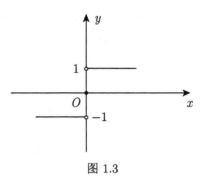

图 1.3

在例 1.1.6 和例 1.1.7 中, 可以看到有时一个函数是用几个式子来表示的, 这种在不同范围中用形式不同的表达式表示的函数称为**分段函数**.

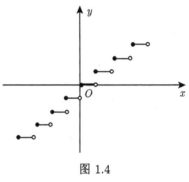

例 1.1.8 取整函数 $y = [x]$ 表示对于任一实数 x, 其意义是取不超过 x 的最大整数. 取整函数的定义域是实数集合 $D = (-\infty, +\infty)$, 值域为全体整数集合 $\mathbb{Z}$. 例如 $\left[\dfrac{3}{4}\right] = 0$, $[\pi] = 3$, $[-4.2] = -5$ 等. 它的图形如图 1.4 所示, 这是一条分段的阶梯形曲线.

图 1.4

1.1.4 函数的几种初等性质

奇偶性 设函数的定义域 D 为一个对称数集, 即当 $x \in D$ 时, 就有 $-x \in D$. 若函数满足关系
$$f(-x) = -f(x), \quad \forall x \in D,$$
则称 $f(x)$ 为**奇函数**; 若函数满足
$$f(-x) = f(x), \quad \forall x \in D,$$
则称 $f(x)$ 为**偶函数**. 上面出现的数学符号 $\forall$ 的含义是 "对一切的", 与之对应的数学符号 $\exists$ 的意义是 "存在".

例如, 函数 $y = \sin 2x$, $y = x^5$ 等都是定义在区间 $(-\infty, +\infty)$ 上的奇函数, 而函数 $y = \cos x$, $y = x^2$ 都是定义在区间 $(-\infty, +\infty)$ 上的偶函数. 函数 $y = x + \cos x$ 既不是奇函数, 也不是偶函数, 通常叫做非奇非偶函数. 不难看出, 奇函数的图形是关于原点对称的中心对称图形, 偶函数的图形关于 y 轴对称的轴对称图形.

有界性 设函数 $y = f(x)$ 的定义域为 D, 数集 $X \subset D$, 如果存在正数 M, 使得对于任一 $x \in X$, 都有 $|f(x)| \leqslant M$, 则称函数 $y = f(x)$ 在数集 X 内有界, 正数 M 称为 $f(x)$ 的一个界. 否则, 称函数 $y = f(x)$ 在数集 X 内无界.

例 1.1.9 因为正弦函数具有性质 $|\sin 2x| \leqslant 1$, 所以函数 $y = \sin 2x$ 在 $(-\infty, +\infty)$ 内是有界的. 有界函数的界不是唯一的, 4 或者 π 等数都可以作为函数 $y = \sin 2x$ 的界.

例 1.1.10 函数 $y = \dfrac{1}{x}$ 在 $(0,1]$ 上是无界的, 因为不存在这样的正数 M, 使 $\left|\dfrac{1}{x}\right| \leqslant M$ 对于 $(0,1)$ 内的一切 x 都成立 (若指定出这样的正数 $M > 0$, 则显然函数 $\dfrac{1}{x}$ 在点 $x_0 = \dfrac{1}{M+1}$ 的函数值就会大于 M). 但函数 $y = \dfrac{1}{x}$ 在 $[1, +\infty)$ 是有界的. 例如可以取 $M = 2$, 使不等式 $\left|\dfrac{1}{x}\right| \leqslant 2$ 对于区间 $[1, +\infty)$ 内的一切 x 值都成立. 函数的有界性是与函数的定义范围相关的.

有界函数的定义也可以这样表述: 如果存在常数 M_1 和 M_2, 使得对任一 $x \in X$, 都有 $M_1 \leqslant f(x) \leqslant M_2$, 就称函数 $y = f(x)$ 在 X 内有界, 并分别称 M_1 和 M_2 为 $f(x)$ 的一个**下界**和一个**上界**.

单调性 设函数 $y = f(x)$ 的定义域为 D, 区间 $I \subset D$. 如果对于区间 I 内任意两点 x_1, x_2, 当 $x_1 < x_2$ 时, 恒有

$$f(x_1) \leqslant f(x_2) \quad (f(x_1) \geqslant f(x_2)), \tag{1.1}$$

则称 $f(x)$ 在 I 上是单调增加 (减少) 的. 若 (1.1) 式中的不等号改为严格的不等号, 则相应的函数称为严格单调增加 (减少) 的.

单调增加或单调减少函数通称为单调函数. 常值函数 $y = C(-\infty < x < +\infty)$ 既是一个不增函数又是一个不减函数.

周期性 设函数 $y = f(x)$, $x \in \mathbb{R}$, 若存在 $T_0 > 0$, 使得对于定义域内的任何 x 值, $x \pm T_0$ 仍在定义域内且关系式 $f(x + T_0) = f(x)$ 恒成立, 则称 $f(x)$ 是**周期函数**, T_0 为其周期. 通常, 我们把函数的最小正周期称为这个**函数的周期**. 但是并不是每个函数都具有最小正周期的.

例 1.1.11 正弦函数 $y = \sin x$ 与余弦函数 $y = \cos x$ 都是一个周期函数, 周期为 2π. 正切函数 $y = \tan x$ 与余切函数 $y = \cot x$ 也是周期函数, 周期为 π. 这些周期都是它们的最小正周期. 常值函数 $y = c$ 也是周期函数, 但是没有最小正周期.

1.1.5 反函数与复合函数

1. 反函数

在初等数学中, 已经知道对数函数 $y = \log_a x(x > 0, a > 0$ 且 $a \neq 1)$ 与指数函数 $y = a^x$ $(a > 0$ 且 $a \neq 1)$ 互为反函数. 一般来说, 在函数关系中, 自变量和因变量都是相对而言的. 例如我们可把圆的周长 l 表示为半径 r 的函数 $l = 2\pi r$, 也

可以把半径 r 表示为周长 l 的函数 $r = \dfrac{l}{2\pi}$. 对于这两个函数而言, 我们可以把后一个函数看作是前一个函数的反函数, 也可以把前一个函数看作是后一个函数的反函数. 反函数是普遍存在的, 它只是我们认识观察事物的两面而已.

设函数 $y = f(x)$ 的定义域是数集 D, 值域是数集 W. 若对每一个 $y \in W$, 都有唯一的 $x \in D$ 适合关系 $f(x) = y$, 那么就把此 x 值作为取定的 y 值的对应值, 从而得到一个定义在 W 上的新函数. 这个新函数称为 $y = f(x)$ 的**反函数**, 记作 $x = f^{-1}(y)$. 这个新函数的定义域为 W, 值域为 D. 函数 $y = f(x)$ 告诉我们如何由变量 x 构成变量 y, 其反函数则告诉我们如何由 y 反过来构成 x. 在习惯上, 通常用 x 表示自变量, 用 y 表示因变量, 因此把函数 $y = f(x)$ 的反函数写成 $y = f^{-1}(x)$ 的形式. 从此可以看到, 函数 $y = f(x)$ 与其反函数 $y = f^{-1}(x)$ 的图形关于直线 $y = x$ 对称.

例 1.1.12 求 $y = 2x - 1$ 的反函数.

解 由 $y = 2x - 1$ 可以解出 $x = \dfrac{y+1}{2}$, 将上式中的 x 换成 y, y 换成 x, 得到函数 $y = 2x - 1$ 的反函数为 $y = \dfrac{x+1}{2}$.

一般地, 有如下的关于反函数存在性的一个简单结果, 若函数 $y = f(x)$ 是定义在某个区间 I 上并在该区间上严格单调增加或减少的函数, 则它必然存在反函数.

例 1.1.13 函数 $y = x^2$ 在 $(-\infty, +\infty)$ 上不是单调函数, 所以它没有反函数. 但是当 $y = x^2$ 定义在 $(0, +\infty)$ 或 $(-\infty, 0)$ 上时, 其反函数分别为 $\sqrt{x}$ 和 $-\sqrt{x}$.

例 1.1.14 正弦函数 $y = \sin x$ 在 $(-\infty, +\infty)$ 上不是严格单调函数, 所以也没有反函数. 但是, 如果我们将 $y = \sin x$ 的定义域限制在区间 $\left[-\dfrac{\pi}{2}, \dfrac{\pi}{2}\right]$ 上时, 函数是严格单调增加的, 这时正弦函数就会有反函数, 其反函数称为**反正弦函数**, 记作 $y = \arcsin x$, $x \in [-1, 1]$. 同样的道理, 余弦函数 $y = \cos x$ 在区间 $[0, \pi]$ 严格单调下降, 因此可以定义反函数, 其反函数称为**反余弦函数** $y = \arccos x$, $x \in [-1, 1]$. 正切函数 $y = \tan x$ 在区间 $\left(-\dfrac{\pi}{2}, \dfrac{\pi}{2}\right)$ 内严格单调上升, 因此也可以定义反函数, 其反函数称为**反正切函数** $y = \arctan x$, $x \in (-\infty, +\infty)$.

2. 复合函数

有时我们会考虑多个函数的依次对应后的结果. 例如 $y = \ln(x^2 + 1)$, 可以看成是将函数 (变量)$u = x^2 + 1$ 代入到函数 $y = \ln u$ 之中而得到的结果. 像这样在一定条件下将一个函数 "代入" 到另一个函数中的运算称为函数的复合运算, 得到的新函数称为复合函数.

一般地, 若函数 $y = f(u)$ 的定义域为 D_1, 函数 $u = \varphi(x)$ 的定义域为 D_2, 值域为 W_2, 并且 $W_2 \subset D_1$. 那么对于每个数值 $x \in D_2$, 有唯一确定的数值 $u \in W_2$ 与值 x 对应. 由于 $W_2 \subset D_1$, 这个值 u 也属于函数 $y = f(u)$ 的定义域 D_1, 因此有唯一确定的值 y 与值 u 对应. 这样, 对于每个数值 $x \in D_2$, 通过 u 有唯一确定的数值 y 与 x 对应, 从而得到一个以 x 为自变量、y 为因变量的函数

$$y = f[g(x)] \quad (x \in D_2).$$

这个函数称为由 $y = f(u)$ 和 $u = \varphi(x)$ 复合而成的复合函数, 变量 u 称为这个复合函数的中间变量.

例 1.1.15 不是任何两个函数都可以复合成一个复合函数的, 例如 $y = \arcsin u$ 及 $u = x^2 + 4$ 就不能复合成一个复合函数, 因为 $u = x^2 + 4$ 的定义域为 $(-\infty, +\infty)$, 值域为 $[4, +\infty)$, 而 $y = \arcsin u$ 的定义域为 $[-1, 1]$, 在 $u = x^2 + 4$ 中无论 x 取什么值, 对应的 $u \notin [-1, 1]$, 因而不能使 $y = \arcsin u$ 有意义.

例 1.1.16 复合函数也可以由两个以上的函数经过复合而成. 例如 $y = e^{\sqrt{2x+1}}$ 可以看成是由三个函数

$$y = e^u, \quad u = \sqrt{v}, \quad v = 2x + 1, \quad x \geqslant -\frac{1}{2}$$

复合而成的.

1.1.6 初等函数

下列五类函数称为**基本初等函数**:

幂函数　$y = x^\mu$(μ 是常数);

指数函数　$y = a^x$(a 是常数, $a > 0, a \neq 1$);

对数函数　$y = \log_a x$(a 是常数, $a > 0, a \neq 1$);

三角函数　$y = \sin x, y = \cos x, y = \tan x, y = \cot x, y = \sec x, y = \csc x$;

反三角函数　$y = \arcsin x, y = \arccos x, y = \arctan x, y = \operatorname{arccot} x$.

这些函数在初等数学中已讲过, 这里不重复了. 由常数及基本初等函数经过有限次四则运算及函数复合得到的函数, 叫做**初等函数**. 例如, $y = \sqrt{1+x}, y = \cos x^3, y = \ln 4x$ 等都是初等函数. 本书中讨论的最主要函数类就是初等函数.

习　题　1.1

1. 设 $A = \{x | 3 < x < 6\}, B = \{x | x > 4\}$, 求下列集合

(1) $A \cup B$;   (2) $A \cap B$;   (3) $A - B$.

2. 设集合

$$A = \{(x, y) | x - y + 2 \geqslant 0\},$$
$$B = \{(x, y) | 2x + 3y - 6 \geqslant 0\},$$
$$C = \{(x, y) | x - 4 \geqslant 0\},$$

在坐标平面上画出 $A \cap B \cap C$ 的区域.

3. 设集合 $A = \{a, 3, 2, 4\}$, $B = \{1, 3, 5, b\}$, 若 $A \cap B = \{1, 2, 3\}$, 求 a, b 的值.

4. 求下列函数的定义域.

(1) $y = \dfrac{1}{x} - \sqrt{2 - x^2}$;

(2) $y = \sqrt{16 - x^2} + \dfrac{1}{\ln(2x - 3)}$;

(3) $y = \arcsin(x + 2)$;

(4) $y = e^{\frac{2}{3x}}$;

(5) $y = \dfrac{2x}{x^2 - 3x + 2}$;

(6) $y = \ln(2^x - 4) + \arcsin \dfrac{2x - 1}{7}$.

5. 用区间表示下列点集, 并在数轴上表示出来.

(1) $|x| < 4$;

(2) $|x - a| < \varepsilon$ (其中 a 为常数, $\varepsilon > 0$);

(3) $|x + 1| \geqslant 4$;

(4) $3 < |x - 1| \leqslant 4$.

6. 函数 $y = \dfrac{x^2 - 1}{x - 1}$ 与 $y = x + 1$ 是否是相同的函数关系, 为什么?

7. 已知 $f(x) = x^2 + x - 2$, 求 $f(1), f(0), f(-x), f\left(\dfrac{1}{x}\right)$.

8. 设 $f(x) = \dfrac{x}{1 - x}$, 求 $f[f(x)], f\{f[f(x)]\}$.

9. 设 $f(x) = \begin{cases} 1, & x < 0, \\ 0, & x = 0, \\ 1, & x > 0, \end{cases}$ 求 $f(x - 1), f(x^2 - 1)$.

10. 设 $f(x + 1) = \begin{cases} x^2, & 0 \leqslant x \leqslant 1, \\ 2x, & 1 < x \leqslant 2, \end{cases}$ 求 $f(x)$.

11. 判断下列函数的奇偶性.

(1) $y = \dfrac{1}{3x^4}$;

(2) $y = \tan x$;

(3) $y = a^x$;

(4) $y = \lg \dfrac{1 - x}{1 + x}$;

(5) $y = xe^x$;

(6) $y = x + \sin x$.

12. 判断下列函数的单调性.

(1) $y = \log_a x$;

(2) $y = 11 - 3x^2$;

(3) $y = \left(\dfrac{1}{2}\right)^x$.

13. 求下列函数的反函数.

(1) $y = \dfrac{x + 2}{x - 4}$;

(2) $y = 3\sin 4x$;

(3) $y = 1 + \ln(x - 1)$;

(4) $y = x^3 - 6$.

14. 求下列各题中由所给函数复合而成的函数.

(1) $y = \sin u$, $u = 3x + 1$;

(2) $y = \sqrt{u}$, $u = 2 + x^2$;

(3) $y = u^2$, $u = e^x$, $x = \tan t$;

(4) $y = \sqrt{u}$, $u = \ln x$, $x = \sqrt{t}$.

15. 设生产与销售某商品的总收益 R 是产量 x 的二次函数, 经统计得知: 当产量 $x = 0, 2, 4$ 时, 总收益 $R = 0, 6, 8$, 试确定总收益 R 与产量 x 的函数关系.

1.2 数列的极限

极限是微积分理论的基本概念, 函数的连续性、导数、积分以及无穷级数的和等都是用极限来定义的. 微积分就是研究各种类型的极限及其应用的数学学科. 直观的极限思想的产生可以上溯到公元前 5 世纪, 古希腊数学家安提丰 (Antiphon) 用圆内接正多边形来逼近圆面积的想法, 当正多边形边数增加时, 正多边形的面积与圆的面积会无限接近. 这与我国魏晋间数学家刘徽 (约 225—约 295) 的割圆术的思想一致. 在解决实际问题中逐渐形成的这种极限的想法最终发展成高等数学的基本方法.

本节, 我们从数列的极限开始逐步引入和探讨极限的理论和方法. 按照一定顺序排列的一列实数 $x_1, x_2, \cdots, x_n, \cdots$ 称为数列, 其中 x_n 称为数列的第 n 项或者数列的通项, n 称为 x_n 的序号. 例如,

$$1, \frac{1}{2}, \frac{1}{3}, \cdots, \frac{1}{n}, \cdots,$$

$$1, 2, 3, \cdots, n, \cdots,$$

$$1, -1, 1, -1, \cdots, (-1)^{n-1}, \cdots$$

都是数列, 它们的通项依次为 $\frac{1}{n}, n, (-1)^{n-1}$. 通常数列 $x_1, x_2, \cdots, x_n, \cdots$ 也简记为数列 $\{x_n\}$ 或者数列 x_n.

从几何上, 数列 x_n 可看成是数轴上的一列由动点组成的序列, 它依次通过数轴上的点 $x_1, x_2, \cdots, x_n, \cdots$ (图 1.5).

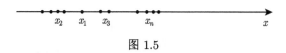

图 1.5

从函数的观点看, 数列 x_n 可看成自变量为正整数 n 的函数 $x_n = f(n)$, 它的定义域是全体正整数集, 当自变量 n 按自然顺序依次取值 $1, 2, 3, \cdots$ 时, 对应的函数值序列就排列成数列 x_n.

极限的目的是研究在 n 无限增大 (用符号 $n \to \infty$ 表示, 读作 n 趋于无穷) 的过程中数列 x_n 的变化规律, 或说是某种确定性. 这里, 我们先来看两个例子.

例 1.2.1 (庄子之棰) 春秋战国时期的先哲庄子在其《庄子·天下篇》中说过这样一段话 "一尺之棰, 日取其半, 万世不竭. " 这句话的意思是说一根一尺长的木棍, 今日取下它的一半, 明日取下它的一半的一半, 像这样一直取下去, 永远也取不完. 这里我们可以看到每天取下的长度

$$\frac{1}{2}, \frac{1}{2^2}, \frac{1}{2^3}, \frac{1}{2^4}, \cdots, \frac{1}{2^n}, \cdots$$

是一个数列, 通项为

$$x_n = \frac{1}{2^n} \quad (n \in \mathbb{N}^+),$$

当 n 无限增大时, $\frac{1}{2^n}$ 就无限地变小, 且无限接近常数 0. "万世不竭" 这个提法说明, 至少在庄子的时代, 我们的先哲已经意识到 "日取其半" 这件事是永远不会终结的. 也就是说有人已经意识到无限性的存在了. 而后世的分析学的主要目的和任务就是处理好无限性过程.

例 1.2.2 (刘徽割圆术)   设有一圆, 首先作内接正六边形, 把它的面积记为 A_1; 平分每条边上的弧, 再作内接正十二边形, 其面积为 A_2; 再作内接正二十四边形, 其面积为 A_3; 依次下去, 每次边数加倍, 把内接正 $6 \times 2^{n-1}$ 边形的面积记为 $A_n(1,2,3,\cdots)$, 这样就得到一系列内接正多边形的面积: $A_1, A_2, \cdots, A_n, \cdots$. 它们就构成一个数列. n 越大, 内接正多边形的面积与圆的面积的差别就越小. 当 n 无限增大时, 内接正多边形无限接近于圆, 同时正多边形的面积 A_n 也无限接近于某一确定的数值, 这个确定的数值便是圆的面积. 这个确定的数值在数学上称为数列 $A_1, A_2, \cdots, A_n, \cdots$ 当 $n \to \infty$ 时的极限.

给定数列 x_n, 如果当 n 无限增大时, x_n 无限地趋向于某一个常数 A, 则称 A 为当 n 趋于无穷大时数列 x_n 的极限, 或称数列 x_n 收敛于 A, 记作

$$\lim_{n \to \infty} x_n = A \quad \text{或} \quad x_n \to A \, (n \to \infty).$$

这里的 lim 是 limit 的前三个字母. 如果这样的常数 A 不存在, 则称数列没有极限, 或称数列 x_n 是发散的.

例 1.2.3   等比数列 $\frac{1}{2}, \frac{1}{2^2}, \frac{1}{2^3}, \frac{1}{2^4}, \cdots, \frac{1}{2^n}, \cdots$ 收敛到零, 即 $\lim\limits_{n \to \infty} \frac{1}{2^n} = 0$. 更一般地, 等比数列 $1, q, q^2, \cdots, q^{n-1}, \cdots$, 当 $|q| < 1$ 时的极限都是零, 即 $\lim\limits_{n \to \infty} q^n = 0$.

例 1.2.4   数列 $1, \frac{1}{2}, \frac{1}{3}, \frac{1}{4}, \cdots, \frac{1}{n}, \cdots$ 收敛到零, 即 $\lim\limits_{n \to \infty} \frac{1}{n} = 0$. 但是数列 $1, -1, 1, -1, \cdots, (-1)^n, \cdots$ 是发散的, 自然数列 $1, 2, 3, \cdots, n, \cdots$ 也是发散的.

习 题 1.2

1. 观察下列数列的变化趋势, 写出它们的极限.

(1) $x_n = \dfrac{1}{3^n}$;

(2) $x_n = \dfrac{n}{n+1}$;

(3) $x_n = \dfrac{n + (-1)^{n-1}}{n}$;

(4) $x_n = \dfrac{(-1)^n}{(n+3)^2}$;

(5) $x_n = 3 + \dfrac{1}{n^4}$;

(6) $x_n = (-1)^n n$;

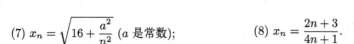

(7) $x_n = \sqrt{16 + \dfrac{a^2}{n^2}}$ (a 是常数);　　　　　(8) $x_n = \dfrac{2n+3}{4n+1}$.

2. 观察下列数列的变化趋势, 判断它们是收敛的, 还是发散的.

(1) $1, -1, 1, -1, 1, \cdots$;　　　　　　　　(2) $1, 4, 9, 16, 25, \cdots$;

(3) $1, \dfrac{1}{2}, 3, \dfrac{1}{4}, 5, \dfrac{1}{6}, \cdots$;　　　　　　　(4) $3, \dfrac{5}{6}, \dfrac{7}{11}, \dfrac{9}{16}, \dfrac{11}{21}, \cdots$;

(5) $1, \dfrac{5}{8}, \dfrac{10}{27}, \dfrac{17}{64}, \dfrac{26}{125}, \cdots$;　　　　　(6) $0, 2, 0, 4, 0, \cdots$.

1.3　函数的极限

数列是定义在正整数集合 $\mathbb{Z}^+$ 上的函数 $x_n = f(n)$, 它的极限只是一种特殊的函数的极限. 现在来讨论定义于实数集合 $\mathbb{R}$ 上的函数 $y = f(x)$ 的极限. 从函数的观点来看, 数列 x_n 的极限为 A 就是当自变量 n 取正整数且无限增大 $(n \to +\infty)$ 时, 对应的函数值 $f(n)$ 无限接近于某个确定的数 A. 如果把数列极限中的函数 $f(n)$, 自变量的变化过程 $n \to +\infty$ 等特殊性去掉, 就可以叙述成函数的极限的概念:

在自变量的某个变化过程中 $(x \to x_0$ 或 $x \to +\infty, x \to -\infty)$, 如果对应的函数值无限接近于某个确定的数, 那么这个确定的数就叫做在这一变化过程中函数的极限.

从这个概念中可以看到, 极限是与自变量的变化过程密切相关的, 对于自变量不同的变化过程, 函数极限的概念就表现出不同的形式.

1.3.1　自变量趋向于无穷大时函数的极限

函数 $f(x) = \dfrac{1}{x}$, 当 $x \to +\infty$ 时 $\dfrac{1}{x}$ 就会无限地变小, 并且无限地接近于常数 0, 这时就把 0 称为函数 $f(x) = \dfrac{1}{x}$ 当 $x \to +\infty$ 时的极限; 当 $x \to -\infty$ 时, $\dfrac{1}{x}$ 同样无限地接近于常数 0. 这样就可以说当 x 的绝对值 $|x|$ 无限增大或者记作 $x \to \infty$ 时, 函数 $f(x) = \dfrac{1}{x}$ 的极限是 0.

给定函数 $f(x)$, 如果当 x 的绝对值 $|x|$ 无限增大时, 对应的函数值 $f(x)$ 无限地趋向于某一个常数 A, 那么就称当 x 趋向于无穷大时函数 $f(x)$ 收敛, 常数 A 称为收敛的极限, 记作

$$\lim_{x \to \infty} f(x) = A \quad \text{或} \quad f(x) \to A \ (x \to \infty).$$

如果这样的常数 A 不存在, 那么称 $x \to \infty$ 时函数 $f(x)$ 发散.

在变量 x 沿正的方向无限增大 (记作 $x \to +\infty$) 时, 如果函数 $f(x)$ 无限地趋向于某一个常数 A, 那么就称当 x 趋向于正无穷大时函数 $f(x)$ 收敛, 常数 A 称

为收敛的极限, 记作 $\lim\limits_{x \to +\infty} f(x) = A$ 或者 $f(x) \to A(x \to \infty)$. 同样, 可以定义 $\lim\limits_{x \to -\infty} f(x) = A$.

例 1.3.1 极限 $\lim\limits_{x \to \infty} \dfrac{1}{2x} = 0$, 因此, 直线 $y = 0$ 是平面曲线 $y = \dfrac{1}{2x}$ 的水平渐近线. 这可以看成是极限的一个几何意义. 更一般地, 如果极限 $\lim\limits_{x \to \infty} f(x) = C$, 那么直线 $y = C$ 便是曲线 $y = f(x)$ 的水平渐近线.

例 1.3.2 不是每个函数都具有极限. 如指数函数 $f(x) = 2^x$, 当 $x \to +\infty$ 时, $f(x) \to +\infty$; 当 $x \to -\infty$ 时, $f(x) \to 0$, 因此, 当 $x \to \infty$ 时函数 $f(x)$ 是发散的. 但是, 当 $x \to -\infty$ 时, 函数 $f(x)$ 收敛到 0, 即 $\lim\limits_{x \to -\infty} f(x) = 0$. 直线 $y = 0$ 是函数 $f(x)$ 当 $x \to -\infty$ 时的一条渐近线.

例 1.3.3 正弦函数 $f(x) = \sin x$ 当 $x \to \infty$ 时发散. 余弦函数亦如此.

1.3.2 自变量趋向于有限值时函数的极限

现在讨论自变量的变化过程为 $x \to x_0$, 即 x 无限地接近于 x_0 时函数的极限. 下面来看两个例题.

例 1.3.4 函数 $y = 2x + 1$, 定义域为 $(-\infty, +\infty)$, 讨论当 $x \to 0.5$ 时, 函数的变化趋势. 列表如下 (表 1.1).

表 1.1

x	0	0.1	0.3	0.4	0.49	$\cdots$	0.5	$\cdots$	0.51	0.6	0.9	1
$f(x)$	1	1.2	1.6	1.8	1.98	$\cdots$	2	$\cdots$	2.02	2.2	2.8	3

容易看出, 当 x 越来越接近 0.5 时, $f(x)$ 的函数值越来越接近于 2.

例 1.3.5 函数 $y = \dfrac{4x^2 - 1}{2x - 1}$, 定义域为 $\left(-\infty, \dfrac{1}{2}\right) \cup \left(\dfrac{1}{2}, +\infty\right)$, 如图 1.6.

讨论当 $x \to \dfrac{1}{2}$ 时, 函数的变化趋势, 显然表 1.1 中的所有数值, 除 $x = \dfrac{1}{2}, y = 2$ 这一对以外, 其他数值均适用于这个函数, 即当 x 越来越接近 $\dfrac{1}{2}$ 时, $f(x)$ 的值越来越接近于 2.

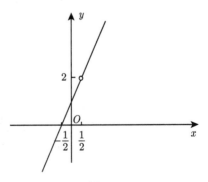

图 1.6

由上面的两个例题可以看出: 研究 x 趋于 $\dfrac{1}{2}$ 时, $f(x)$ 的极限是指 x 无限接近于 $\dfrac{1}{2}$ 时 $f(x)$ 的变化趋势, 而不是求 $x = \dfrac{1}{2}$ 时 $f(x)$ 的函数值. 因此研究 x 趋于

$\dfrac{1}{2}$ 时, $f(x)$ 的极限问题与 $x = \dfrac{1}{2}$ 时函数 $f(x)$ 是否有定义无关.

给定函数 $f(x)$, 如果当变量 x 无限接近于 x_0 时, 函数 $f(x)$ 的值无限地接近于某一个常数 A, 则称当 x 趋向于 x_0 时函数 $f(x)$ 收敛, 常数 A 称为收敛的极限, 记作

$$\lim_{x \to x_0} f(x) = A \quad \text{或} \quad f(x) \to A \,(x \to x_0).$$

如果这样的常数 A 不存在, 那么称当 x 趋向于 x_0 时函数 $f(x)$ 发散, 或者说极限 $\lim\limits_{x \to x_0} f(x)$ 不存在.

例 1.3.6　讨论当 $x \to x_0 (x_0$ 为任一常数$)$ 时, 常函数 $y = C$ 的极限.

解　由常函数 $y = C$ 的图形观察可知, 当 $x \to x_0$ 时, $y = C$ 无限地趋于常数 C, 即 $\lim\limits_{x \to x_0} C = C$.

这里所讨论的 $x \to x_0$ 包括两个方向, 当 x 既从 x_0 的右侧趋于 x_0 又从 x_0 的左侧趋于 x_0 时, 函数 $f(x)$ 都无限地趋向于某一个常数 A, 有时还需要讨论 x 仅从右侧趋于 x_0 (记作 $x \to x_0^+$) 时函数 $f(x)$ 的极限, 或者 x 仅从左侧趋于 x_0 (记作 $x \to x_0^-$) 时函数 $f(x)$ 的极限. 例如函数 $y = \sqrt{x}$, 当 x 趋于 0 时, 由于函数的定义域为 $[0, +\infty)$, 因此只能讨论 x 从右侧趋于 0 的极限.

例 1.3.7　函数

$$f(x) = \begin{cases} 2x + 1, & x > 0, \\ x^2, & x \leqslant 0, \end{cases}$$

其图形如图 1.7 所示. 由图形容易看出, 当 x 从 0 的左侧趋于 0 时, $f(x)$ 趋于 0; 当 x 从 0 的右侧趋于 0 时, $f(x)$ 趋于 1, 分别称 0 和 1 是 x 趋于 0 时得左极限与右极限.

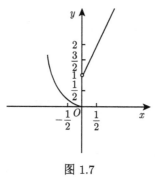

图 1.7

如果当 x 从 x_0 的左 (右) 侧趋于 x_0 时, 函数 $f(x)$ 无限地趋向于某一个常数 A, 则称 A 为当 x 趋于 x_0 时函数 $f(x)$ 的左 (右) 极限, 记作

$$\lim_{x \to x_0^-} f(x) = A \quad \text{或} \quad f(x) \to A(x \to x_0^-) \quad \text{或} \quad f(x_0^-) = A.$$

$$\left(\lim_{x \to x_0^+} f(x) = A \quad \text{或} \quad f(x) \to A(x \to x_0^+) \quad \text{或} \quad f(x_0^+) = A \right)$$

根据 $x \to x_0$ 时函数 $f(x)$ 的极限的定义以及左极限和右极限的定义, 可以看出, 函数 $f(x)$ 当 $x \to x_0$ 时极限存在的充分必要条件是左极限及右极限各自存在并且相等, 即

$$\lim_{x \to x_0^-} f(x) = \lim_{x \to x_0^+} f(x) = A.$$

因此, 即使 $f(x_0^+)$ 和 $f(x_0^-)$ 都存在, 但它们不相等, 则 $\lim\limits_{x \to x_0} f(x)$ 仍不存在.

例 1.3.8 讨论当 $x \to 0$ 时, 函数 $f(x) = |x|$ 的极限.

解 函数 $f(x) = |x| = \begin{cases} x, & x \geqslant 0, \\ -x, & x < 0, \end{cases}$ 容易看出

$$\lim_{x \to 0^+} f(x) = \lim_{x \to 0^+} x = 0.$$

同样道理可以得到

$$\lim_{x \to 0^-} f(x) = \lim_{x \to 0^-} (-x) = 0.$$

因此, 由充要条件可得

$$\lim_{x \to 0} |x| = 0.$$

习 题 1.3

1. 求函数 $f(x) = \dfrac{x}{x}, g(x) = \dfrac{|x|}{x}$, 当 $x \to 0$ 时的左右极限, 并说明它们当 $x \to 0$ 时的极限是否存在.

2. 设函数 $f(x) = \begin{cases} x, & x < 3, \\ 3x - 1, & x \geqslant 3, \end{cases}$ 作 $f(x)$ 的图形, 并讨论当 $x \to 3$ 时 $f(x)$ 的左右极限.

3. 设函数 $f(x) = 4x - 3$.

(1) 计算 $f(2.1), f(2.01), f(2.001)$;

(2) 计算 $f(1.9), f(1.99), f(1.999)$;

(3) 研究当 $x \to 2$ 时, 函数 $f(x)$ 的极限.

4. 设函数 $f(x) = -2x + 1$.

(1) 计算 $f(1.6), f(1.51), f(1.501)$;

(2) 计算 $f(1.4), f(1.49), f(1.499)$;

(3) 研究当 $x \to 1.5$ 时, 函数 $f(x)$ 的极限.

5. 设函数 $f(x) = x^2$.

(1) 计算 $f(1.1), f(1.01), f(1.001)$;

(2) 计算 $f(0.9), f(0.99), f(0.999)$;

(3) 研究当 $x \to 1$ 时, 函数 $f(x)$ 的极限.

6. 设函数 $f(x) = x^2 - x$.

(1) 计算 $f(-0.9), f(-0.99), f(-0.999)$;

(2) 计算 $f(-1.1), f(-1.01), f(-1.001)$;

(3) 研究当 $x \to -1$ 时, 函数 $f(x)$ 的极限.

1.4 极限运算法则

极限概念很好地刻画了在自变量的某种变化过程中, 其所对应的函数值的某种固有的稳定性质, 因此称为研究无限过程中的规律性的有力工具. 那么, 如何找到在一个变化过程中函数的极限呢? 本节将介绍极限的运算法则和复合函数的极限运算法则.

1.4.1 无穷大量与无穷小量

1. 无穷大量

当 $x \to x_0 (x \to \infty)$ 时, 如果函数 $f(x)$ 的绝对值无限增大, 称函数 $f(x)$ 当 $x \to x_0 \ (x \to \infty)$ 时为无穷大量, 简称无穷大.

对当 $x \to x_0 (x \to \infty)$ 时为无穷大量的函数 $f(x)$, 按函数极限定义来说, 极限是不存在的. 为了便于叙述函数的这一性态, 将 "函数是无穷大量" 这个性质也记作

$$\lim_{x \to x_0} f(x) = \infty \quad (\text{或} \lim_{x \to \infty} f(x) = \infty).$$

如果在无穷大的定义中, 把函数 $f(x)$ 的绝对值无限增大换成函数 $f(x)$ 无限增大, 就记作

$$\lim_{x \to x_0} f(x) = +\infty \quad (\text{或} \lim_{x \to \infty} f(x) = +\infty),$$

类似可以得到 $\lim\limits_{x \to x_0} f(x) = -\infty$ (或 $\lim\limits_{x \to \infty} f(x) = -\infty$) 的定义. 如果把 $\lim\limits_{x \to x_0} f(x) = \infty$ 定义中的 x 换成正整数 n, 就可以得到数列 $x_n = f(n)$ 为无穷大量 (无穷大) 的定义.

例 1.4.1 函数 $f(x) = \dfrac{1}{x-2}$, 当 $x \to 2$ 时, $\lim\limits_{x \to 2} f(x) = \infty$, 所以函数 $f(x) = \dfrac{1}{x-2}$ 当 $x \to 2$ 时为无穷大. 同理, $\lim\limits_{x \to +\infty} \ln x = +\infty$, $\lim\limits_{x \to \infty} x^4 = +\infty$ 等等.

符号 "无穷大 ∞" 不是一个数, 它与很大的数, 如十万、一亿等是不一样的. 此外无穷大量与无界量是不一样的, 数列 $1, 0, 3, 0, 5, 0, \cdots, (2n-1), 0, \cdots$ 是无界

量, 但它不是 $n \to \infty$ 时的无穷大量. 无穷大量是一个变量在某种变化过程中所具有的一种特殊性质, 而对无界量的刻画则不需要有变化过程的要求.

2. 无穷小量

以零为极限的变量称为无穷小量, 简称无穷小. 若函数极限 $\lim\limits_{x \to x_0} f(x) = 0$ (或 $\lim\limits_{x \to \infty} f(x) = 0$), 称当 $x \to x_0 (x \to \infty)$ 时函数 $f(x)$ 为无穷小 (量).

这个定义对于数列也是成立的. 即极限为零的数列 x_n 称为无穷小数列, 简称无穷小.

同样地, 我们不能把很小的数, 诸如十万分之一、千万分之一等当作无穷小量. 无穷小量也不是一个数, 函数在某个变化过程中具有以零为极限的性质则称其为无穷小量. 但是 $y = 0$ 可以作为无穷小的唯一的常值函数.

例 1.4.2 $\lim\limits_{n \to \infty} \dfrac{1}{2^n} = 0$, 所以当 $n \to \infty$ 时, 数列 $\left\{\dfrac{1}{2^n}\right\}$ 为无穷小.

例 1.4.3 $\lim\limits_{x \to \infty} \dfrac{1}{x-1} = 0$, 所以当 $x \to \infty$ 时, 函数 $f(x) = \dfrac{1}{x-1}$ 为无穷小.

例 1.4.4 $\lim\limits_{x \to 0} x = 0, \lim\limits_{x \to 0} x^4 = 0$ 所以当 $x \to 0$ 时, 函数 $f(x) = x$, $g(x) = x^4$ 均为无穷小.

例 1.4.5 $\lim\limits_{x \to -\infty} 2^x = 0$, 所以当 $x \to -\infty$ 时, 函数 $f(x) = 2^x$ 为无穷小.

无穷小与无穷大之间有一种简单的关系. 即

定理 1.1 在自变量的同一变化过程中,

(1) 如果 $f(x)$ 为无穷大, 则 $\dfrac{1}{f(x)}$ 为无穷小;

(2) 如果 $f(x)$ 为无穷小且 $f(x) \neq 0$, 则 $\dfrac{1}{f(x)}$ 为无穷大.

例 1.4.6 当 $x \to \infty$ 时, 函数 $f(x) = \dfrac{1}{x-1}$ 为无穷小, $x - 1$ 为无穷大. 当 $x \to -\infty$ 时, 函数 $f(x) = 2^x$ 为无穷小, 2^{-x} 为无穷大.

粗略地讲, 无穷大量与无穷小量是互为倒数的.

定理 1.2 在自变量的同一变化过程中, 如果函数 $f(x)$ 为无穷小, 函数 $g(x)$ 是一有界函数, 则函数 $f(x)g(x)$ 为无穷小. 即无穷小量与常数或者有界量的乘积依然是无穷小量.

例 1.4.7 求极限 $\lim\limits_{x \to 0} f(x) = \lim\limits_{x \to 0} x^2 \sin \dfrac{1}{x}$.

解 因为 $\left| \sin \dfrac{1}{x} \right| \leqslant 1$, 所以 $\sin \dfrac{1}{x}$ 是有界函数; 又 $\lim\limits_{x \to 0} x^2 = 0$, 因此当 $x \to 0$ 时, $x^2 \sin \dfrac{1}{x}$ 是有界函数与无穷小的乘积. 由定理 1.2 知 $\lim\limits_{x \to 0} f(x) = \lim\limits_{x \to 0} x^2 \sin \dfrac{1}{x} = 0$.

3. 无穷小量的阶

无穷小的特征是以零为极限, 但是在变量趋向于零的过程中, 变量与零接近的程度却不一定相同, 有时差别还很大. 例如当 $x \to 0$ 时, $x, 3x, x^2$ 都是无穷小, 但它们趋于零的速度却不一样. 如表 1.2. 显然 x^2 比 $x, 3x$ 趋于零的速度快得多, $3x$ 也比 x 趋于零的速度快, 这里快慢是相互比较而言的. 下面通过考察两个无穷小量的比值的变化来引入无穷小的阶的概念, 这个概念在本质上是比较两个无穷小趋向于零的速度快慢.

表 1.2

x	1	0.5	0.1	0.001	$\cdots$	$\to$	0
$3x$	3	1.5	0.3	0.003	$\cdots$	$\to$	0
x^2	1	0.25	0.01	0.000001	$\cdots$	$\to$	0

设 α, β 是自变量的同一变化过程中的两个无穷小, $\lim \dfrac{\beta}{\alpha}$ 也是在这个变化过程中所考虑的极限.

如果 $\lim \dfrac{\beta}{\alpha} = 0$, 则称 β 是比 α 高阶的无穷小, 记作 $\beta = o(\alpha)$;

如果 $\lim \dfrac{\beta}{\alpha} = \infty$, 则称 β 是比 α 低阶的无穷小;

如果 $\lim \dfrac{\beta}{\alpha} = c \neq 0$, 则称 β 是与 α 同阶的无穷小;

如果 $\lim \dfrac{\beta}{\alpha} = 1$, 则称 β 是与 α 等价的无穷小, 记作 $\alpha \sim \beta$.

显然等价无穷小是同阶无穷小的特殊情形, 即 $c = 1$ 的情形.

例 1.4.8 由于极限 $\lim\limits_{x \to 0} \dfrac{3x}{x} = 3$, 因此当 $x \to 0$ 时, x 与 $3x$ 是同阶无穷小; 极限 $\lim\limits_{x \to 0} \dfrac{x^2}{x} = 0$, 因此当 $x \to 0$ 时, x^2 是比 x 高阶的无穷小, 这种情况我们通常记作 $x^2 = o(x)$.

1.4.2 极限的四则运算法则

在下面的讨论中, 记号 $\lim$ 下面没有标明自变量的变化过程, 这表示以下结果对 $x \to x_0$(包括 $x \to x_0^+$, $x \to x_0^-$), $x \to \infty$ 都是成立的, 而且对数列极限也是成立的.

定理 1.3 若 $\lim f(x)$ 与 $\lim g(x)$ 都存在, 且 $\lim f(x) = A, \lim g(x) = B$, 则

(1) 函数 $\lim [f(x) \pm g(x)]$ 也存在, 且

$$\lim [f(x) \pm g(x)] = A \pm B = \lim f(x) \pm \lim g(x);$$

(2) 函数 $\lim [f(x) \cdot g(x)]$ 也存在, 且

$$\lim [f(x) \cdot g(x)] = A \cdot B = \lim f(x) \cdot \lim g(x);$$

(3) 当 $\lim g(x) = B \neq 0$ 时, 函数 $\lim \dfrac{f(x)}{g(x)}$ 也存在, 且

$$\lim \frac{f(x)}{g(x)} = \frac{A}{B} = \frac{\lim f(x)}{\lim g(x)}.$$

推论 1　两个无穷小的代数和仍然是无穷小.

推论 2　两个无穷小的乘积仍然是无穷小.

推论 3　常数因子可以提到极限符号外面, 即

$$\lim C f(x) = C \lim f(x).$$

推论 4　如果 $\lim f(x)$ 存在, n 为正整数, 则

$$\lim [f(x)]^n = [\lim f(x)]^n.$$

定理 1.3 告诉我们, 代数和的极限等于各自极限的代数和, 乘积的极限等于各自极限的乘积. 这个结论对有限多个函数都是成立的. 以上定理及推论对于数列也是成立的.

例 1.4.9　求极限 $\lim\limits_{x \to 1}(2x^2 + 1)$.

解　由于 $\lim\limits_{x \to 1} x = 1$, 因此利用定理 1.3 的 (1)、(2) 两条得到

$$\lim_{x \to 1}(2x^2 + 1) = \lim_{x \to 1} 2x^2 + \lim_{x \to 1} 1 = 2 \lim_{x \to 1} x^2 + 1 = 2(\lim_{x \to 1} x)^2 + 1 = 2 + 1 = 3.$$

例 1.4.10　求极限 $\lim\limits_{x \to 2} \dfrac{2x^2 + 1}{x}$.

解　由于

$$\lim_{x \to 2}(2x^2 + 1) = 2(\lim_{x \to 2} x)^2 + 1 = 8 + 1 = 9, \quad \lim_{x \to 2} x = 2 \neq 0,$$

因此, 利用定理 1.3 的 (3) 可以得到

$$\lim_{x \to 2} \frac{2x^2 + 1}{x} = \frac{\lim\limits_{x \to 2}(2x^2 + 1)}{\lim\limits_{x \to 2} x} = \frac{9}{2}.$$

由例 1.4.9 与例 1.4.10 可以看出, 求多项式函数 $f(x)$ 当 $x \to x_0$ 时的极限只要把 x_0 代替函数中的 x 就可以了, 即 $\lim\limits_{x \to x_0} f(x) = f(x_0)$.

但是对于有理分式函数 $f(x) = \dfrac{P(x)}{Q(x)}$, 其中 $P(x), Q(x)$ 都是多项式, 要求代入后分母不为零. 即若 $Q(x_0) \neq 0$, 则

$$\lim_{x \to x_0} f(x) = \lim_{x \to x_0} \frac{P(x)}{Q(x)} = \frac{\lim\limits_{x \to x_0} P(x)}{\lim\limits_{x \to x_0} Q(x)} = \frac{P(x_0)}{Q(x_0)} = f(x_0).$$

若 $Q(x_0) = 0$, 关于商的极限定理不能应用, 下面举两个这种类型的例题.

例 1.4.11 求极限 $\lim\limits_{x \to 2} \dfrac{2x}{x-2}$.

解 因为 $\lim\limits_{x \to 2}(x - 2) = 0$, 所以不能直接应用定理求极限, 但 $\lim\limits_{x \to 2} 2x = 4 \neq 0$, 所以可以求出

$$\lim_{x \to 2} \frac{x-2}{2x} = \frac{\lim\limits_{x \to 2}(x-2)}{\lim\limits_{x \to 2} 2x} = \frac{0}{4} = 0.$$

这就是说, 当 $x \to 2$ 时 $\dfrac{x-2}{2x}$ 为无穷小, 由无穷小与无穷大的关系知 $\dfrac{2x}{x-2}$ 为无穷大, 所以

$$\lim_{x \to 2} \frac{2x}{x-2} = \infty.$$

例 1.4.12 求极限 $\lim\limits_{x \to 2} \dfrac{x^2 - 4}{x - 2}$.

解 因为当 $x \to 2$ 时, 分母 $\lim\limits_{x \to 2}(x - 2) = 0$, 所以不能直接应用定理. 由极限定义知, 在 $x \to 2$ 的过程中 $x \neq 2$, 因而我们可以先化简, 约去分子分母不为零的公因子. 实际具体计算得到

$$\lim_{x \to 2} \frac{x^2 - 4}{x - 2} = \lim_{x \to 2} \frac{(x-2)(x+2)}{x-2} = \lim_{x \to 2}(x+2) = 4.$$

例 1.4.13 求极限 $\lim\limits_{x \to \infty} \dfrac{2x^3 - 4x + 3}{x^4 + x^3 - 1}$.

解 将分子分母同除以 x^4 得到

$$\lim_{x \to \infty} \frac{2x^3 - 4x + 3}{x^4 + x^3 - 1} = \lim_{x \to \infty} \frac{\dfrac{2}{x} - \dfrac{4}{x^3} + \dfrac{3}{x^4}}{1 + \dfrac{1}{x} - \dfrac{1}{x^4}} = \frac{0}{1} = 0.$$

例 1.4.14 求极限 $\lim\limits_{x \to \infty} \dfrac{x^4 + x^3 - 1}{2x^3 - 4x + 3}$

解 由例 1.4.13 的结果和定理 1.1(2) 知 $\lim\limits_{x \to \infty} \dfrac{x^4 + x^3 - 1}{2x^3 - 4x + 3} = \infty$.

例 1.4.15 求极限 $\lim\limits_{x\to\infty}\dfrac{x^3+x^2-1}{3x^3-2x+5}$

解 将分子分母同除以 x^3, 然后利用定理 1.3 的四则运算法则得到

$$\lim_{x\to\infty}\frac{x^3+x^2-1}{3x^3-2x+5}=\lim_{x\to\infty}\frac{1+\dfrac{1}{x}-\dfrac{1}{x^3}}{3-\dfrac{2}{x^2}+\dfrac{5}{x^3}}=\frac{1}{3}.$$

例 1.4.13 ~ 例 1.4.15 是下列一般情形的特例, 即当 $a_0\neq 0, b_0\neq 0, m, n$ 为非负整数时有

$$\lim_{x\to\infty}\frac{a_0x^m+a_1x^{m-1}+\cdots+a_m}{b_0x^n+b_1x^{n-1}+\cdots+b_n}=\begin{cases}\dfrac{a_0}{b_0}, & m=n,\\[2mm] 0, & m<n,\\[2mm] \infty, & m>n.\end{cases}$$

对于有理函数 (有理整函数或有理分式函数)$f(x)$, 只要 $f(x)$ 在点 x_0 处有定义, 那么当 $x\to x_0$ 时 $f(x)$ 的极限必定存在且等于 $f(x)$ 在点 x_0 的函数值. 这里我们不加证明地给出结论: 一切初等函数在其定义域内的每一点都具有这样的性质, 即若 $f(x)$ 是初等函数, 其定义域为 D, 而 $x_0\in D$, 则有 $\lim\limits_{x\to x_0}f(x)=f(x_0)$.

1.4.3 复合函数的极限

下面介绍一个关于复合函数求极限的定理.

定理 1.4 设函数 $u=\varphi(x)$ 当 $x\to x_0$ 时的极限存在且等于 a, 即 $\lim\limits_{x\to x_0}\varphi(x)=a$, 而函数 $y=f(u)$ 在 $u=a$ 点处有定义且 $\lim\limits_{u\to a}f(u)=f(a)$, 那么复合函数 $y=f(\varphi(x))$ 当 $x\to x_0$ 时的极限存在且等于 $f(a)$, 即 $\lim\limits_{x\to x_0}f(\varphi(x))=f(a)$.

由于 $\lim\limits_{x\to x_0}\varphi(x)=a$, 所以定理 1.4 的结论也可以写成

$$\lim_{x\to x_0}f(\varphi(x))=f\left(\lim_{x\to x_0}\varphi(x)\right).$$

例 1.4.16 求极限 $\lim\limits_{x\to 2}\sqrt{\dfrac{x^2-4}{x-2}}$.

解 这里 $\varphi(x)=\dfrac{x^2-4}{x-2}$, 由例 1.4.12 知 $\lim\limits_{x\to 2}\dfrac{x^2-4}{x-2}=4$, 而 $f(u)=\sqrt{u}$ 在 $u=4$ 处有定义且 $\lim\limits_{u\to 4}f(u)=2$, 因此由复合函数求极限的定理有

$$\lim_{x\to 2}\sqrt{\frac{x^2-4}{x-2}}=\sqrt{\lim_{x\to 2}\frac{x^2-4}{x-2}}=\sqrt{4}=2.$$

例 1.4.17 求极限 $\lim\limits_{x\to 0}\dfrac{\sqrt{x+1}-1}{x}$.

解 这是分子与分母都是无穷小量的形式, 这类问题通常不容易处理, 这里可以用把分子有理化的办法化简极限表达式. 具体计算得到

$$\lim_{x \to 0} \frac{\sqrt{x+1}-1}{x} = \lim_{x \to 0} \frac{(\sqrt{x+1}-1)(\sqrt{x+1}+1)}{x(\sqrt{x+1}+1)}$$
$$= \lim_{x \to 0} \frac{x}{x(\sqrt{x+1}+1)} = \lim_{x \to 0} \frac{1}{\sqrt{x+1}+1} = \frac{1}{2}.$$

习 题 1.4

1. 两个无穷小的商是否一定是无穷小? 举例说明.

2. 利用无穷小的性质, 计算下列极限.

(1) $\lim_{x \to 0} x^3 \sin \frac{2}{3x}$;

(2) $\lim_{x \to \infty} \frac{\arctan 2x}{x}$.

3. 函数 $y = x \cos x$ 在区间 $(0, +\infty)$ 内是否有界? 又当 $x \to +\infty$ 时这个函数是否为无穷大? 为什么?

4. 当 $x \to 0$ 时, 下列变量中哪些是无穷小量?

$$1000x^3, \quad \sqrt{3x}, \quad \frac{x}{0.0001}, \quad \frac{x}{x^4}, \quad x + 0.01x, \quad \frac{x^4}{x}.$$

5. 求下列函数的极限.

(1) $\lim_{x \to 1} \frac{x^2+2}{x-7}$;

(2) $\lim_{x \to 2} \frac{x^2-2}{\sqrt{x+2}}$;

(3) $\lim_{x \to 0} \left(1 - \frac{2}{x-3}\right)$;

(4) $\lim_{x \to 0} \sqrt{x^2-3x+2}$;

(5) $\lim_{x \to \infty} \frac{3x+2}{9x-4}$;

(6) $\lim_{x \to \infty} \frac{200x}{2+x^2}$;

(7) $\lim_{h \to +\infty} \frac{\sqrt[4]{1+h^3}}{1+h}$;

(8) $\lim_{x \to \infty} \left(1 + \frac{1}{x}\right)\left(2 - \frac{1}{x^2}\right)$;

(9) $\lim_{x \to \infty} \frac{x^2+1}{x^3+2x}(4 + \cos x)$;

(10) $\lim_{x \to \infty} \frac{x^2+1}{3x+2}$.

6. 计算下列极限.

(1) $\lim_{x \to 0} \frac{2x^3-2x^2+x}{3x^2+x}$;

(2) $\lim_{x \to 1} \frac{x^2-3x+2}{1-x^2}$;

(3) $\lim_{x \to 0} \frac{(a+x)^3-a^3}{x}$;

(4) $\lim_{x \to 1} \left(\frac{1}{1-x} - \frac{3}{1-x^3}\right)$;

(5) $\lim_{x \to 0} \frac{\sqrt{2x+1}-1}{x}$;

(6) $\lim_{x \to 1} \frac{\sqrt{5x-4}-\sqrt{x}}{x-1}$;

(7) $\lim_{x \to 4} \frac{\sqrt{2x+1}-3}{\sqrt{x-2}-\sqrt{2}}$;

(8) $\lim_{x \to 0} \frac{x^2}{1-\sqrt{1+x^2}}$;

(9) $\lim\limits_{x \to -8} \dfrac{\sqrt{1-x}-3}{2+\sqrt[3]{x}}$.

7. 计算下列数列的极限.

(1) $\lim\limits_{n \to \infty} \left(1 + \dfrac{1}{3} + \dfrac{1}{3^2} + \cdots + \dfrac{1}{3^{n-1}}\right)$;　(2) $\lim\limits_{n \to +\infty} \left(1 + q + q^2 + \cdots + q^{n-1}\right), |q| < 1$;

(3) $\lim\limits_{n \to +\infty} \dfrac{3n^2 - 7n + 6}{2n^2 - 1}$;

(4) $\lim\limits_{n \to +\infty} \dfrac{(n+1)(n+2)(n+3)}{(n-1)(n-2)(n-3)}$;

(5) $\lim\limits_{n \to +\infty} \dfrac{1 + 2 + 3 + \cdots + n}{n^2}$;

(6) $\lim\limits_{n \to +\infty} \dfrac{1 + 3 + 5 + \cdots + (2n-1)}{2 + 4 + 6 + \cdots + 2n}$;

(7) $\lim\limits_{n \to +\infty} \dfrac{1^2 + 2^2 + 3^2 + \cdots + n^2}{n^3}$;

(8) $\lim\limits_{n \to +\infty} \dfrac{1^2 + 3^2 + 5^2 + \cdots + (2n-1)^2}{2^2 + 4^2 + 6^2 + \cdots + (2n)^2}$;

(9) $\lim\limits_{n \to \infty} \dfrac{(n-1)^3}{2+n}$.

8. 在自变量 $x \to 0^+$ 时, 下列哪些变量是 x^2 的高阶无穷小、同阶无穷小、等价无穷小?

$$2x^2 - 3x, \quad x^4 + x^3, \quad x^2(1 + x^2), \quad x\sqrt{x}, \quad x^2\sqrt[3]{x} - 5x^3\sqrt{x}, \quad x^2(x^2 + 4x - 7).$$

1.5　两个重要极限

1.5.1　$\lim\limits_{x \to 0} \dfrac{\sin x}{x} = 1$

这里要研究的是一个难用极限的四则运算法则计算的极限, 为了建立这个重要的结论, 需要一个极限存在的准则——两边夹法则.

两边夹法则 (数列情形)　如果三个数列 $x_n, y_n, z_n(n = 1, 2, \cdots)$ 满足下列条件:

(1) $y_n \leqslant x_n \leqslant z_n (n = 1, 2, \cdots)$;

(2) $\lim\limits_{n \to \infty} y_n = a, \lim\limits_{n \to \infty} z_n = a$.

那么数列 x_n 的极限存在, 且 $\lim\limits_{n \to \infty} x_n = a$.

上述数列极限存在准则可以推广到函数的极限上.

两边夹法则 (函数情形)　如果三个函数 $f(x), g(x), h(x)$ 满足条件:

(1) $g(x) \leqslant f(x) \leqslant h(x)$ 成立;

(2) $\lim g(x) = \lim h(x) = a$.

那么极限 $\lim f(x)$ 存在, 且 $\lim f(x) = a$.

定理 1.5　极限

$$\lim_{x \to 0} \frac{\sin x}{x} = 1. \tag{1.2}$$

证　函数 $\dfrac{\sin x}{x}$ 的定义域为 $(-\infty, 0) \cup (0, +\infty)$, 因为 $\dfrac{\sin(-x)}{-x} = \dfrac{-\sin x}{-x} = \dfrac{\sin x}{x}$, 所以只需讨论 x 由正值趋于 $0(x \to 0^+)$ 的情形就可以了.

在图 1.8 的单位圆中, 设圆心角 $\angle AOB = x\ \left(0 < x < \dfrac{\pi}{2}\right)$, 点 A 处的切线与 OB 的延长线相交于 D, 又 $BC \perp OA$, 则

$$\sin x = BC, \quad x = \overset{\frown}{AB}, \quad \tan x = \frac{AD}{OA} = AD,$$

因为

$\triangle AOB$ 的面积 $<$ 圆扇形 AOB 的面积 $< \triangle AOD$ 的面积, 所以

$$\frac{1}{2}\sin x < \frac{1}{2}x < \frac{1}{2}\tan x,$$

化简得到不等式

$$\sin x < x < \tan x.$$

不等式除以 $\sin x$, 得

$$1 < \frac{x}{\sin x} < \frac{1}{\cos x}$$

简单变形得到不等式

$$\cos x < \frac{\sin x}{x} < 1. \tag{1.3}$$

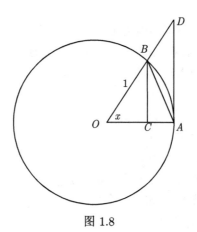

图 1.8

下面来证 $\lim\limits_{x\to 0} \cos x = 1$, 即证 $\lim\limits_{x\to 0}(1 - \cos x) = 0$. 容易建立不等式

$$0 \leqslant 1 - \cos x = 2\sin^2\frac{x}{2} \leqslant 2\left(\frac{x}{2}\right)^2 = \frac{1}{2}x^2,$$

由于 $\lim\limits_{x\to 0}\dfrac{1}{2}x^2 = 0$, 根据函数情形的两边夹法则得到 $\lim\limits_{x\to 0}(1 - \cos x) = 0$, 即 $\lim\limits_{x\to 0}\cos x = 1$. 利用 (1.2) 式可以得到极限 $\lim\limits_{x\to 0}\dfrac{\sin x}{x} = 1$. 证毕.

利用定理 1.5 来求一些函数的极限.

例 1.5.1 求极限 $\lim\limits_{x\to 0}\dfrac{\tan x}{x}$.

解 利用极限的四则运算法则和定理 1.5 的 (1.2) 式有

$$\lim_{x\to 0}\frac{\tan x}{x}=\lim_{x\to 0}\frac{\sin x}{x\cos x}=\lim_{x\to 0}\frac{\sin x}{x}\cdot\lim_{x\to 0}\frac{1}{\cos x}=1.$$

例 1.5.2 求极限 $\lim\limits_{x\to 0}\dfrac{\sin kx}{x}$.

解 令 $t=kx$, 则 $x\to 0$ 时 $t\to 0$, 于是利用极限的四则运算法则和定理 1.5 的 (1.2) 式有

$$\lim_{x\to 0}\frac{\sin kx}{x}=\lim_{x\to 0}\frac{\sin kx}{kx}\cdot k=\lim_{t\to 0}\frac{\sin t}{t}\cdot k=k.$$

例 1.5.3 求极限 $\lim\limits_{x\to 0}\dfrac{\sin 2x}{\tan 3x}$.

解 利用极限的四则运算法则和定理 1.5 的 (1.2) 式有

$$\lim_{x\to 0}\frac{\sin 2x}{\tan 3x}=\lim_{x\to 0}\frac{2}{3}\cdot\frac{\sin 2x}{2x}\cdot\frac{3x}{\tan 3x}=\frac{2}{3}.$$

例 1.5.4 求极限 $\lim\limits_{x\to 0}\dfrac{1-\cos x}{x^2}$.

解 利用三角函数的倍角公式以及极限式 (1.2) 得到

$$\lim_{x\to 0}\frac{1-\cos x}{x^2}=\lim_{x\to 0}\frac{2\sin^2\frac{x}{2}}{x^2}=\lim_{x\to 0}\frac{2\sin^2\frac{x}{2}}{4\left(\frac{x}{2}\right)^2}=\frac{1}{2}\lim_{x\to 0}\left(\frac{\sin\frac{x}{2}}{\frac{x}{2}}\right)^2$$

$$=\frac{1}{2}\cdot 1^2=\frac{1}{2}.$$

例 1.5.5 设 $\alpha,\alpha',\beta,\beta'$ 是无穷小量, 且 $\alpha\sim\alpha',\beta\sim\beta'$, 若 $\lim\dfrac{\beta'}{\alpha'}$ 存在, 求证:

$$\lim\frac{\beta}{\alpha}=\lim\frac{\beta'}{\alpha'}.$$

证 由条件知道

$$\lim\frac{\beta}{\beta'}=\lim\frac{\alpha}{\alpha'}=1,$$

因此就有

$$\lim\frac{\beta}{\alpha}=\lim\left(\frac{\beta}{\beta'}\cdot\frac{\beta'}{\alpha'}\cdot\frac{\alpha'}{\alpha}\right)=\lim\frac{\beta}{\beta'}\cdot\lim\frac{\beta'}{\alpha'}\cdot\lim\frac{\alpha'}{\alpha}=\lim\frac{\beta'}{\alpha'}.$$

这个结果表明：求两个无穷小的极限时, 分子分母都可以用等价无穷小来代替, 这样可以使计算简化. 这样的代换有

(1) $x \to 0$ 时, $x \sim \sin x \sim \tan x \sim \arcsin x \sim \arctan x \sim e^x - 1 \sim \ln(1+x)$,

(2) $x \to 0$ 时, $1 - \cos x \sim \dfrac{x^2}{2}$.

例 1.5.6　求极限 $\lim\limits_{x \to 0} \dfrac{\sin 2x}{x^2 + x}$

解　容易验证有等价关系, 当 $x \to 0$ 时, $2x \sim \sin 2x$. 因此

$$\lim_{x \to 0} \frac{\sin 2x}{x^2 + x} = \lim_{x \to 0} \frac{2x}{x^2 + x} = \lim_{x \to 0} \frac{2}{x + 1} = 2.$$

例 1.5.7　已知圆内接正 n 边形的面积为 $A_n = nR^2 \sin \dfrac{\pi}{n} \cos \dfrac{\pi}{n}$, 求证 $\lim\limits_{n \to \infty} A_n = \pi R^2$.

解　利用正多边形的面积计算公式有

$$\lim_{n \to \infty} A_n = \lim_{n \to \infty} \pi R^2 \frac{\sin \dfrac{\pi}{n}}{\dfrac{\pi}{n}} \cos \frac{\pi}{n} = \pi R^2.$$

1.5.2　$\lim\limits_{n \to +\infty} \left(1 + \dfrac{1}{n}\right)^n = e$

如果数列 x_n 对于任何正整数 n, 恒有 $x_n < x_{n+1}(x_n > x_{n+1})$, 则数列 x_n 为单调增加 (减少) 数列.

如果存在数 $M > 0$, 对于任何正整数 n, 都有 $|x_n| \leqslant M$, 则 x_n 称为有界数列.

单调有界原理　如果数列 x_n 是单调有界数列, 则极限 $\lim\limits_{n \to \infty} x_n$ 一定存在.

从数轴上看, 对应于单调数列的点 x_n 只能朝一个方向移动, 所以只有两种可能情形: 点 x_n 沿数轴移向无穷远 ($x_n \to +\infty$ 或 $x_n \to -\infty$) 或者点 x_n 无限趋近于某一个定点 A, 如图 1.9.

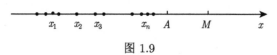

图 1.9

例如 $x_n = \dfrac{1}{n}$ $(n = 1, 2, \cdots)$, 显然 x_n 是单调减少且 $|x_n| \leqslant 1$ 有界. 因此 $\lim\limits_{n \to \infty} x_n$ 一定存在. 我们知道 $\lim\limits_{n \to \infty} \dfrac{1}{n} = 0$.

考察数列 $x_n = \left(1 + \dfrac{1}{n}\right)^n$, 当 n 不断增大时 x_n 的变化趋势, 为直观起见, 列表如下 (表 1.3).

表 1.3

n	1	2	3	4	5	10	1000	10000	$\cdots$
$\left(1+\dfrac{1}{n}\right)^n$	2	2.25	2.37	2 441	2.488	2.594	2.717	2.718	$\cdots$

由表 1.3 可看出, 当 n 不断增大时 x_n 的变化趋势是稳定的, 事实上, 可以证明

$$\lim_{n \to \infty} \left(1 + \frac{1}{n}\right)^n = \mathrm{e}. \tag{1.4}$$

其中 e 表示一个无理数, 这是一个非常重要的常数, 其近似值为

$$\mathrm{e} \approx 2.718281828459045\cdots.$$

以 e 为底的对数称为自然对数, 记作 $\ln x$.

定理 1.6　有如下极限式成立.

(1) $\lim\limits_{n \to \infty} \left(1 + \dfrac{1}{n}\right)^n = \mathrm{e};$

(2) $\lim\limits_{x \to \infty} f(x) = \lim\limits_{x \to \infty} \left(1 + \dfrac{1}{x}\right)^x = \mathrm{e};$ $\tag{1.5}$

(3) $\lim\limits_{\alpha \to 0} (1 + \alpha)^{\frac{1}{\alpha}} = \mathrm{e}.$ $\tag{1.6}$

例 1.5.8　求极限 $\lim\limits_{x \to \infty} \left(1 + \dfrac{2}{x}\right)^x$.

解　令 $t = \dfrac{x}{2}$, 则 $x \to \infty$ 时 $t \to \infty$, 于是利用 (1.5) 式得到

$$\lim_{x \to \infty} \left(1 + \frac{2}{x}\right)^x = \lim_{x \to \infty} \left(1 + \frac{1}{\frac{x}{2}}\right)^{\frac{x}{2} \cdot 2} = \lim_{t \to \infty} \left(1 + \frac{1}{t}\right)^{t \cdot 2}$$

$$= \lim_{t \to \infty} \left[\left(1 + \frac{1}{t}\right)^t\right]^2 = \mathrm{e}^2.$$

或令 $\alpha = \dfrac{2}{x}, x \to \infty$ 时, $\alpha \to 0$, 于是利用 (1.6) 式得到

$$\lim_{x \to \infty} \left(1 + \frac{2}{x}\right)^x = \lim_{\alpha \to 0} (1 + \alpha)^{\frac{2}{\alpha}} = \left[\lim_{\alpha \to 0} (1 + \alpha)^{\frac{1}{\alpha}}\right]^2 = \mathrm{e}^2.$$

例 1.5.9　求极限 $\lim\limits_{x \to \infty} \left(\dfrac{x + 1}{x - 2}\right)^x$.

解 利用简单的代数变形将底数化为 "1+ 某个量" 的形式

$$\lim_{x \to \infty} \left(\frac{x+1}{x-2}\right)^x = \lim_{x \to \infty} \left(1 + \frac{3}{x-2}\right)^x.$$

令 $t = \dfrac{3}{x-2}$，当 $x \to \infty$ 时，$t \to 0$，于是利用 (1.6) 式得到

$$\lim_{x \to \infty} \left(1 + \frac{3}{x-2}\right)^x = \lim_{t \to 0} (1+t)^{\frac{3}{t}+2} = \lim_{t \to 0} (1+t)^{\frac{3}{t}} \cdot (1+t)^2$$
$$= \lim_{t \to 0} (1+t)^{\frac{3}{t}} \cdot \left[\lim_{t \to 0}(1+t)\right]^2 = e^3.$$

例 1.5.10 (连续复利问题) 设有本金 A_0，计算期的利率为 r，记息期数为 t，如果每期结算一次并把利息加入下一期的本金中，则 t 期后的本金与利息和为

$$A_t = A_0(1+r)^t.$$

如果每期结算 m 次，t 期后的本利和为

$$A_t = A_0 \left(1 + \frac{r}{m}\right)^{mt}.$$

如果令 $m \to \infty$，则表示利息随时记入本金，记立即存入立即结算. 这样的复利称为连续复利，于是 t 期后的资金总额为

$$\lim_{m \to \infty} A_0 \left(1 + \frac{r}{m}\right)^{mt} = A_0 \lim_{m \to \infty} \left(1 + \frac{r}{m}\right)^{\frac{m}{r} \cdot rt} = A_0 \left[\lim_{m \to \infty} \left(1 + \frac{r}{m}\right)^{\frac{m}{r}}\right]^{rt} = A_0 e^{rt}.$$

习 题 1.5

1. 求下列极限.

(1) $\displaystyle\lim_{x \to 0} \frac{\tan x^3}{3x}$;

(2) $\displaystyle\lim_{x \to 0} \frac{\sin 3x}{\sin 4x}$;

(3) $\displaystyle\lim_{x \to 0} \frac{1 - \cos 2x}{x \sin x}$;

(4) $\displaystyle\lim_{x \to 0} \frac{2 \arcsin x}{3x}$;

(5) $\displaystyle\lim_{x \to 0} x \cdot \cot x$;

(6) $\displaystyle\lim_{x \to 0} \frac{\arcsin x}{x}$;

(7) $\displaystyle\lim_{n \to \infty} 2^n \sin \frac{x}{2^n}$ (x 为不等于零的常数).

2. 求下列极限.

(1) $\displaystyle\lim_{x \to \infty} \left(1 + \frac{2}{x}\right)^{2x}$;

(2) $\displaystyle\lim_{x \to \infty} \left(1 - \frac{2}{x}\right)^{\frac{x}{2}-1}$;

(3) $\displaystyle\lim_{x \to 0} \left(\frac{2-x}{2}\right)^{\frac{x}{2}}$;

(4) $\displaystyle\lim_{x \to \infty} \left(\frac{x-1}{x+1}\right)^{3x}$;

(5) $\lim\limits_{x\to+\infty}\left(1-\dfrac{1}{2x}\right)^{\sqrt{x}}$;

(6) $\lim\limits_{x\to0}\dfrac{\ln(1+2x)}{\sin3x}$;

(7) $\lim\limits_{n\to\infty}\{n\left[\ln(n+2)-\ln n\right]\}$;

(8) $\lim\limits_{x\to0}(1-x)^{\frac{1}{x}}$.

3. 这是与圆周率 π 有关的问题.

(1) 证明极限式: $\lim\limits_{n\to+\infty}\cos\dfrac{x}{2}\cos\dfrac{x}{2^2}\cos\dfrac{x}{2^3}\cdots\cos\dfrac{x}{2^n}=\dfrac{\sin x}{x}$.

(2) 熟知 $\cos\dfrac{\pi}{4}=\sqrt{\dfrac{1}{2}}$, 利用半角公式 $\cos\dfrac{\alpha}{2}=\sqrt{\dfrac{1}{2}+\dfrac{1}{2}\cos\alpha}\ \left(0<\alpha\leqslant\dfrac{\pi}{2}\right)$ 计算余弦函数值 $\cos\dfrac{\pi}{8},\cos\dfrac{\pi}{16}$.

1.6　函数的连续性与间断点

1.6.1　函数的连续性

现实世界中很多变量的变化是连续不断的, 如气温、物体运动的路程等都是连续变化的. 这一现象反映在数学上就是函数的连续性, 它是微积分学的又一重要概念.

当把一个函数在平面直角坐标系中用它的图形表示出来时, 可以发现图形展现出两种现象, 一种是图形在某些地方是连接着的, 另一种情况是图形在某些地方是断开的. 如函数 $f(x)=\dfrac{1}{x}$, $g(x)=\begin{cases}1,&x>0,\\0,&x=0,\\-1,&x<0\end{cases}$ 在 $x=0$ 处是断开的; 而函数 $h(x)=x^2$ 是一条连绵不断的曲线. 通俗地说, 在曲线 $y=h(x)=x^2$ 上, 我们可以从任一点出发沿着曲线走到曲线的任意另外一点. 而在曲线 $y=f(x)=\dfrac{1}{x}$ 上就做不到这一点, 比如, 我们没有办法从点 $(1,1)$ 出发, 沿着曲线 $y=\dfrac{1}{x}$ 走到点 $(-1,-1)$.

更细致地观察可以发现, 函数 $f(x)=\dfrac{1}{x}$ 在 $x=0$ 点无定义, $g(x)=\begin{cases}1,&x>0,\\0,&x=0,\\-1,&x<0\end{cases}$ 在 $x=0$ 点有定义但是 $\lim\limits_{x\to0}g(x)\neq g(0)$, 而 $h(x)=x^2$ 在任一点 x_0 都有 $\lim\limits_{x\to x_0}h(x)=h(x_0)$, 于是我们有下面的定义.

若函数 $f(x)$ 满足

(1) $f(x)$ 在 x_0 处有定义;

(2) $f(x)$ 在 x_0 处极限存在, 即 $\lim\limits_{x\to x_0}f(x)=A$;

(3) $f(x)$ 在 x_0 处极限等于函数值, 即 $\lim\limits_{x \to x_0} f(x) = A = f(x_0)$,

则称函数 $f(x)$ 在点 $x = x_0$ 处是**连续的**, 称点 $x = x_0$ 为 $f(x)$ 的**连续点**.

下面用另外一种观点给出函数在一点处连续的定义.

设函数 $y = f(x)$ 在点 x_0 的某个邻域内有定义, 当自变量 x 从 x_0 改变到 $x_0 + \Delta x$ 时 (Δx 称为自变量的增量, 可正可负), 对应的函数 y 相应的增量为

$$\Delta y = f(x_0 + \Delta x) - f(x_0).$$

如果自变量 x 在 x_0 点的增量 Δx 趋于 0 时, 函数 y 相应的增量 Δy 也趋于 0, 即

$$\lim_{\Delta x \to 0} \Delta y = 0 \quad (\text{或} \lim_{\Delta x \to 0} [f(x_0 + \Delta x) - f(x_0)] = 0),$$

则称函数 $f(x)$ 在点 $x = x_0$ 处是连续的.

如果函数满足

$$\lim_{x \to x_0^-} f(x) = f(x_0) \quad (\lim_{x \to x_0^+} f(x) = f(x_0)),$$

则称函数 $f(x)$ 在 x_0 处是左 (右) 连续的.

函数 $f(x)$ 若在开区间 (a, b) 内的每一点处都连续, 则称函数 $f(x)$ 在开区间 (a, b) 内是连续的; 若函数 $f(x)$ 在开区间 (a, b) 内连续, 并且在区间的左端点 a 处右连续, 在区间的右端点 b 处左连续, 则称函数 $f(x)$ 在闭区间 $[a, b]$ 上是连续的. 若函数在它的定义域上的每一点都连续, 则称这个函数是连续函数. 直观上看, 连续函数的图形是一条连续而不间断的曲线.

如多项式函数 $P(x)$ 在定义域内的任意一点 x_0 处的极限都存在且等于函数值, 即

$$\lim_{x \to x_0} P(x) = P(x_0).$$

由连续函数的定义知, 多项式函数 $P(x)$ 是连续的. 因此在求连续函数在某点的极限时, 只需求出函数在该点的函数值即可.

例 1.6.1 证明: 正弦函数 $y = \sin x$ 在 $(-\infty, +\infty)$ 内连续.

证 设 x_0 是 $(-\infty, +\infty)$ 内任意一点, x 在 x_0 点的增量 $\Delta x \to 0$ 时, 函数 y 相应的增量

$$\Delta y = \sin(x_0 + \Delta x) - \sin x_0 = 2 \sin \frac{\Delta x}{2} \cdot \cos\left(x_0 + \frac{\Delta x}{2}\right),$$

因为 $\left|\cos\left(x_0 + \dfrac{\Delta x}{2}\right)\right| \leqslant 1$, 当 $\Delta x \to 0$ 时, $2 \sin \dfrac{\Delta x}{2} \sim 2 \cdot \dfrac{\Delta x}{2} = \Delta x$, 根据无穷小与有界变量的乘积仍然是无穷小知 $\lim\limits_{\Delta x \to 0} \Delta y = 0$, 所以 $y = \sin x$ 在 x_0 处是连

续. 又因为 x_0 是 $(-\infty, +\infty)$ 内任意一点, 因此 $y = \sin x$ 在 $(-\infty, +\infty)$ 内连续. 证毕.

类似可以证明函数 $y = \cos x$ 在 $(-\infty, +\infty)$ 内是连续的.

这里的计算需要一组三角函数的和差化积公式,

$$\sin \alpha + \sin \beta = 2 \sin \frac{\alpha + \beta}{2} \cos \frac{\alpha - \beta}{2},$$

$$\sin \alpha - \sin \beta = 2 \cos \frac{\alpha + \beta}{2} \sin \frac{\alpha - \beta}{2},$$

$$\cos \alpha + \cos \beta = 2 \cos \frac{\alpha + \beta}{2} \cos \frac{\alpha - \beta}{2},$$

$$\cos \alpha - \cos \beta = -2 \sin \frac{\alpha + \beta}{2} \sin \frac{\alpha - \beta}{2}.$$

1.6.2 函数的间断点

如果函数 $f(x)$ 在点 $x = x_0$ 处不满足连续性定义中的条件, 则称函数 $f(x)$ 在点 $x = x_0$ 处间断, 点 x_0 为 $f(x)$ 的间断点或不连续点.

显然如果函数 $f(x)$ 在 $x = x_0$ 处有下列情形之一,

(1) $f(x)$ 在点 $x = x_0$ 处没有定义, 即 $f(x_0)$ 不存在;

(2) $f(x)$ 在点 $x = x_0$ 处极限不存在, 即 $\lim\limits_{x \to x_0} f(x)$ 不存在;

(3) $f(x)$ 在点 $x = x_0$ 有定义, $\lim\limits_{x \to x_0} f(x)$ 存在, 但 $\lim\limits_{x \to x_0} f(x) \neq f(x_0)$.

则点 $x = x_0$ 为函数 $f(x)$ 的一个间断点.

下面举几个例子说明间断点的几种情况.

例 1.6.2 函数 $y = \dfrac{1}{x}$ 在 $x = 0$ 处没有定义, 所以 $x = 0$ 是函数 $y = \dfrac{1}{x}$ 的间断点.

例 1.6.3 讨论 $f(x) = \begin{cases} 1, & x > 0, \\ 0, & x = 0, \\ -1, & x < 0 \end{cases}$ 在 $x = 0$ 处的连续性.

解 函数 $f(x) = \begin{cases} 1, & x > 0, \\ 0, & x = 0, \\ -1, & x < 0 \end{cases}$ 在 $x = 0$ 处有定义, 且 $f(0) = 0$, 但是

$$\lim_{x \to 0^-} f(x) = -1, \quad \lim_{x \to 0^+} f(x) = 1,$$

函数在 $x = 0$ 处左右极限存在但不相等, 所以 $\lim\limits_{x \to x_0} f(x)$ 不存在, 因此 $x = 0$ 是函数 $f(x)$ 的间断点 (图 1.10).

例 1.6.4 讨论 $f(x) = \begin{cases} x, & x \neq 0, \\ 1, & x = 0 \end{cases}$ 在 $x = 0$ 处的连续性.

解 函数 $f(x) = \begin{cases} x, & x \neq 0, \\ 1, & x = 0 \end{cases}$ 在 $x = 0$ 处有定义, 且 $f(0) = 1$,

$$\lim_{x \to 0^-} f(x) = \lim_{x \to 0^+} f(x) = \lim_{x \to 0} f(x) = 0,$$

但 $\lim_{x \to 0} f(x) \neq f(0)$, 所以 $x = 0$ 是 $f(x)$ 的间断点 (图 1.11).

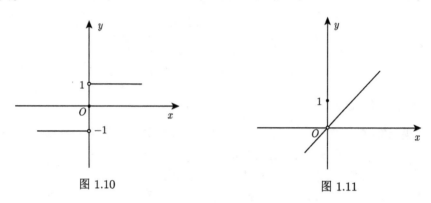

图 1.10　　　　　　　　　　图 1.11

通常把间断点分为两类: 第一类间断点和第二类间断点. 凡是左右极限都存在的间断点称为第一类间断点, 其中左右极限不相等者称为跳跃间断点, 左右极限相等者称为可去间断点. 不是第一类间断点的任何间断点都称为第二类间断点, 其中为无穷大量者称为无穷间断点. 例 1.6.3 中 $x = 0$ 是 $f(x)$ 的跳跃间断点, 例 1.6.4 中 $x = 0$ 是 $f(x)$ 的可去间断点, 例 1.6.2 中 $x = 0$ 是 $f(x)$ 的无穷间断点.

习　题　1.6

1. 证明下列函数在 $(-\infty, +\infty)$ 内是连续函数.

(1) $y = 2x^2 + 1$;　　　　　　　　　　　　(2) $y = \cos x$.

2. 下列函数 $f(x)$ 在 $x = 0$ 处是否连续? 为什么?

(1) $f(x) = \begin{cases} x^2 \sin \dfrac{1}{x}, & x \neq 0, \\ 0, & x = 0; \end{cases}$　　　(2) $f(x) = \begin{cases} \mathrm{e}^{-\frac{1}{x^2}}, & x \neq 0, \\ 0, & x = 0; \end{cases}$

(3) $f(x) = \begin{cases} \dfrac{\sin x}{|x|}, & x \neq 0, \\ 1, & x = 0; \end{cases}$　　　(4) $f(x) = \begin{cases} \mathrm{e}^x, & x \leqslant 0, \\ \dfrac{\sin x}{x}, & x > 0. \end{cases}$

3. 函数 $f(x) = \begin{cases} x - 1, & x \leqslant 0, \\ x^2, & x > 0 \end{cases}$ 在点 $x = 0$ 处是否连续? 并作出 $f(x)$ 的图形.

4. 函数 $f(x) = \begin{cases} |x|, & |x| \leqslant 1, \\ \dfrac{x}{|x|}, & 1 < |x| \leqslant 2 \end{cases}$ 在其定义域内是否连续? 并作出 $f(x)$ 的图形.

5. 设函数

$$f(x) = \begin{cases} \dfrac{1}{x} \sin x, & x < 0, \\ k, & x = 0, \\ x \sin \dfrac{1}{x} + 1, & x > 0. \end{cases}$$

问当 $k(k$ 为常数) 为何值时, 函数 $f(x)$ 在其定义域内连续? 为什么?

6. 设函数

$$f(x) = \begin{cases} \dfrac{\sin 2x}{x}, & x < 0, \\ 3x^2 - 2x + k, & x \geqslant 0. \end{cases}$$

问当 k 为何值时, 函数 $f(x)$ 在其定义域内连续? 为什么?

1.7 连续函数的运算法则

利用函数在某点的连续性计算函数在该点的极限是解决极限计算问题的行之有效的办法. 由函数连续性的定义和极限四则运算法则可得出下列定理.

定理 1.7 如果函数 $f(x)$ 与 $g(x)$ 在点 $x = x_0$ 处连续, 则这两个函数的和 $f(x) + g(x)$, 差 $f(x) - g(x)$, 积 $f(x) \cdot g(x)$, 商 $\dfrac{f(x)}{g(x)}$ (当 $g(x_0) \neq 0$ 时), 在点 $x = x_0$ 处也连续.

证 令 $F(x) = f(x) + g(x)$, 由函数在 x_0 处连续的定义知

$$\lim_{x \to x_0} F(x) = \lim_{x \to x_0} [f(x) + g(x)] = \lim_{x \to x_0} f(x) + \lim_{x \to x_0} g(x)$$
$$= f(x_0) + g(x_0) = F(x_0).$$

这就证明了两个函数的和 $f(x) + g(x)$ 在点 x_0 处也连续. 其他情形可类似证明. 证毕.

推论 1 有限个在某点连续的函数的和是一个在该点连续的函数.

推论 2 有限个在某点连续的函数的积是一个在该点连续的函数.

通俗而简单地说, 连续函数的和、差、积、商都是连续函数. 特别地有

(1) 多项式函数 $a_0 x^n + a_1 x^{n-1} + \cdots + a_n$ 在 $(-\infty, +\infty)$ 内连续.

(2) 分式函数 $\dfrac{a_0 x^n + a_1 x^{n-1} + \cdots + a_n}{b_0 x^m + b_1 x^{m-1} + \cdots + b_m}$ 除了分母为 0 的点外, 在其他点连续.

例 1.7.1 已知函数 $f(x) = \sin x, g(x) = 2 + x^2$ 都是 $(-\infty, +\infty)$ 上的连续

函数, 则由定理 1.7 得 $\dfrac{f(x)}{g(x)} = \dfrac{\sin x}{2 + x^2}$ 也是 $(-\infty, +\infty)$ 上的连续函数.

在 1.5 节中有复合函数求极限的定理, 设函数 $u = \varphi(x)$ 当 $x \to x_0$ 时的极限存在且等于 a, 即 $\lim\limits_{x \to x_0} \varphi(x) = a$, 而函数 $y = f(u)$ 在 a 点处有定义且 $\lim\limits_{u \to a} f(u) = f(a)$, 那么复合函数 $y = f(\varphi(x))$ 当 $x \to x_0$ 时的极限存在且等于 $f(a)$, 即 $\lim\limits_{x \to x_0} f(\varphi(x)) = f(a)$. 现令 $\varphi(x_0) = a$, 即 $\varphi(x)$ 在点 x_0 处连续, 我们得 $\lim\limits_{x \to x_0} f(\varphi(x)) = f(a) = f(\varphi(x_0))$, 于是得到决定复合函数连续性的定理.

定理 1.8 设函数 $u = \varphi(x)$ 在点 x_0 处连续, 且 $\varphi(x_0) = u_0$, 而函数 $y = f(u)$ 在 u_0 点连续, 那么复合函数 $y = f(\varphi(x))$ 在点 x_0 处也连续, 即 $\lim\limits_{x \to x_0} f(\varphi(x)) = f(\varphi(x_0))$.

例 1.7.2 讨论函数 $y = \sin\dfrac{1}{x}$ 的连续性.

解 函数 $y = \sin\dfrac{1}{x}$ 可看作由 $y = \sin u, u = \dfrac{1}{x}$ 复合而成, $y = \sin u$ 在 $(-\infty, +\infty)$ 上连续, $u = \dfrac{1}{x}$ 在 $(-\infty, 0) \cup (0, +\infty)$ 内连续, 根据定理 1.8, 函数 $y = \sin\dfrac{1}{x}$ 在区间 $(-\infty, 0) \cup (0, +\infty)$ 内连续.

定理 1.9 严格单调的连续函数的反函数也是连续的, 且单调性不改变.

例 1.7.3 正弦函数 $y = \sin x$ 在 $\left[-\dfrac{\pi}{2}, \dfrac{\pi}{2}\right]$ 上是严格单调增加的连续函数, 它的反函数 $y = \arcsin x$ 在 $[-1, 1]$ 上也是严格单调增加的连续函数.

由于基本初等函数在其定义域内都是连续的, 所以由基本初等函数经过有限次四则运算或复合运算而得到的初等函数在其定义区间内也是连续的. 因此, 我们得到一个重要结论, 初等函数在其定义域内是连续的.

根据函数 $f(x)$ 在点 $x = x_0$ 连续的定义, 如果已知函数 $f(x)$ 在点 $x = x_0$ 处连续, 那么求 $f(x)$ 当 $x \to x_0$ 时的极限的工作就转化为计算函数 $f(x)$ 在点 $x = x_0$ 的函数值了.

例 1.7.4 求极限 $\lim\limits_{x \to 0} \mathrm{e}^{\sin x + 1}$.

解 由于函数 $\mathrm{e}^{\sin x + 1}$ 是一个初等函数, 因此必连续, 所以

$$\lim_{x \to 0} \mathrm{e}^{\sin x + 1} = \mathrm{e}^{\sin 0 + 1} = \mathrm{e}.$$

例 1.7.5 求极限 $\lim\limits_{x \to 0} \dfrac{\ln(1 + x)}{x}$.

解 函数 $\dfrac{\ln(1 + x)}{x} = \ln(1 + x)^{\frac{1}{x}}$ 在 $x = 0$ 处不连续, 令 $u = (1 + x)^{\frac{1}{x}}$, 当 $x \to 0$ 时, $u \to \mathrm{e}$,

$$\lim_{x\to 0}\frac{\ln(1+x)}{x}=\lim_{x\to 0}\ln(1+x)^{\frac{1}{x}}=\ln\left[\lim_{x\to 0}(1+x)^{\frac{1}{x}}\right]=\ln e=1.$$

例 1.7.6 求证: 当 $x\to 0$ 时, $\sin\sin x\sim\ln(1+x)$.

证 当 $x\to 0$ 时, 我们已经知道 $\sin\sin x\to 0, \ln(1+x)\to 0$, 因此

$$\lim_{x\to 0}\frac{\sin\sin x}{\ln(1+x)}=\lim_{x\to 0}\frac{\dfrac{\sin\sin x}{x}}{\dfrac{\ln(1+x)}{x}}=\lim_{x\to 0}\frac{\dfrac{\sin x}{x}\cdot\dfrac{\sin\sin x}{\sin x}}{\ln(1+x)^{\frac{1}{x}}}=\frac{1\cdot 1}{1}=1.$$

这样就得到当 $x\to 0$ 时, $\sin\sin x\sim\ln(1+x)$.

例 1.7.7 求极限 $\lim\limits_{x\to 0}(1+2x)^{\frac{2}{\sin x}}$.

解 利用定理 1.6 及重要极限得到

$$\lim_{x\to 0}(1+2x)^{\frac{2}{\sin x}}=\lim_{x\to 0}e^{\ln(1+2x)^{\frac{2}{\sin x}}}=\lim_{x\to 0}e^{\frac{2}{\sin x}\cdot\ln(1+2x)}$$

$$=e^{\lim\limits_{x\to 0}\frac{2}{\sin x}\cdot\ln(1+2x)}=e^{\lim\limits_{x\to 0}4\cdot\frac{\ln(1+2x)}{2x}}=e^4.$$

一般地, 对于形如 $u(x)^{v(x)}(u(x)>0, u(x)$ 不恒等于 1) 的函数 (通常称为幂指函数), 如果 $\lim u(x)=a>0$, $\lim v(x)=b$, 那么 $\lim u(x)^{v(x)}=a^b$. 这里三个 $\lim$ 表示自变量在同一变化过程中的极限.

习 题 1.7

1. 求函数 $f(x)=\dfrac{x^3+3x^2-x-3}{x^2+x-6}$ 的连续区间, 并求极限 $\lim\limits_{x\to 0}f(x), \lim\limits_{x\to -3}f(x)$ 及 $\lim\limits_{x\to 2}f(x)$.

2. 求下列极限.

(1) $\lim\limits_{x\to 1}\dfrac{e^x+1}{2x}$;   (2) $\lim\limits_{t\to\pi}(\cos 3t)^2$;   (3) $\lim\limits_{x\to\frac{\pi}{4}}\dfrac{\sin 2x}{\cos(\pi-x)}$;   (4) $\lim\limits_{x\to\frac{\pi}{6}}\ln(3\sin 3x)$;

(5) $\lim\limits_{x\to a}\dfrac{\sin x-\sin a}{x-a}$;   (6) $\lim\limits_{x\to 0}(1+3\tan^2 x)^{\cot x}$;   (7) $\lim\limits_{x\to\infty}\left(\dfrac{2x-3}{2x+1}\right)^{x+1}$.

3. 设函数 $f(x)=\begin{cases}x^2, & x\leqslant 3, \\ 2x+1, & x>3,\end{cases}$ 判断函数 $f(x)$ 的连续性.

4. 设函数 $f(x)=\begin{cases}e^x, & x<0, \\ a+x, & x\geqslant 0,\end{cases}$ 当 a 为何值时, 函数 $f(x)$ 在 $(-\infty,+\infty)$ 上连续.

5. 设函数 $f(x)=\dfrac{x^3-x^2-x+1}{x^2+x-2}$.

(1) 求出 $f(x)$ 的连续区间.

(2) 求极限 $\lim\limits_{x\to -2}f(x), \lim\limits_{x\to 3}f(x), \lim\limits_{x\to 1}\dfrac{f(x)}{x-1}$.

6. 求出下列函数的连续区间.

(1) $y = \dfrac{|x|}{x}$; (2) $y = \dfrac{|\sin x|}{x}$; (3) $y = \dfrac{x^2 - x + 1}{x^2 + x + 1}$;

(4) $y = \dfrac{x^4 + 1}{x - 2}$; (5) $y = \dfrac{x}{\mathrm{e}^x - 1}$; (6) $y = \dfrac{x}{\sin x}$.

1.8 闭区间上连续函数的性质

连续函数是我们在初等数学中接触到的最多的函数, 也是在实际应用当中经常遇到的一个重要的函数类, 因此连续函数是微积分理论讨论和研究的重要函数类型. 本节将讨论定义在闭区间上的连续函数的重要特性, 这里闭区间这个条件是非常重要的.

对于在区间 I 上有定义的函数 $f(x)$, 如果存在 $x_0 \in I$, 使得对于任一 $x \in I$, 其函数值都有关系 $f(x) \leqslant f(x_0)(f(x) \geqslant f(x_0))$ 成立, 则称函数值 $f(x_0)$ 是函数 $f(x)$ 在区间 I 上的最大 (最小) 值, 而对应的点 $x = x_0$ 称为函数的最大值 (最小值) 点.

例 1.8.1 函数 $y = \sin x + 2$ 在 $[0, 2\pi]$ 上的最大值是 3, 最小值是 1; 函数 $f(x) = \mathrm{sgn}\, x$ 在 $(0, +\infty)$ 内的最大值最小值都是 1; 函数 $f(x) = 2x$ 在 $(0, 1)$ 内就没有最大值和最小值.

定理 1.10 (最值定理) 在闭区间上连续的函数一定有最大值和最小值.

注意 如果函数在开区间内连续, 或在闭区间内有间断点, 那么函数在该区间上就不一定有最大值和最小值.

由定理 1.10 可得下面的有界性定理.

定理 1.11 (有界性定理) 在闭区间上连续的函数一定在该区间上有界.

证 函数 $f(x)$ 在闭区间 $[a, b]$ 上连续, 由定理 1.10 知, $f(x)$ 在区间上有最大值 M 和最小值 m, 则对区间上任一 $x \in [a, b]$, 都有

$$m \leqslant f(x) \leqslant M.$$

令 $M_0 = \max\{|m|, |M|\}$, 则

$$|f(x)| \leqslant M_0.$$

因此 $f(x)$ 在闭区间 $[a, b]$ 上有界. 证毕.

定理 1.12 (零点定理) 设函数 $f(x)$ 在闭区间 $[a, b]$ 上连续, 且 $f(a)$ 与 $f(b)$ 异号即 $f(a) \cdot f(b) < 0$, 那么在开区间 (a, b) 内至少存在一点 $\xi(a < \xi < b)$, 使得

$$f(\xi) = 0.$$

点 ξ 称为函数 $f(x)$ 的零点.

从几何上来看, 如果连续函数 $y = f(x)$ 的图形的两个端点位于 x 轴的两侧, 那么连接这两点的连续变化的曲线与 x 轴至少要有一个交点, 或者说至少要经过一次 x 轴. 如图 1.12 所示.

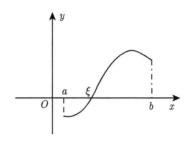

图 1.12

由定理 1.12 可得介值定理.

定理 1.13 (介值定理)　设函数 $f(x)$ 在闭区间 $[a,b]$ 上连续, 且在区间的端点取不同的值, $f(a) = A$, $f(b) = B$. 如果 $A < B$, 那么对介于 A 与 B 之间的任意一个数 $C(A < C < B)$, 在开区间 (a,b) 内至少存在一点 $\xi(a < \xi < b)$, 使得 $f(\xi) = C$.

证　设 $g(x) = f(x) - C$, 则 $g(x)$ 在闭区间 $[a,b]$ 上连续, 且 $g(a) = f(a) - C$ 与 $g(b) = f(b) - C$ 异号. 由零点定理得在开区间 (a,b) 内至少存在一点 $\xi(a < \xi < b)$, 使得 $g(\xi) = 0$. 又 $g(\xi) = f(\xi) - C$, 因此 $f(\xi) = C$. 证毕.

推论　在闭区间上连续的函数必能取得介于最大值与最小值之间的任何值.

例 1.8.2　证明三次方程 $x^3 - 3x^2 + 1 = 0$ 在开区间 $(0,1)$ 内至少有一个根.

证　构造辅助函数, 设 $f(x) = x^3 - 3x^2 + 1$, 函数 $f(x)$ 在闭区间 $[0,1]$ 上连续, 又

$$f(0) = 1 > 0, \quad f(1) = -1 < 0,$$

根据零点定理, 在开区间 $(0,1)$ 内至少有一个 ξ, 使得 $f(\xi) = 0$, 即

$$\xi^3 - 3\xi^2 + 1 = 0 \quad (0 < \xi < 1).$$

这说明三次方程 $x^3 - 3x^2 + 1 = 0$ 在开区间 $(0,1)$ 内至少有一个根. 证毕.

例 1.8.3　设函数 $f(x)$ 在区间 $[a,b]$ 上连续, 且 $f(a) < a$, $f(b) > b$. 证明至少存在一点 $\xi \in (a,b)$, 使得 $f(\xi) = \xi$.

证　构造辅助函数, 令 $F(x) = f(x) - x$, 则函数 $F(x)$ 在闭区间 $[a,b]$ 上连续, 且

$$F(a) = f(a) - a < 0, \quad F(b) = f(b) - a > 0,$$

由零点定理, 在开区间 (a,b) 内至少有一个 ξ, 使得 $F(\xi) = f(\xi) - \xi = 0$, 即 $f(\xi) = \xi$. 证毕.

习　题　1.8

1. 证明: 方程 $x^5 - 3x = 1$ 至少有一个根介于 1 与 2 之间.
2. 证明: 方程 $x = a\sin x + b(a > 0, b > 0)$ 至少有一个正根, 并且它不超过 $a + b$.

3. 设 $f(x) = e^x - 2$, 证明: 在 $(0,2)$ 内至少存在一个不动点. 即至少有一点 x_0, 使 $f(x_0) = x_0$.

4. 证明: 方程 $x5^x = 1$ 至少有一个小于 1 的正根.

5. 1960 年 6 月 21 日, 在瑞士苏黎世的一次田径比赛中, 联邦德国运动员阿明·哈里第一次用 10 秒时间完成男子 100 米跑, 创造了当时的世界纪录. 证明: 在这次比赛中恰好有某段 1 秒钟时间哈里跑过 10 米.

小 结 · 知 识 点

小结

极限与连续是微积分学的重要基本概念, 整个微积分学就是在极限概念的基础上发展成熟起来的.

本章内容包括三部分. 第一部分是中等数学知识的一个总结和整理, 也是进入高等数学领域的大门, 这部分的主要概念和知识点有: 函数、函数的奇偶性、单调性、有界性、周期性、基本初等函数等等.

第二部分介绍极限及其计算. 本书采取直观描述的方式给出极限的定义, 并介绍了极限的四则运算法则、无穷大与无穷小, 以及两个重要极限. 重点内容是极限的基本计算方法和技巧.

第三部分是连续函数. 连续函数是本书研究的一类重要的函数类. 这部分的重点在连续和间断的判断, 难点是闭区间上连续函数的性质及其应用.

知识点

1. 集合是指具有特定性质的事物的总体, 其中每个特定事物称为集合的元素. a 是集合 A 的元素, 称为 a 属于 A, 记作 $a \in A$.

两个集合之间的基本关系有相等关系 ($=$)、包含关系 ($\subset, \supset$).

集合可以按元素个数多少分为有限集合与无限集合, 不含任何元素的集合称为空集, 记作 $\varnothing$.

集合的基本表示方法有两种: 列举法和示性法.

集合之间的运算有并 $\cup$、交 $\cap$ 等.

2. 区间是一类常用的数集, 经常用到的有闭区间 $[a,b]$, 开区间 (a,b), 无限区间 $(-\infty, +\infty)$, 它们分别定义如下: $[a,b] = \{x \mid a \leqslant x \leqslant b\}$, $(a,b) = \{x \mid a < x < b\}$, $(-\infty, +\infty) = \{x \mid x \in \mathbb{R}\}$.

3. 在一个变化过程中变量 y 依赖于变量 x, 称 y 是 x 的函数, 记作 $y = f(x)$.

4. 定义在一个对称区间上的函数 $y = f(x)$ 称为奇函数、偶函数, 如果它们分别满足关系 $f(-x) = -f(x)$ 以及 $f(-x) = f(x)$.

5. 定义在某个区间 I 上的函数称为单调增加 (减少) 的, 如果对区间 I 的任意两点 $x_1 < x_2$, 总有 $f(x_1) \leqslant f(x_2)(f(x_1) \geqslant f(x_2))$. 如果不等式严格成立, 那么函数称为严格单调的.

6. 定义在实数集 $\mathbb{R}$ 上的函数 $f(x)$ 称为周期函数, 如果可以找到一个正数 T, 满足对任意的 x, 总有 $f(x+T) = f(x)$. 通常一个函数的周期指的是它的最小正周期.

7. 在一一对应的函数 $y = f(x)$ 中, 由 y 决定 x 的对应规则称为函数 $y = f(x)$ 的反函数, 记作 $x = f^{-1}(y)$, 通常写作 $y = f^{-1}(x)$.

8. 给定数列 $\{x_n\}$, 如果当 n 无限增大时, x_n 无限地趋于某一个常数 A, 则称 A 为当 n 趋于无穷大时数列 $\{x_n\}$ 的极限, 记作 $\lim\limits_{n\to+\infty} x_n = A$, 并称这个数列是收敛的, 否则称为发散的.

给定函数 $f(x)$, 如果当 $|x|$ 无限增大时, $f(x)$ 无限地趋向于某一个常数 A, 那么就称 A 为当 x 趋于无穷时函数 $f(x)$ 的极限, 记作 $\lim\limits_{x\to\infty} f(x) = A$, 并称这时函数 $f(x)$ 是收敛的, 否则称为发散的.

给定函数 $f(x)$, 如果当 $x \to x_0$ 时, $f(x)$ 无限地趋向于某一个常数 A, 则称 A 为当 x 趋于 x_0 时函数 $f(x)$ 的极限, 记作 $\lim\limits_{x\to x_0} f(x) = A$, 并称函数 $f(x)$ 是收敛的, 否则称为发散的.

9. 以零为极限的变量称为无穷小量.

10. 无穷大的倒数是无穷小; 不取得零值的无穷小的倒数是无穷大.

11. 无穷小与有界量的乘积是无穷小.

12. 无穷小的阶 设 α, β 是自变量的同一变化过程中的两个无穷小, $\lim\dfrac{\beta}{\alpha}$ 也是在这个变化过程中的极限.

如果 $\lim\dfrac{\beta}{\alpha} = 0$, 则称 β 是比 α 高阶的无穷小, 记作 $\beta = o(\alpha)$;

如果 $\lim\dfrac{\beta}{\alpha} = \infty$, 则称 β 是比 α 低阶的无穷小;

如果 $\lim\dfrac{\beta}{\alpha} = c \neq 0$, 则称 β 是与 α 同阶的无穷小;

如果 $\lim\dfrac{\beta}{\alpha} = 1$, 则称 β 是与 α 等价的无穷小, 记作 $\alpha \sim \beta$.

13. 极限的四则运算法则 若 $\lim f(x)$ 与 $\lim g(x)$ 都存在, 且 $\lim f(x) = A, \lim g(x) = B$, 则

(1) 函数 $\lim[f(x) \pm g(x)]$ 也存在, 且 $\lim[f(x) \pm g(x)] = \lim f(x) \pm \lim g(x)$;

(2) 函数 $\lim[f(x) \cdot g(x)]$ 也存在, 且 $\lim[f(x) \cdot g(x)] = \lim f(x) \cdot \lim g(x)$;

(3) 当 $\lim g(x) = B \neq 0$ 时, 函数 $\lim \dfrac{f(x)}{g(x)}$ 也存在, 且 $\lim \dfrac{f(x)}{g(x)} = \dfrac{\lim f(x)}{\lim g(x)}$.

14. **复合函数的极限** 设函数 $u = \varphi(x)$ 当 $x \to x_0$ 时的极限存在且等于 a, 即 $\lim\limits_{x \to x_0} \varphi(x) = a$, 而函数 $y = f(u)$ 在 $u = a$ 点处有定义且 $\lim\limits_{u \to a} f(u) = f(a)$, 那么复合函数 $y = f(\varphi(x))$ 当 $x \to x_0$ 时的极限存在且等于 $f(a)$, 即 $\lim\limits_{x \to x_0} f(\varphi(x)) = f(a)$.

15. **极限存在的准则 1——两边夹法则** 如果数列 $x_n, y_n, z_n (n = 1, 2, \cdots)$ 满足下列条件:

(1) $y_n \leqslant x_n \leqslant z_n (n = 1, 2, \cdots)$;

(2) $\lim\limits_{n \to \infty} y_n = a$, $\lim\limits_{n \to \infty} z_n = a$.

那么数列 x_n 的极限存在, 且 $\lim\limits_{n \to \infty} x_n = a$.

16. **极限存在的准则 2——单调有界原理** 如果数列 x_n 是单调有界数列, 则 $\lim\limits_{n \to \infty} x_n$ 一定存在.

17. $\lim\limits_{x \to 0} \dfrac{\sin x}{x} = 1$.

18. $\lim\limits_{x \to \infty} \left(1 + \dfrac{1}{x}\right)^x = \mathrm{e}$.

19. **函数连续的定义** 若函数 $f(x)$ 满足条件:

(1) $f(x)$ 在 x_0 处有定义;

(2) $f(x)$ 在 x_0 处极限存在, 即 $\lim\limits_{x \to x_0} f(x) = A$;

(3) $f(x)$ 在 x_0 处极限等于函数值, 即 $\lim\limits_{x \to x_0} f(x) = A = f(x_0)$.

则称函数 $f(x)$ 在 x_0 处是连续的, 称 x_0 为 $f(x)$ 的连续点. 如果函数 $f(x)$ 在 x_0 不满足连续条件, 则称函数 $f(x)$ 在 x_0 处间断, 点 x_0 为 $f(x)$ 的间断点.

20. **连续函数的四则运算法则** 如果函数 $f(x)$ 与 $g(x)$ 在 x_0 处连续, 则这两个函数的和 $f(x) + g(x)$、差 $f(x) - g(x)$、积 $f(x) \cdot g(x)$、商 $\dfrac{f(x)}{g(x)}$ (当 $g(x_0) \neq 0$ 时) 在点 x_0 处也连续.

21. **复合函数的连续性** 设函数 $u = \varphi(x)$ 在点 x_0 处连续, 且 $\varphi(x_0) = u_0$, 而函数 $y = f(u)$ 在 u_0 点连续, 那么复合函数 $y = f(\varphi(x))$ 在点 x_0 处也连续, 即 $\lim\limits_{x \to x_0} f(\varphi(x)) = f(u_0)$.

22. 单调连续函数的反函数也是单调连续的.

23. 对于在区间 I 上有定义的函数 $f(x)$, 如果存在 $x_0 \in I$, 使得对于任一 $x \in I$, 都有 $f(x) \leqslant f(x_0)(f(x) \geqslant f(x_0))$, 则称 $f(x_0)$ 是函数 $f(x)$ 在区间 I 上的最大 (最小) 值.

24. **最大最小值定理** 闭区间上的连续函数必有最大值和最小值.

25. **有界性定理** 闭区间上的连续函数一定是有界的.

26. **零点定理** 设函数 $f(x)$ 在闭区间 $[a,b]$ 上连续, 且 $f(a)$ 与 $f(b)$ 异号即 $f(a) \cdot f(b) < 0$, 那么在开区间 (a,b) 内至少存在一点 $\xi(a < \xi < b)$, 使得 $f(\xi) = 0$, 点 ξ 称为函数 $f(x)$ 的零点.

27. **介值定理** 设函数 $f(x)$ 在闭区间 $[a,b]$ 上连续, 且在区间的端点取不同的值, $f(a) = A$, $f(b) = B$. 若 $A < B$, 那么对介于 A 与 B 之间的任意一个数 $C(A < C < B)$, 在开区间 (a,b) 内至少存在一点 $\xi(a < \xi < b)$, 使得 $f(\xi) = C$.

刘 徽 与 阿 基 米 德

> 割之弥细, 所失弥少, 割之又割, 以至于不可割, 则与圆合体, 而无所失矣.
>
> ——刘徽

刘徽, 约 225 年—约 295 年, 山东邹平人, 数学家, 中国古典数学理论的奠基者之一, 代表作有《九章算术注》和《海岛算经》. 刘徽对古典算书《九章算术》中的问题进行了深入系统的研究和证明. 他提出了比较完整的数系理论和面积体积理论.

在计算圆周率方面, 刘徽创立了著名的割圆术. 所谓割圆术, 就是用圆内接正多边形的面积近似圆面积, 进而求得圆周率的方法. 他提出: 割之弥细, 所失弥少, 割之又割, 以至于不可割, 则与圆合体, 而无所失矣. 这句话的意思是: (把圆周等分得到正多边形), 边数越多, 损失的面积越少, 分了又分, 最终无法再进行分割, 这时正多边形就与圆完全重合没有任何损失了. 刘徽这句话充分展现了他对无限的认识, 对极限思想的认识和描述. 刘徽的割圆术在人类历史上首次将极限和无穷小分割引入数学证明, 成为人类文明史中不朽的篇章.

刘徽利用自己发明的割圆术, 成功地计算出圆周率的值是 3.1416, 这个值被称为徽率.

勿毁我图!

——阿基米德

阿基米德, Archimedes, 公元前 287 年—前 212 年, 生于西西里岛的叙拉古 (Syracuse) 城. 他是古希腊伟大的科学家、数学家以及物理学家等等. 他成就卓著, 发现了杠杆原理、浮力定律. 在数学方面, 他使用穷竭法成功地计算出抛物弓形的面积. 其方法已经接近现代极限的方法了.

阿基米德还有很多有趣的传说. 某次他被叙拉古国王要求判断王冠的真假,

苦思之后, 他在浴池中突然发现了浮力定律, 于是他兴奋地裸体跑出浴室高呼: "Eureka! Eureka! 我知道啦! 我知道啦!" 最终他证明王冠被工匠在制作过程中掺假.

在一次抵抗罗马人的进攻中, 阿基米德让全城的妇女带着镜子站在海边, 以镜子的反光照射罗马人战船的船帆. 当罗马人沉浸在即将胜利的欢悦中的时候, 他们的船帆被聚焦的阳光点燃了. 罗马人的进攻被粉碎了.

公元前 212 年, 在第二次布匿战争期间叙拉古城被罗马人攻破, 当时阿基米德正在专心致志地研究一个几何问题. 一个罗马士兵闯到他的屋里, 完全沉浸在几何学中的阿基米德没有发现这一点, 他对罗马士兵说: "勿毁我图!" 然而这个鲁莽无知的罗马人挥剑刺死了这位伟大的科学家.

英国著名哲学家、数学家怀特黑德 (A. N. Whitehead, 1861—1947) 说: "没有一个罗马人由于全神贯注于一个数学图形的冥想而丧生."

第2章 导数与微分

Chapter 2

2.1 导数的概念

第2章课件

2.1.1 引例

如何确定一条曲线的切线位置是 17 世纪初期科学发展中遇到的一个十分重要的问题. 在光学研究中, 讨论光线的入射角和反射角问题; 在天文学研究中, 讨论行星在任一时刻的运动方向问题; 在几何学研究中, 讨论两条曲线的交角问题等一系列科学问题都与曲线的切线确定问题有密切的关系.

在中学几何里, 由于有完备的几何理论作为支撑, 圆的切线被直观而方便地定义为 "与圆只有一个交点的直线". 但是对于一般曲线, 就不能用类似的 "与曲线只有一个交点的直线" 作为曲线的切线的定义. 比如, 虽然抛物线 $y = x^2$ 与 y 轴 (其方程是 $x = 0$) 在原点只有一个交点, 但显然我们无法接受 y 轴是抛物线 $y = x^2$ 的切线的说法, 因为这完全不符合我们对圆的切线的直观感知和理解. 那么应该怎样定义并求出曲线的切线呢? 法国数学家费马 (Pierre de Fermat, 1601—1665) 在 1629 年提出可以利用曲线的割线的极限来定义.

切线问题　设曲线 L 是函数 $y = f(x)$ 的图形, $M_0(x_0, y_0)$ 是曲线 L 上的一个点, 在曲线 L 上任取一点 $M(x, y)(M \neq M_0)$ (图 2.1).

过点 M_0 及 M 的直线称为曲线 L 的割线, 此割线的斜率为

$$\frac{y - y_0}{x - x_0} = \frac{f(x) - f(x_0)}{x - x_0}.$$

令点 M 沿曲线 L 趋向于点 M_0, 这时 $x \to x_0$. 如果极限

$$\lim_{x \to x_0} \frac{f(x) - f(x_0)}{x - x_0}$$

存在, 设为 k, 记 $\Delta x = x - x_0$, 即

$$k = \lim_{x \to x_0} \frac{f(x) - f(x_0)}{x - x_0},$$

那么就把过点 M_0 而以 k 为斜率的直线称为曲线 L 在点 M_0 处的切线. 即切线是割线的极限位置. 切线是割线的极限位置对应的直线与我们对圆的切线的直观认识是十分吻合的.

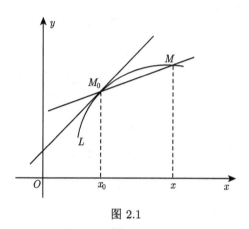

图 2.1

速度问题 设 s 表示一物体从某个时刻 (作为测量时间的零点) 开始到时刻 t 做直线运动所经过的路程, 则 s 是时刻 t 的函数 $s = f(t)$. 下面来研究一下物体在 $t = t_0$ 时的运动速度, 也就是运动物体的瞬时速度问题.

当时间由时刻 t_0 到 t 这样一个间隔时, 物体在这一段时间内所经过的路程为

$$s - s_0 = f(t) - f(t_0),$$

当物体做匀速直线运动时, 它的速度不随时间而改变, 比值

$$\frac{s - s_0}{t - t_0} = \frac{f(t) - f(t_0)}{t - t_0}$$

是一个常量, 它是物体在任何时刻的速度. 但是当物体做变速直线运动时, 它的速度随时间而定, $\dfrac{f(t) - f(t_0)}{t - t_0}$ 称为该物体在对应时间间隔内的平均速度, 记为 $\bar{v}$, 即 $\bar{v} = \dfrac{f(t) - f(t_0)}{t - t_0}$. 令 $t \to t_0$, 如果极限 $\lim\limits_{t \to t_0} \dfrac{f(t) - f(t_0)}{t - t_0}$ 存在并记为 v, 则有

$$v = \lim_{t \to t_0} \frac{f(t) - f(t_0)}{t - t_0}.$$

这时把这个极限值 v 称为变速直线运动在 t_0 时刻的瞬时速度.

这两个问题分别来自于几何学与物理学, 从表面上看是完全不同的两个问题, 但是这两个问题的解法都归结为寻求函数增量 (因变量增量) 与自变量增量之比的极限. 因此, 它们的数学本质是完全相同的. 时至今日, 我们可以知道这类的问

题是普遍存在的, 比如研究一个城市人口增长的速度、国民经济发展的速度等等. 这类问题本质上都是要找到某个变量的变化率, 在不同的背景下出现的具有一定共性的问题正是数学特别关注的对象.

2.1.2　导数概念

定义 2.1　设函数 $f(x)$ 在点 $x = x_0$ 的某个邻域内有定义, 当自变量 x 在点 $x = x_0$ 处取得增量 Δx 时, 函数 $f(x)$ 取得相应的增量 $\Delta y = f(x_0 + \Delta x) - f(x_0)$. 如果当 $\Delta x \to 0$ 时, 比值 $\dfrac{\Delta y}{\Delta x}$ 的极限存在, 即

$$\lim_{\Delta x \to 0} \frac{\Delta y}{\Delta x} = \lim_{\Delta x \to 0} \frac{f(x_0 + \Delta x) - f(x_0)}{\Delta x}$$

存在, 则称**函数** $f(x)$ **在点** x_0 **处可导** (或者**可微**), 称这个极限值为函数 $f(x)$ 在点 $x = x_0$ 处的**导数**, 记作

$$y'|_{x=x_0} = \lim_{\Delta x \to 0} \frac{\Delta y}{\Delta x} = \lim_{\Delta x \to 0} \frac{f(x_0 + \Delta x) - f(x_0)}{\Delta x},$$

也可记作

$$f'(x_0), \quad \frac{\mathrm{d}y}{\mathrm{d}x}\bigg|_{x=x_0}, \quad \frac{\mathrm{d}f(x)}{\mathrm{d}x}\bigg|_{x=x_0}.$$

函数 $f(x)$ 在点 $x = x_0$ 处可导也可说成函数 $f(x)$ 在点 $x = x_0$ 处具有导数或导数存在. 导数的定义有多种形式, 也可以写成

$$f'(x_0) = \lim_{x \to x_0} \frac{f(x) - f(x_0)}{x - x_0}$$

或者

$$f'(x_0) = \lim_{h \to 0} \frac{f(x_0 + h) - f(x_0)}{h}.$$

如果当 $\Delta x \to 0$ 时, 比值 $\dfrac{\Delta y}{\Delta x}$ 的极限不存在, 就称函数 $f(x)$ 在点 $x = x_0$ 处不可导.

例 2.1.1　求函数 $y = x^2 + 1$ 在点 $x = 1$ 处的导数.

解　由定义有

$$y'|_{x=1} = \lim_{\Delta x \to 0} \frac{\Delta y}{\Delta x} = \lim_{\Delta x \to 0} \frac{(1 + \Delta x)^2 + 1 - 2}{\Delta x} = \lim_{\Delta x \to 0} \frac{2\Delta x + (\Delta x)^2}{\Delta x}$$
$$= \lim_{\Delta x \to 0} (2 + \Delta x) = 2.$$

如果函数 $f(x)$ 在某开区间 (a, b) 内的每一点处都可导, 称函数 $f(x)$ 在区间 (a, b) 内可导. 此时对于区间 (a, b) 内的每一个 x 都对应着一个确定的导数值, 这就构成了一个新的函数, 称为 $f(x)$ 在区间 (a, b) 内的**导函数**, 简称**导数**. 记作

$y', f'(x), \dfrac{\mathrm{d}y}{\mathrm{d}x}$ 或 $\dfrac{\mathrm{d}f(x)}{\mathrm{d}x}$.

  注意 $f'(x)$ 是导函数, 而 $f'(x_0)$ 是 $f(x)$ 在 x_0 的导数或 $f'(x)$ 在 x_0 的值. 即 $f'(x_0) = f'(x)|_{x=x_0}$.

  下面来讨论几个基本初等函数的导数.

  例 2.1.2 求常值函数 $y = C$ 的导数.

  解 函数 $y = C$ 的增量 $\Delta y = C - C = 0$, 相应的差商为 $\dfrac{\Delta y}{\Delta x} = \dfrac{0}{\Delta x} = 0$, 取极限得到

$$\lim_{\Delta x \to 0} \frac{\Delta y}{\Delta x} = \lim_{\Delta x \to 0} \frac{0}{\Delta x} = 0.$$

因此, 常数的导数为零, 即 $(C)' = 0$.

  例 2.1.3 求正弦函数 $y = \sin x$ 的导数.

  解 正弦函数 $y = \sin x$ 的增量

$$\Delta y = \sin(x + \Delta x) - \sin x = 2\cos\left(x + \frac{\Delta x}{2}\right) \cdot \sin \frac{\Delta x}{2},$$

相应的差商为

$$\frac{\Delta y}{\Delta x} = \frac{2\cos\left(x + \dfrac{\Delta x}{2}\right) \cdot \sin \dfrac{\Delta x}{2}}{\Delta x} = \cos\left(x + \frac{\Delta x}{2}\right) \cdot \frac{\sin \dfrac{\Delta x}{2}}{\dfrac{\Delta x}{2}}.$$

取极限得到

$$\lim_{\Delta x \to 0} \frac{\Delta y}{\Delta x} = \lim_{\Delta x \to 0} \cos\left(x + \frac{\Delta x}{2}\right) \cdot \frac{\sin \dfrac{\Delta x}{2}}{\dfrac{\Delta x}{2}}$$

$$= \lim_{\Delta x \to 0} \cos\left(x + \frac{\Delta x}{2}\right) \cdot \lim_{\Delta x \to 0} \frac{\sin \dfrac{\Delta x}{2}}{\dfrac{\Delta x}{2}}$$

$$= \cos x.$$

即得 $(\sin x)' = \cos x$. 同理可得 $(\cos x)' = -\sin x$. 结论表明, 正弦函数的导数是余弦函数, 而余弦函数的导数是正弦函数的相反数.

  例 2.1.4 求自然对数函数 $f(x) = \ln x$ 的导数, 并且求出 $f'(1), f'(2)$.

  解 这里 $x > 0$, 利用导数的定义以及重要极限有

$$f'(x) = \lim_{\Delta x \to 0} \frac{f(x + \Delta x) - f(x)}{\Delta x} = \lim_{\Delta x \to 0} \frac{\ln(x + \Delta x) - \ln(x)}{\Delta x}$$

$$= \lim_{\Delta x \to 0} \frac{1}{\Delta x} \cdot \ln\left(1 + \frac{\Delta x}{x}\right)$$

$$= \lim_{\Delta x \to 0} \frac{1}{x} \cdot \frac{x}{\Delta x} \cdot \ln\left(1 + \frac{\Delta x}{x}\right)$$

$$= \lim_{\Delta x \to 0} \frac{1}{x} \cdot \ln\left(1 + \frac{\Delta x}{x}\right)^{\frac{x}{\Delta x}}$$

$$= \frac{1}{x} \cdot \ln \lim_{\frac{\Delta x}{x} \to 0} \left(1 + \frac{\Delta x}{x}\right)^{\frac{x}{\Delta x}}$$

$$= \frac{1}{x}.$$

所以 $f'(1) = \left.\frac{1}{x}\right|_{x=1} = 1, \ f'(2) = \left.\frac{1}{x}\right|_{x=2} = \frac{1}{2}.$

例 2.1.5 求幂函数 $f(x) = x^n$ (n 为正整数) 的导数.

解 根据导数定义与二项式定理得到

$$f'(x) = \lim_{\Delta x \to 0} \frac{(x + \Delta x)^n - x^n}{\Delta x}$$

$$= \lim_{\Delta x \to 0} \frac{\left[x^n + nx^{n-1}\Delta x + \frac{n(n-1)}{2}x^{n-2}(\Delta x)^2 + \cdots + (\Delta x)^n\right] - x^n}{\Delta x}$$

$$= \lim_{\Delta x \to 0} \left(nx^{n-1} + \frac{n(n-1)}{2}x^{n-2}\Delta x + \cdots + (\Delta x)^{n-1}\right)$$

$$= nx^{n-1}.$$

这里我们解决了指数是正整数时幂函数的导数计算问题, 以后将证明更一般的公式 $(x^\mu)' = \mu x^{\mu-1}$, 此处 μ 是任意实数.

例 2.1.6 求函数 $f(x) = |x|$ 在 $x = 0$ 的导数.

解 由导数的定义有

$$\lim_{h \to 0} \frac{f(0+h) - f(0)}{h} = \lim_{h \to 0} \frac{|h| - 0}{h} = \lim_{h \to 0} \operatorname{sgn} h.$$

下面分情况讨论得到, 当 $h > 0$ 时, $\operatorname{sgn} h = 1$, 于是 $\lim\limits_{h \to 0^+} \operatorname{sgn} h = 1$; 当 $h < 0$ 时, $\operatorname{sgn} h = -1$, 于是 $\lim\limits_{h \to 0^-} \operatorname{sgn} h = -1$. 因此 $\lim\limits_{h \to 0} \operatorname{sgn} h$ 不存在, 即函数 $f(x) = |x|$ 在 $x = 0$ 处不可导.

对函数来说, 在一个极限过程中极限存在的充分必要条件是在该极限过程中左极限与右极限都存在并且相等. 以此为依据, 可以看到 $f'(x_0)$ 存在, 即 $f(x)$ 在点 $x = x_0$ 处可导的充分必要条件是在该点处左极限 $\lim\limits_{h \to 0^-} \dfrac{f(x_0 + h) - f(x_0)}{h}$ 与

右极限 $\lim\limits_{h \to 0^+} \dfrac{f(x_0 + h) - f(x_0)}{h}$ 都存在并且相等. 这两个极限分别称为函数 $f(x)$ 在点 $x = x_0$ 处的左导数和右导数, 记为 $f'_-(x_0)$ 与 $f'_+(x_0)$.

通常我们说函数 $f(x)$ 在闭区间 $[a, b]$ 上可导是指函数 $f(x)$ 在开区间 (a, b) 内处处可导, 并且在区间端点处单侧可导, 即 $f'_+(a)$ 与 $f'_-(b)$ 都存在.

2.1.3 函数的可微性与连续性的关系

定理 2.1 如果函数 $f(x)$ 在点 $x = x_0$ 处可导, 则它在点 $x = x_0$ 处一定连续, 反之不然.

证 函数 $f(x)$ 在点 $x = x_0$ 处可导, 所以有

$$\lim_{\Delta x \to 0} \frac{\Delta y}{\Delta x} = f'(x_0).$$

于是

$$\lim_{\Delta x \to 0} \Delta y = \lim_{\Delta x \to 0} \frac{\Delta y}{\Delta x} \cdot \Delta x = \lim_{\Delta x \to 0} \frac{\Delta y}{\Delta x} \cdot \lim_{\Delta x \to 0} \Delta x = f'(x_0) \cdot 0 = 0.$$

这说明函数 $f(x)$ 在点 $x = x_0$ 处连续.

反之, 若函数 $f(x)$ 在点 $x = x_0$ 处连续却不一定在点 $x = x_0$ 处可导. 例如绝对值函数 $f(x) = |x|$ 在 $x = 0$ 点连续但不可导. 证毕.

由此可以看到函数在点 $x = x_0$ 连续是函数在点 $x = x_0$ 可导的必要条件, 但不是充分条件.

例 2.1.7 讨论函数

$$f(x) = \begin{cases} x \sin \dfrac{1}{x}, & x \neq 0, \\ 0, & x = 0 \end{cases}$$

在点 $x = 0$ 处的连续性与可导性.

解 由于 $\lim\limits_{x \to 0} f(x) = \lim\limits_{x \to 0} x \sin \dfrac{1}{x} = 0 = f(0)$, 所以 $f(x)$ 在 $x = 0$ 点连续. 又因为极限

$$\lim_{x \to 0} \frac{f(x) - f(0)}{x - 0} = \lim_{x \to 0} \frac{x \sin \dfrac{1}{x}}{x} = \lim_{x \to 0} \sin \frac{1}{x}$$

不存在, 所以 $f(x)$ 在 $x = 0$ 点不可导.

2.1.4 导数的几何意义

由例 2.1.1 可知, 函数 $f(x)$ 在 $x = x_0$ 点的导数 $f'(x_0)$ 就是曲线 $y = f(x)$ 在点 $M_0(x_0, y_0)$ 处的切线的斜率,

$$f'(x_0) = \lim_{\Delta x \to 0} \frac{\Delta y}{\Delta x} = \tan \alpha \quad \left(\alpha \neq \frac{\pi}{2} \right).$$

由导数的几何意义及直线的点斜式方程, 可知曲线 $y = f(x)$ 在点 $M_0(x_0, y_0)$ 处的切线方程为

$$y - y_0 = f'(x_0)(x - x_0).$$

过切点且与切线垂直的直线叫做曲线 $y = f(x)$ 在点 $M_0(x_0, y_0)$ 处的法线, 如果 $f'(x_0) \neq 0$, 那么法线的斜率为 $-\dfrac{1}{f'(x_0)}$, 从而法线方程为

$$y - y_0 = -\frac{1}{f'(x_0)}(x - x_0).$$

例 2.1.8 求 $f(x) = x^2 + 1$ 在点 $(1, 2)$ 处的切线与法线方程, 并求曲线上哪一点的切线与直线 $y = 4x - 3$ 平行.

解 首先由例 2.1.1 知, $f'(x) = 2x$, 所以 $f'(1) = 2$, 因此在点 $x = 1$ 处的切线斜率是 2, 所求切线方程为

$$y - 2 = 2(x - 1),$$

化简即得 $2x - y = 0$. 从而法线方程为

$$y - 2 = -\frac{1}{2}(x - 1),$$

化简得 $x + 2y - 5 = 0$.

直线 $y = 4x - 3$ 的斜率为 $k = 4$. 两条直线平行的条件是斜率相等, 因此所求切线的斜率也等于 4, 又因为 $f'(x) = 2x$, 即要求 $2x = 4$, 解得 $x = 2$. 代入曲线方程中得到 $y = 5$, 因此曲线上 $(2, 5)$ 这一点的切线与 $y = 4x - 3$ 平行.

习 题 2.1

1. 设 $y = 3x^2$, 按定义求导数 $\dfrac{\mathrm{d}y}{\mathrm{d}x}\Big|_{x=-1}$, $\dfrac{\mathrm{d}y}{\mathrm{d}x}\Big|_{x=0}$, $\dfrac{\mathrm{d}y}{\mathrm{d}x}\Big|_{x=3.1}$.

2. 证明:

(1) 可导的偶函数的导数是奇函数;

(2) 可导的奇函数的导数是偶函数.

3. 已知物体的运动规律为 $s = 2t^2$, 求物体在 $t = 3$ 时的速度.

4. 在抛物线 $y = x^2 + 2$ 上取横坐标 $x_1 = 1, x_2 = 3$ 的两点, 作过这两点的割线. 问抛物线上哪一点的切线平行于这条割线?

5. 求曲线 $y = \sin 2x$ 上点 $\left(\dfrac{\pi}{3}, \dfrac{\sqrt{3}}{2}\right)$ 处的切线方程与法线方程.

6. 如果函数是偶函数, 且 $f'(0)$ 存在, 证明 $f'(0) = 0$.

7. 若函数 $y = f(x)$ 在点 $x = 0$ 处连续, 且 $\lim\limits_{x \to 0} \dfrac{f(x)}{x}$ 存在, 则 $f(x)$ 在点 $x = 0$ 处是否可导?

8. 讨论函数 $y = x|x|$ 在点 $x = 0$ 处的可导性.

9. 函数 $f(x) = \begin{cases} x^2 \sin \dfrac{1}{x}, & x \neq 0, \\ 0, & x = 0 \end{cases}$ 在点 $x = 0$ 处是否连续, 是否可导?

10. 讨论 $f(x) = \begin{cases} 1, & x \leqslant 0, \\ 2x+1, & 0 < x \leqslant 1, \\ x^2+2, & 1 < x \leqslant 2, \\ x, & 2 < x \end{cases}$ 在点 $x = 0$, $x = 1$ 以及 $x = 2$ 处的连续性与

可导性.

11. 设 $f(x) = 2x^3 - 4x + 5$, 用导数的定义求 $f'(2), f'(-3)$.

12. 设 $f(x) = 3\sin x + 2x$, 用导数的定义求 $f'(0)$.

2.2　导数的运算法则

2.1 节给出了导数的定义及根据定义求导数的方法, 但是如果对每一函数都根据导数定义来求导数的话, 将是一件非常繁琐的工作, 有时甚至是很困难的事, 因此在这一节将介绍求导数的基本计算法则和基本初等函数的导数计算公式. 这样借助这些法则和公式就能比较容易地求出初等函数的导数.

2.2.1　四则运算的求导法则

定理 2.2　如果函数 $u(x), v(x)$ 都是 x 的可导函数, 则函数 $u(x) \pm v(x)$ 也是 x 的可导函数, 并且

$$(u(x) \pm v(x))' = u'(x) \pm v'(x).$$

证　令 $y = u(x) \pm v(x)$, 则当 x 取得增量 Δx 时, 函数 $u(x), v(x)$ 也取得增量 $\Delta u(x), \Delta v(x)$, 函数 $u(x), v(x)$ 简记为 u, v, 于是

$$
\begin{aligned}
y' &= \lim_{\Delta x \to 0} \frac{\Delta y}{\Delta x} = \lim_{\Delta x \to 0} \frac{((u + \Delta u) \pm (v + \Delta v)) - (u \pm v)}{\Delta x} \\
&= \lim_{\Delta x \to 0} \frac{\Delta u \pm \Delta v}{\Delta x} = \lim_{\Delta x \to 0} \left(\frac{\Delta u}{\Delta x} \pm \frac{\Delta v}{\Delta x} \right) \\
&= \lim_{\Delta x \to 0} \frac{\Delta u}{\Delta x} \pm \lim_{\Delta x \to 0} \frac{\Delta v}{\Delta x} = u' \pm v',
\end{aligned}
$$

即 $(u(x) \pm v(x))' = u'(x) \pm v'(x)$. 证毕.

这个结论告诉我们, 函数的和的导数等于各自导数之和, 而差的导数等于各自导数的差. 这个公式可推广到有限多个函数的代数和情况, 即和的导数等于导数的和

$$(u_1 + u_2 + \cdots + u_n)' = u_1' + u_2' + \cdots + u_n'.$$

定理 2.3　如果函数 u, v 都是 x 的可导函数, 则函数 $y = u \cdot v$ 也是 x 的可导函数, 并且

$$y' = (u \cdot v)' = u'v + uv'.$$

证　当 x 取得增量 Δx 时, 函数 u, v 也取得增量 $\Delta u, \Delta v$, 于是

$$
\begin{aligned}
y' &= \lim_{\Delta x \to 0} \frac{\Delta y}{\Delta x} = \lim_{\Delta x \to 0} \frac{((u + \Delta u) \cdot (v + \Delta v)) - (u \cdot v)}{\Delta x} \\
&= \lim_{\Delta x \to 0} \frac{u\Delta v + v\Delta u + \Delta u \cdot \Delta v}{\Delta x} \\
&= \lim_{\Delta x \to 0} u \frac{\Delta v}{\Delta x} + \lim_{\Delta x \to 0} v \frac{\Delta u}{\Delta x} + \lim_{\Delta x \to 0} \frac{\Delta u}{\Delta x} \cdot \Delta v.
\end{aligned}
$$

已知函数 u, v 都是 x 的可导函数, 因而连续, 所以有 $\lim\limits_{\Delta x \to 0} \Delta v = 0$, 于是

$$
\begin{aligned}
y' &= \lim_{\Delta x \to 0} u \frac{\Delta v}{\Delta x} + \lim_{\Delta x \to 0} v \frac{\Delta u}{\Delta x} + \lim_{\Delta x \to 0} \frac{\Delta u}{\Delta x} \cdot \lim_{\Delta x \to 0} \Delta v \\
&= uv' + u'v + u' \cdot 0 \\
&= uv' + u'v,
\end{aligned}
$$

即 $(u \cdot v)' = u'v + uv'$. 证毕.

这个公式可推广到有限多个函数的乘积情形, 即

$$(u_1 u_2 \cdots u_n)' = u_1' u_2 \cdots u_n + u_1 u_2' \cdots u_n + \cdots + u_1 u_2 \cdots u_{n-1} u_n'.$$

推论 1　令 $v = C$ (C 是常数) 时, $y' = (Cu)' = Cu'$, 即常数因子可以移到导数符号的外面.

推论 2　若 $y = C_1 u + C_2 v$ (C_1, C_2 为常数), 则 $y' = C_1 u' + C_2 v'$.

这个推论 2 所描述的性质称为导数运算的线性性质.

例 2.2.1　求函数 $y = 3x^2(1 + 2x)$ 的导数.

解　
$$
\begin{aligned}
y' &= \left(3x^2(1 + 2x)\right)' = 3(x^2(1 + 2x))' \\
&= 3\left[(x^2)'(1 + 2x) + x^2 \cdot (1 + 2x)'\right] \\
&= 3\left[2x(1 + 2x) + x^2 \cdot 2\right] \\
&= 3(6x^2 + 2x) \\
&= 18x^2 + 6x.
\end{aligned}
$$

定理 2.4　如果函数 u, v 都是 x 的可导函数, 且 $v \neq 0$, 则函数 $y = \dfrac{u}{v}$ 也是 x 的可导函数, 并且

$$y' = \left(\frac{u}{v}\right)' = \frac{u'v - uv'}{v^2} \quad (v \neq 0).$$

推论 设 C 是常数, 则 $\left(\dfrac{C}{v}\right)' = -C\dfrac{v'}{v^2}(v \neq 0)$.

利用定理 2.4 可以证明幂函数 $y = x^n$ 当 n 为负整数时, $y' = nx^{n-1}$ 也成立, 事实上, 当 n 为负整数时, 令 $m = -n$, 则 $y = x^n = x^{-m} = \dfrac{1}{x^m}$. 因此有

$$y' = \left(\frac{1}{x^m}\right)' = -\frac{(x^m)'}{(x^m)^2} = -\frac{mx^{m-1}}{x^{2m}} = -mx^{-m-1} = nx^{n-1}.$$

从而对于任意整数 μ, 有 $(x^\mu)' = \mu x^{\mu-1}(\mu = 0$ 时显然成立).

例 2.2.2 求正切函数 $y = \tan x$ 的导数.

解 利用商的求导法则得到

$$y' = (\tan x)' = \left(\frac{\sin x}{\cos x}\right)' = \frac{(\sin x)' \cos x - \sin x (\cos x)'}{\cos^2 x}$$
$$= \frac{\cos^2 x + \sin^2 x}{\cos^2 x} = \sec^2 x.$$

因此, $(\tan x)' = \sec^2 x$. 同理得到 $(\cot x)' = -\csc^2 x$.

例 2.2.3 求正割函数 $y = \sec x$ 的导数.

解 利用商的求导法则有

$$y' = (\sec x)' = \left(\frac{1}{\cos x}\right)' = -\frac{(\cos x)'}{\cos^2 x} = \frac{\sin x}{\cos^2 x} = \sec x \cdot \tan x.$$

同理, $(\csc x)' = -\csc x \cdot \cot x$.

例 2.2.4 求函数 $y = \dfrac{x^4}{2} - \dfrac{3}{x^3}$ 的导数.

解 $y' = \left(\dfrac{x^4}{2}\right)' - \left(\dfrac{3}{x^3}\right)' = \dfrac{1}{2} \cdot 4x^3 - 3(x^{-3})'$
$= 2x^3 - 3(-3) \cdot x^{-4}$
$= 2x^3 + 9x^{-4}.$

例 2.2.5 求对数函数 $y = \log_a x(a > 0, a \neq 1)$ 的导数.

解 上一节已经求得自然对数函数的导数: $y' = (\ln x)' = \dfrac{1}{x}$, 于是

$$y' = (\log_a x)' = \left(\frac{\ln x}{\ln a}\right)' = \frac{1}{\ln a} \cdot (\ln x)' = \frac{1}{x \ln a}.$$

例 2.2.6 求指数函数 $y = a^x(a > 0, a \neq 1)$ 的导数.

解 由于

$$\frac{f(x+h)-f(x)}{h} = \frac{a^{x+h}-a^x}{h} = a^x \cdot \frac{a^h - 1}{h}.$$

令 $t = a^h - 1$, 则 $h = \log_a(1+t)$; 当 $h \to 0$ 时, $t \to 0$, 于是

$$\lim_{h\to 0} \frac{a^h - 1}{h} = \lim_{t\to 0} \frac{t}{\log_a(1+t)} = \lim_{t\to 0} \frac{1}{\log_a(1+t)^{\frac{1}{t}}} = \frac{1}{\log_a e} = \ln a.$$

因此

$$f'(x) = \lim_{h\to 0} a^x \cdot \frac{a^h - 1}{h} = a^x \cdot \lim_{h\to 0} \frac{a^h - 1}{h} = a^x \cdot \ln a,$$

即 $(a^x)' = a^x \ln a.$ 当 $a = e$ 时, $(e^x)' = e^x \ln e = e^x.$

到此为止, 我们得到大部分基本初等函数的导数计算公式, 为了便于记忆使用把基本初等函数的求导公式罗列如下:

(1) $(C)' = 0$ (C 是常数);

(2) $(x^\mu)' = \mu x^{\mu - 1}$;

(3) $(\sin x)' = \cos x$;

(4) $(\cos x)' = -\sin x$;

(5) $(\tan x)' = \sec^2 x$;

(6) $(\cot x)' = -\csc^2 x$;

(7) $(\sec x)' = \sec x \tan x$;

(8) $(\csc x)' = -\csc x \cot x$;

(9) $(e^x)' = e^x$;

(10) $(a^x)' = a^x \ln a$;

(11) $(\ln x)' = \dfrac{1}{x}$;

(12) $(\log_a x)' = \dfrac{1}{x \ln a}.$

2.2.2 复合函数求导法则

通过导数定义和导数的四则运算法则已经可以求一些简单初等函数的导数, 但只是很少的一部分, 像 $\sin(3x - 1)$, $\ln \sin 5x$, $(6x)^2$ 这样的函数是否可导, 如果可导的话, 这些函数的导数如何来求? 这就需要给出复合函数的求导法则才能方便地做到.

定理 2.5 设函数 $u = \varphi(x)$ 在点 x 处有导数 $\dfrac{du}{dx} = \varphi'(x)$, 函数 $y = f(u)$ 在对应点 u 处有导数 $\dfrac{dy}{du} = f'(u)$, 则复合函数 $y = f(\varphi(x))$ 在点 x 处导数也存在, 并且

$$\frac{dy}{dx} = f'(u)\varphi'(x) \tag{2.1}$$

或写成另一种形式

$$y'_x = y'_u \cdot u'_x.$$

证 当自变量 x 取得增量 Δx 时, 函数 u 也取得增量 $\Delta u = \varphi(x+\Delta x) - \varphi(x)$, 从而 y 取得相应的增量 $\Delta y = f(u + \Delta u) - f(u)$, 当 $\Delta u \neq 0$ 时,

$$\frac{\Delta y}{\Delta x} = \frac{\Delta y}{\Delta u} \cdot \frac{\Delta u}{\Delta x}.$$

因为函数 $u = \varphi(x)$ 在点 x 处可导, 因此在点 x 处连续, 所以当 $\Delta x \to 0$ 时, $\Delta u \to 0$.

$$\frac{\mathrm{d}y}{\mathrm{d}x} = \lim_{\Delta x \to 0} \frac{\Delta y}{\Delta x} = \lim_{\Delta x \to 0} \frac{\Delta y}{\Delta u} \cdot \lim_{\Delta x \to 0} \frac{\Delta u}{\Delta x}$$

$$= \lim_{\Delta u \to 0} \frac{\Delta y}{\Delta u} \cdot \lim_{\Delta x \to 0} \frac{\Delta u}{\Delta x}$$

$$= f'(u)\varphi'(x).$$

当 $\Delta u = 0$ 时, 可以证明公式 (2.2) 依然成立.

上述复合函数的求导法则亦称为**链式法则**. 复合函数的求导公式 (2.1) 可叙述为: 复合函数的导数等于函数对中间变量的导数乘以中间变量对自变量的导数.

例 2.2.7 函数 $y = \sin x^4$, 求 y'.

解 将函数 $y = \sin x^4$ 看成是由基本初等函数 $y = \sin u$ 与 $u = x^4$ 复合而成, 所以

$$y'_x = y'_u \cdot u'_x = (\sin u)'_u (x^4)'_x$$

$$= (\cos u) \cdot (4x^3) = 4x^3 \cos x^4.$$

例 2.2.8 函数 $y = \ln \sin x$, 求 y'.

解 将函数 $y = \ln \sin x$ 看成是由基本初等函数 $y = \ln u$ 与 $u = \sin x$ 复合而成, 所以

$$y'_x = y'_u \cdot u'_x = (\ln u)'_u (\sin x)'_x$$

$$= \frac{1}{u} \cos x = \frac{\cos x}{\sin x} = \cot x.$$

复合函数求导数的关键是适当地选取中间变量, 将所给的函数分解成两个或两个以上基本初等函数的复合, 然后再利用链式法则求出所给函数的导数. 导数计算过程熟练掌握以后可以不写出中间变量, 直接把表示中间变量的部分写出来, 并且从外向里逐层求导.

例 2.2.9 $y = \ln |x| (x \neq 0)$, 求 y'.

解 当 $x > 0$ 时,

$$y' = (\ln |x|)' = (\ln x)' = \frac{1}{x}.$$

当 $x < 0$ 时,

$$y' = (\ln |x|)' = (\ln(-x))' = \frac{1}{-x}(-x)' = \frac{1}{-x} \cdot (-1) = \frac{1}{x}.$$

因此, $(\ln |x|)' = \dfrac{1}{x}$.

例 2.2.10 函数 $y = \sin(\cos x^2)$, 求 y'.

解
$$
\begin{aligned}
y' &= \cos(\cos x^2) \cdot (\cos x^2)' \\
&= \cos(\cos x^2) \cdot (-\sin x^2) \cdot (x^2)' \\
&= \cos(\cos x^2) \cdot (-\sin x^2) \cdot 2x \\
&= -2x \sin x^2 \cos(\cos x^2).
\end{aligned}
$$

例 2.2.11 函数 $y = \ln(x + \sqrt{1+x^2})$, 求 y'.

解
$$
\begin{aligned}
y' &= \frac{1}{x + \sqrt{1+x^2}} \cdot \left(x + \sqrt{1+x^2}\right)' \\
&= \frac{1}{x + \sqrt{1+x^2}} \cdot \left(1 + \frac{1}{2\sqrt{1+x^2}}(1+x^2)'\right) \\
&= \frac{1}{x + \sqrt{1+x^2}} \cdot \left(1 + \frac{2x}{2\sqrt{1+x^2}}\right) \\
&= \frac{1}{x + \sqrt{1+x^2}} \cdot \frac{x + \sqrt{1+x^2}}{\sqrt{1+x^2}} \\
&= \frac{1}{\sqrt{1+x^2}}.
\end{aligned}
$$

我们现在在已会求常数函数、幂函数、三角函数、反函数、指数函数和对数函数的导数, 即基本初等函数的导数我们都已经会求了. 在此基础上, 再应用函数的和、差、积、商的求导法则以及复合函数的求导法则, 我们就能求任一初等函数的导数了.

2.2.3 高阶导数

函数 $y = f(x)$ 在区间 I 内可导, 其导数 $y' = f'(x)$ 仍然是 x 的函数, 如果这个函数 $y' = f'(x)$ 仍然是可导的, 则 $y' = f'(x)$ 的导数称为原来函数 $y = f(x)$ 的二阶导数, 记作 y'', $f''(x)$ 或 $\dfrac{\mathrm{d}^2 y}{\mathrm{d}x^2}$, 即 $f''(x) = [f'(x)]'$, $\dfrac{\mathrm{d}^2 y}{\mathrm{d}x^2} = \dfrac{\mathrm{d}}{\mathrm{d}x}\left(\dfrac{\mathrm{d}y}{\mathrm{d}x}\right)$. 类似地, 二阶导数 $f''(x)$ 的导数, 叫做 $y = f(x)$ 的三阶导数, 记作 y''', $f'''(x)$ 或 $\dfrac{\mathrm{d}^3 y}{\mathrm{d}x^3}$. $n-1$ 阶导数 $f^{(n-1)}(x)$ 的导数, 叫做 $y = f(x)$ 的 n 阶导数, 记作 $y^{(n)}$, $f^{(n)}(x)$ 或 $\dfrac{\mathrm{d}^n y}{\mathrm{d}x^n}$, 即 $f^{(n)}(x) = \left[f^{(n-1)}(x)\right]'$, $\dfrac{\mathrm{d}^n y}{\mathrm{d}x^n} = \dfrac{\mathrm{d}}{\mathrm{d}x}\left(\dfrac{\mathrm{d}^{n-1} y}{\mathrm{d}x^{n-1}}\right)$.

二阶和二阶以上的导数统称为高阶导数. 由高阶导数的定义可以看出, 求高阶导数就是多次连续地求一阶导数, 所以前面学过的求导方法可以来计算高阶导数.

例 2.2.12 求 $y = x^5$ 的三阶导数.

解 简单计算得到 $y' = 5x^4$, $y'' = (5x^4)' = 20x^3$, $y''' = (20x^3)' = 60x^2$.

例 2.2.13 求指数函数 $y = \mathrm{e}^x$ 的 n 阶导数.

解 简单计算有 $y' = (\mathrm{e}^x)' = \mathrm{e}^x$, $y'' = (\mathrm{e}^x)' = \mathrm{e}^x$, $\cdots$, 最后可以看出 $y^{(n)} = \mathrm{e}^x$.

例 2.2.14 求幂函数 $y = x^\mu$ 的 n 阶导数.

解 $y' = (x^\mu)' = \mu x^{\mu-1}$;

$$y'' = (\mu x^{\mu-1})' = \mu(\mu-1)x^{\mu-2};$$

$$y''' = \mu(\mu-1)(\mu-2)x^{\mu-3};$$

$$y^{(4)} = \mu(\mu-1)(\mu-2)(\mu-3)x^{\mu-4}.$$

因此, 可得

$$y^{(n)} = \mu(\mu-1)(\mu-2)\cdots(\mu-n+1)x^{\mu-n}.$$

特别地, 当 $\mu = n$ 是正整数的时候, 有 $(x^n)^{(n)} = n(n-1)(n-2)\cdots 2 \cdot 1 = n!$.

例 2.2.15 求正弦函数 $y = \sin x$ 的 n 阶导数.

解 简单计算得到

$$y' = (\sin x)' = \cos x = \sin\left(x + \frac{\pi}{2}\right);$$

$$y'' = \left[\sin\left(x + \frac{\pi}{2}\right)\right] = \cos\left(x + \frac{\pi}{2}\right) = \sin\left(x + 2 \cdot \frac{\pi}{2}\right);$$

$$y''' = \cos\left(x + 2 \cdot \frac{\pi}{2}\right) = \sin\left(x + 3 \cdot \frac{\pi}{2}\right);$$

$$y^{(4)} = \cos\left(x + 3 \cdot \frac{\pi}{2}\right) = \sin\left(x + 4 \cdot \frac{\pi}{2}\right).$$

一般地, 由数学归纳法可得正弦函数的 n 阶导数是 $(\sin x)^{(n)} = \sin\left(x + n \cdot \frac{\pi}{2}\right)$.
用类似方法可得余弦函数的 n 阶导数是 $(\cos x)^{(n)} = \cos\left(x + n \cdot \frac{\pi}{2}\right)$.

习　题　2.2

1. 求下列各函数的导数 (其中 a, b 为常量).

(1) $y = 3x^2 - x + 5$; 　(2) $y = x^{(a+b)}$; 　　(3) $y = 2\sqrt{x} - \dfrac{1}{x} + 4\sqrt{3}$;

(4) $y = \dfrac{x^2}{2} + \dfrac{2}{x^2}$; 　(5) $y = x^2(2x - 1)$; 　(6) $y = (x+1)\sqrt{2x}$.

2. 求下列各函数的导数 (其中 a, b, c, n 为常量).

(1) $y = 2x \ln x$; 　　(2) $y = x^n \ln x$; 　　(3) $y = \log_a \sqrt{x}$;

(4) $y = \dfrac{x+1}{x-1}$; 　　(5) $y = \dfrac{3x}{1+x^2}$; 　(6) $y = 3x - \dfrac{x}{2-x}$.

3. 求下列各函数的导数.

(1) $y = x \sin x + 3 \cos x$; 　　　　(2) $y = \dfrac{x}{1 - \cos x}$;

(3) $y = \tan x - x \tan x$; 　　　　(4) $y = \dfrac{4 \sin x}{1 + 2 \cos x}$.

4. 求下列函数在给定点处的导数值.

(1) $y = 3\sin x\cos x$, 求 $y'|_{x=\frac{\pi}{6}}$ 与 $y'|_{x=\frac{\pi}{4}}$;

(2) $\rho = \varphi\sin\varphi + \dfrac{1}{2}\cos\varphi$, 求 $\left.\dfrac{\mathrm{d}\rho}{\mathrm{d}\varphi}\right|_{\varphi=\frac{\pi}{4}}$;

(3) $f(t) = \dfrac{1 - 2\sqrt{t}}{1 + 2\sqrt{t}}$, 求 $f'(4)$.

5. 求下列各函数的导数 (其中 a, n 为常量).

(1) $y = (1+x)(1+x^2)$;

(2) $y = \sqrt{x^2 - a^2}$;

(3) $y = \log_a(1 + 2x^2)$;

(4) $y = \ln(a^2 - x^2)$;

(5) $y = \ln\sqrt{2x} + \sqrt{\ln x}$;

(6) $y = \ln\dfrac{1 + \sqrt{x}}{1 - \sqrt{x}}$;

(7) $y = \sin x^n$;

(8) $y = \sin^n x \cdot \cos nx$;

(9) $y = \ln\tan\dfrac{x}{2}$;

(10) $y = x^2\sin\dfrac{1}{x}$;

(11) $y = \ln\ln x$;

(12) $y = \ln(x + \sqrt{x^2 - a^2})$.

6. 求下列各函数的导数 (其中 a 为常数).

(1) $y = 2\mathrm{e}^{2x}$;

(2) $y = \mathrm{e}^{-x^2}$;

(3) $y = x^a + a^x + a^a$;

(4) $y = \mathrm{e}^{-\frac{1}{x}}$;

(5) $y = \mathrm{e}^{-x}\cos 3x$;

(6) $y = \sin\mathrm{e}^{x^2 + x - 2}$.

7. 求下列各函数的二阶导数.

(1) $y = \ln(1 + x^2)$;

(2) $y = x\ln x$;

(3) $y = x\mathrm{e}^{x^2}$;

(4) $y = \mathrm{e}^{-x}\sin x$.

8. 若 $f''(x)$ 存在, 求下列函数的二阶导数 $\dfrac{\mathrm{d}^2 y}{\mathrm{d}x^2}$.

(1) $y = f(2x^2)$;

(2) $y = \ln[f(2x)]$.

9. 求下列各函数的 n 阶导数 (其中 a, m 为常数).

(1) $y = a^x$;

(2) $y = \ln(1 + x)$;

(3) $y = \cos 2x$;

(4) $y = (1 + x)^m$.

10. 利用链式法则计算反三角函数的导数.

(1) $(\arcsin x)' = \dfrac{1}{\sqrt{1 - x^2}}$;

(2) $(\arccos x)' = -\dfrac{1}{\sqrt{1 - x^2}}$;

(3) $(\arctan x)' = \dfrac{1}{1 + x^2}$;

(4) $(\operatorname{arccot} x)' = -\dfrac{1}{1 + x^2}$.

2.3 隐函数与参数方程所确定的函数的导数

2.3.1 隐函数的导数

通常的函数表达方式 $y = f(x)$ 表示因变量 y 与自变量 x 之间的对应关系, 例如 $y = x^2$, $y = \mathrm{e}^{2x+1}$ 等. 这种函数表达式的特点是直接给出当自变量 x 取值时因变量 y 取值的规律, 或者简单直白地说就是直接告诉我们如何由自变量构成因变量, 用这种表达方式表达的函数称为显函数. 而在关系式 $\sin x + y^2 - 4 = 0$

中, 当自变量 x 在定义域内取值时, 因变量 y 的值与之相对应. 例如当 $x = 0$ 时, $y = \pm 2$; 当 $x = \dfrac{\pi}{2}$ 时, $y = \pm\sqrt{3}$ 等, 这样的关系也可以确定自变量 x 与因变量 y 之间的一个对应关系, 用这种形式给出的函数称为隐函数.

一般地, 如果在方程 $F(x, y) = 0$ 中, 当 x 取某区间内的任一值时, 相应地总有满足这个方程唯一的 y 值存在, 那么就说方程 $F(x, y) = 0$ 在该区间内确定了一个隐函数. 把一个隐函数化成显函数, 叫做隐函数的显化. 例如从方程 $x + y^3 - 3 = 0$ 解出 $y = \sqrt[3]{3 - x}$, 就把隐函数化成了显函数. 但隐函数显化有时是很困难的, 甚至是不可能的. 例如, 方程

$$y^3 + 3xy^2 + \ln x + 4x^5 = 1$$

所确定的隐函数就很难用显式表达出来. 本节就是讨论对由隐式表达的隐函数, 如何计算它的导数.

例 2.3.1 设函数 $y = y(x)$ 由方程 $x^2 + y^2 - 4 = 0$ 确定, 求 y 对 x 的导数.

解 令 $F(x, y) = x^2 + y^2 - 4 = 0$, 这是一个隐函数, 将上式两边逐项对 x 求导, 并将 y^2 看成是 x 的复合函数, 右端显然为 0, 则有

$$\frac{\mathrm{d}}{\mathrm{d}x}(x^2) + \frac{\mathrm{d}}{\mathrm{d}x}(y^2) - \frac{\mathrm{d}}{\mathrm{d}x}(4) = 0,$$

计算导数并化简有

$$2x + 2y \cdot \frac{\mathrm{d}y}{\mathrm{d}x} = 0,$$

此即

$$\frac{\mathrm{d}y}{\mathrm{d}x} = -\frac{x}{y}.$$

由上例可以看出, 隐函数求导即在等式两端逐项对自变量求导, 即可得到一个关于 y' 的一次方程, 解此方程得到 y', 即为隐函数的导数.

例 2.3.2 由方程 $y = x \ln y$ 确定函数 $y = y(x)$, 求 y'.

解 将方程两边分别对 x 求导, 得

$$y' = (x \ln y)' = \ln y + x \cdot \frac{1}{y} y',$$

从中解出 y' 得到

$$y' = \frac{y \ln y}{y - x}.$$

例 2.3.3 由方程 $5x^3 - x + 2y^3 + 12 = 0$ 所确定的隐函数 $y = y(x)$ 在 $x = 1$ 处的导数 $\left. \dfrac{\mathrm{d}y}{\mathrm{d}x} \right|_{x=1}$.

解 从方程容易解出当 $x = 1$ 时 $y = -2$. 将方程两边分别对变量 x 求导, 得到等式

$$5 \cdot 3x^2 - 1 + 6y^2 \frac{\mathrm{d}y}{\mathrm{d}x} = 0,$$

从中解出 y' 得到

$$\frac{\mathrm{d}y}{\mathrm{d}x} = \frac{1 - 15x^2}{6y^2}.$$

将点 $(x, y) = (1, -2)$ 代入得到

$$\frac{\mathrm{d}y}{\mathrm{d}x}\Big|_{\substack{x=1 \\ y=-2}} = \frac{1 - 15x^2}{6y^2}\Big|_{\substack{x=1 \\ y=-2}} = -\frac{7}{12}.$$

例 2.3.4 由方程 $x^3 - xy + y^2 - 7 = 0$ 确定关于 x 的函数 $y = y(x)$, 求其曲线上点 $(1, 3)$ 处的切线方程.

解 将方程两边分别对 x 求导, 得

$$3x^2 - y - xy' + 2yy' = 0,$$

求出 y' 得到

$$y' = \frac{3x^2 - y}{x - 2y}.$$

因此曲线在点 $(1, 3)$ 的切线斜率为

$$y'\big|_{\substack{x=1 \\ y=3}} = \frac{3x^2 - y}{x - 2y}\Big|_{\substack{x=1 \\ y=3}} = 0.$$

于是曲线上点 $(1, 3)$ 处的切线方程为

$$y - 3 = 0.$$

1. 对数求导法

先将方程 $F(x, y) = 0$ 两边取对数化成隐函数, 然后再求函数的导数, 这种方法称为对数求导法. 对数求导法特别适合于具有连乘积形式的函数的求导问题.

例 2.3.5 求指数函数 $y = a^x (a > 0, a \neq 1)$ 的导数.

解 在 2.2 节中已经利用导数的定义求出指数函数 $y = a^x (a > 0, a \neq 1)$ 的导数, 这里将利用对两边取对数后再求导来求指数函数的导数. 两边同时对 x 取对数得

$$\ln y = \ln a^x = x \ln a.$$

上式两边对 x 求导, 得到

$$\frac{1}{y}y' = \ln a.$$

解出函数 y 的导数得到

$$y' = y \ln a = a^x \ln a.$$

例 2.3.6 求函数 $y = \sqrt{\dfrac{(x-1)(x-3)}{(x-2)(x-4)}}$ 的导数.

解 此题可直接利用复合函数求导来计算, 但计算过程很繁琐. 这里, 我们选用对数求导法. 在两边同时取对数得

$$\ln y = \frac{1}{2} \left(\ln|x-1| + \ln|x-3| - \ln|x-2| - \ln|x-4| \right),$$

两边同时对 x 求导数得

$$\frac{1}{y} y' = \frac{1}{2} \left(\frac{1}{x-1} + \frac{1}{x-3} - \frac{1}{x-2} - \frac{1}{x-4} \right).$$

解出函数 y 的导数, 得到

$$y' = y \cdot \frac{1}{2} \left(\frac{1}{x-1} + \frac{1}{x-3} - \frac{1}{x-2} - \frac{1}{x-4} \right)$$
$$= \frac{1}{2} \sqrt{\frac{(x-1)(x-3)}{(x-2)(x-4)}} \left(\frac{1}{x-1} + \frac{1}{x-3} - \frac{1}{x-2} - \frac{1}{x-4} \right).$$

利用对数求导法可以容易地证明 $(x^\mu)' = \mu x^{\mu-1}$(μ 为任意实数).

2. 反三角函数的导数

利用隐函数求导法可以很容易地得到反三角函数地导数. 比如, 我们要计算反正弦函数 $y = \arcsin x, -1 \leqslant x \leqslant 1 \left(\text{因此} -\dfrac{\pi}{2} \leqslant y \leqslant \dfrac{\pi}{2} \right)$ 的导数, 由反函数的定义可以知道 $\sin y = x$, 两端对 x 同时求导数得到

$$(\cos y) \cdot y' = 1.$$

由此解得

$$y' = \frac{1}{\cos y} = \frac{1}{\sqrt{1-x^2}}, \quad -1 \leqslant x \leqslant 1.$$

类似可以得到反三角函数的导数计算公式:

$$(\arcsin x)' = \frac{1}{\sqrt{1-x^2}}, \quad (\arccos x)' = -\frac{1}{\sqrt{1-x^2}},$$
$$(\arctan x)' = \frac{1}{1+x^2}, \quad (\text{arccot}\, x)' = -\frac{1}{1+x^2}.$$

例 2.3.7 求函数 $y = \arctan \dfrac{1+x}{1-x}$ 的导数.

解 利用链式法则与反正切函数的导数计算公式得到

$$
\begin{aligned}
y' &= \frac{1}{1 + \left(\dfrac{1+x}{1-x}\right)^2} \cdot \left(\frac{1+x}{1-x}\right)' \\
&= \frac{(1-x)^2}{(1-x)^2 + (1+x)^2} \cdot \frac{2}{(1-x)^2} \\
&= \frac{1}{x^2 + 1}.
\end{aligned}
$$

例 2.3.8 已知函数 $f(u)$ 可导, 求导数 $[f(\ln x)]'$, $[(f(2x+a))^n]'$.

解 注意导数符号 "$'$" 在不同位置表示对不同变量求导数, 例如 $[f(\ln x)]'$ 表示对 x 求导, 而 $f'(\ln x)$ 表示对 $\ln x$ 求导.

$$
\begin{aligned}
[f(\ln x)]' &= f'(\ln x) \cdot (\ln x)' = \frac{1}{x} f'(\ln x), \\
[(f(2x+a))^n]' &= n\,(f(2x+a))^{n-1} \cdot f'(2x+a) \cdot (2x+a)' \\
&= 2n\,(f(2x+a))^{n-1} \cdot f'(2x+a).
\end{aligned}
$$

2.3.2　由参数方程所确定的函数的导数

在实际问题中, 很多变量的直接联系是比较难以找到的, 这时参数方程就有了用武之地. 例如研究抛射体的运动, 如果空气阻力忽略不计, 则抛射体的运动轨迹可表示为

$$
\begin{cases}
x = v_1 t, \\
y = v_2 t - \dfrac{1}{2} g t^2,
\end{cases}
$$

其中 v_1, v_2 分别是抛射体初速度的水平与铅直分量, g 是重力加速度, t 是飞行时间, x 和 y 是飞行中抛射体在铅直平面上的位置的横坐标和纵坐标.

在上式中, x 和 y 都是时间 t 的函数. 如果把对应于同一个 t 的 y 的值与 x 的值看作是对应的, 这样就得到 x 与 y 之间的一个函数关系.

一般地, 若由变量 x, y 关于参数 t 的参数方程

$$
\begin{cases}
x = \varphi(t), \\
y = \psi(t)
\end{cases}
\tag{2.2}
$$

可以确定 x 与 y 间的函数关系, 则称此函数为由参数方程 (2.2) 所确定的函数. 现在来求参数方程 (2.2) 所确定的函数 $y = y(x)$ 的导数.

在 (2.2) 式中, 如果函数 $x = \varphi(t)$ 在某个区间具有单调连续反函数 $t = \varphi^{-1}(x)$, 那么有参数方程 (2.2) 所确定的函数 $y = y(x)$ 可以看成由函数 $y = \psi(t), t = \varphi^{-1}(x)$ 复合而成的函数 $y = \psi(\varphi(x))$. 因此要计算这个复合函数的导数, 只要假定函数 $y = \psi(t), x = \varphi(t)$ 都可导, 且 $\varphi'(t) \neq 0$, 那么根据复合函数的求导法则有

$$\frac{\mathrm{d}y}{\mathrm{d}x} = \frac{\mathrm{d}y}{\mathrm{d}t} \cdot \frac{\mathrm{d}t}{\mathrm{d}x} = \frac{\mathrm{d}y}{\mathrm{d}t} \cdot \frac{1}{\dfrac{\mathrm{d}x}{\mathrm{d}t}} = \frac{\psi'(t)}{\varphi'(t)}. \tag{2.3}$$

也就是说,

$$y'_x = \frac{\mathrm{d}y}{\mathrm{d}x} = \frac{\dfrac{\mathrm{d}y}{\mathrm{d}t}}{\dfrac{\mathrm{d}x}{\mathrm{d}t}} = \frac{y'_t}{x'_t}.$$

如果 $y = \psi(t), x = \varphi(t)$ 还具有二阶导数, 那么从 (2.3) 式又可求得函数的二阶导数公式

$$\begin{aligned}
\frac{\mathrm{d}^2 y}{\mathrm{d}x^2} &= \frac{\mathrm{d}}{\mathrm{d}x}\left(\frac{\mathrm{d}y}{\mathrm{d}x}\right) = \frac{\mathrm{d}}{\mathrm{d}t}\left(\frac{\psi'(t)}{\varphi'(t)}\right) \cdot \frac{\mathrm{d}t}{\mathrm{d}x} \\
&= \frac{\varphi'(t)\psi''(t) - \varphi''(t)\psi'(t)}{[\varphi'(t)]^2} \cdot \frac{1}{\varphi'(t)} \\
&= \frac{\varphi'(t)\psi''(t) - \varphi''(t)\psi'(t)}{[\varphi'(t)]^3}.
\end{aligned}$$

例 2.3.9 已知椭圆的参数方程为

$$\begin{cases} x = a\cos t, \\ y = b\sin t \end{cases} \quad (0 \leqslant t < 2\pi),$$

求椭圆在 $t = \dfrac{\pi}{4}$ 相应的点处的切线方程.

解 当 $t = \dfrac{\pi}{4}$ 时, 椭圆上的对应点 M_0 的坐标为

$$x_0 = a\cos\frac{\pi}{4} = \frac{\sqrt{2}}{2}a; \quad y_0 = b\sin\frac{\pi}{4} = \frac{\sqrt{2}}{2}b.$$

椭圆在点 M_0 处的切线斜率为

$$\left.\frac{\mathrm{d}y}{\mathrm{d}x}\right|_{t=\frac{\pi}{4}} = \left.\frac{(b\sin t)'}{(a\cos t)'}\right|_{t=\frac{\pi}{4}} = \left.\frac{b\cos t}{-a\sin t}\right|_{t=\frac{\pi}{4}} = -\frac{b}{a},$$

于是椭圆在点 M_0 的切线方程为

$$y - \frac{\sqrt{2}}{2}b = -\frac{b}{a}\left(x - \frac{\sqrt{2}}{2}a\right).$$

例 2.3.10 计算由摆线的参数方程

$$\begin{cases} x = a(t - \sin t), \\ y = a(1 - \cos t) \end{cases} (0 \leqslant t \leqslant 2\pi),$$

所确定的函数 $y = y(x)$ 的二阶导数 y''.

解 先计算一阶导数, 由公式 (2.3) 得到

$$\frac{\mathrm{d}y}{\mathrm{d}x} = \frac{\dfrac{\mathrm{d}y}{\mathrm{d}t}}{\dfrac{\mathrm{d}x}{\mathrm{d}t}} = \frac{a(1 - \cos t)'}{a(t - \sin t)'} = \frac{\sin t}{1 - \cos t} = \cot \frac{t}{2}.$$

把 y'_x 看成公式 (2.3) 中的变量 y, 即对参数方程 $\begin{cases} x = a(t - \sin t), \\ y'_x = \cot \dfrac{t}{2} \end{cases}$ 使用公式 (2.3) 得到

$$\frac{\mathrm{d}^2 y}{\mathrm{d}x^2} = \frac{\dfrac{\mathrm{d}}{\mathrm{d}t}\left(\dfrac{\mathrm{d}y}{\mathrm{d}x}\right)}{\dfrac{\mathrm{d}x}{\mathrm{d}t}} = \frac{-\csc^2 \dfrac{t}{2} \cdot \dfrac{1}{2}}{a(1 - \cos t)} = -\frac{1}{a(1 - \cos t)^2}.$$

习 题 2.3

1. 求由下列方程确定的隐函数 $y = y(x)$ 的导数 (其中 a, b 为常数).

(1) $x^2 + y^2 - xy = 10$;

(2) $y^2 - 2axy + b = 0$;

(3) $y = 2x + \ln y$;

(4) $y = 1 + xe^y$.

2. 求下列各函数的导数.

(1) $y = \arcsin \dfrac{x}{2}$;

(2) $y = \operatorname{arccot} \dfrac{1}{x}$;

(3) $y = \left(\arcsin \dfrac{x}{2}\right)^2$;

(4) $y = x\sqrt{1 - x^2} + \arcsin x$;

(5) $y = \arcsin x + \arccos x$.

3. 利用对数求导法求下列函数的导数.

(1) $y = x \cdot \sqrt{\dfrac{1 - x}{1 + x}}$;

(2) $y = \dfrac{x^2}{1 - x} \cdot \sqrt{\dfrac{3 - x}{(3 + x)^2}}$;

(3) $y = (x + \sqrt{1 + x^2})^n$;

(4) $y = (x - a_1)^{a_1}(x - a_2)^{a_2} \cdots (x - a_n)^{a_n}$.

4. 求下列函数的导数.

(1) $y = \cos \ln(1 + 2x)$, 求 y'.

(2) $y = (\ln x)^x$, 求 y'.

(3) $y = x^{x^2} + e^{x^2} + x^{e^x} + e^{e^x}$, 求 y'.

(4) $\sqrt{x} + \sqrt{y} - a = 0$ 确定 y 是 x 的函数, 求 y'.

(5) $y = f\left(\arcsin \dfrac{1}{x}\right)$, 求 y'_x.

(6) $y = f(\mathrm{e}^x + x^{\mathrm{e}})$, 求 y'_x.

(7) $y = f(\sin^2 x) + f(\cos^2 x)$, 求 y'_x.

5. 求由方程 $y = x + \varepsilon \sin y (0 < \varepsilon < 1)$ 所确定的隐函数 $y = y(x)$ 的导数.

6. 求由方程 $(x^2 + y^2)^2 = a^2 (x^2 - y^2)$, $a > 0$, 所确定的隐函数 $y = y(x)$ 的导数.

7. 求下列参数方程所确定的函数的导数 $\dfrac{\mathrm{d}y}{\mathrm{d}x}$.

(1) $\begin{cases} x = t^2 + 1, \\ y = t^3 + t. \end{cases}$ 　　　　　(2) $\begin{cases} x = \theta(1 - \sin \theta), \\ y = \theta \cos \theta. \end{cases}$

8. 求下列参数方程所确定的函数的导数 $\dfrac{\mathrm{d}^2 y}{\mathrm{d}x^2}$.

(1) $\begin{cases} x = t - \ln(1 + t), \\ y = t^3 + t^2. \end{cases}$

(2) $\begin{cases} x = f'(t), \\ y = tf'(t) - f(t), \end{cases}$ 设 $f''(t)$ 存在且不为零.

2.4　函数的微分

2.4.1　微分的定义

在许多实际问题中, 经常遇到当自变量有一个微小的改变量时, 需要计算函数相应的改变量. 一般来说, 直接去计算函数的改变量是比较困难的, 但对于可导函数来说, 可以找到一个简单的近似计算公式. 先看一个具体的例子.

例 2.4.1 一块正方形金属薄片因受温度变化的影响, 其边长由 x_0 变到 $x_0 + \Delta x$, 如图 2.2, 问此薄片的面积改变了多少?

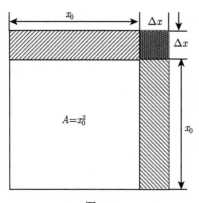

图 2.2

设薄片的边长为 x_0, 则其面积为 $A = x_0^2$, 薄片受温度变化的影响时面积的改变量为 ΔA, 即 $\Delta A = (x_0 + \Delta x)^2 - x_0^2 = 2x_0 \Delta x + (\Delta x)^2$. 从此可以看出, ΔA 分

成两部分; 第一部分 $2x_0\Delta x$ 是 Δx 的线性函数, 即图中带有斜线的两个矩形面积之和; 第二部分 $(\Delta x)^2$ 当 $\Delta x \to 0$ 是比 Δx 高阶的无穷小, 即 $(\Delta x)^2 = o(\Delta x)$. 因此当 Δx 很小时, 可以用第一部分 $2x_0\Delta x$ 近似地表示 ΔA. 注意: 这里 $2x_0\Delta x$ 是关于 Δx 的一次函数!

对于自变量在点 x 处的增量 Δx, 如果函数 $y = f(x)$ 的增量 $\Delta y = f(x + \Delta x) - f(x)$ 可以表示为 $\Delta y = A\Delta x + o(\Delta x)$ 的形式, 其中 A 是与 Δx 无关的常数, $A\Delta x$ 称为 Δy 的线性主部, $o(\Delta x)$ 是 Δx 高阶的无穷小, 则称函数 $y = f(x)$ 在点 x 处**可微**. 称 $A\Delta x$ 为函数 $y = f(x)$ 在点 x 处的**微分**, 记为 $\mathrm{d}y$, 即

$$\mathrm{d}y = A\Delta x.$$

于是有 $\Delta y = \mathrm{d}y + o(\Delta x)$. 即当 $\Delta x \to 0$ 时, 函数的改变量 Δy 与微分 $\mathrm{d}y$ 的差是一个比 Δx 高阶的无穷小 $o(\Delta x)$. 这样就可以用微分来代替函数的改变量 Δy.

现在关键是怎样来确定 A. 由可微的定义可得

$$\frac{\Delta y}{\Delta x} = A + \frac{o(\Delta x)}{\Delta x}.$$

因为 A 与 Δx 无关, $o(\Delta x)$ 是 Δx 高阶的无穷小, 所以当 $\Delta x \to 0$ 时, 对上式两端取极限, 有

$$A = \lim_{\Delta x \to 0} \frac{\Delta y}{\Delta x} = f'(x).$$

于是微分可以写成

$$\mathrm{d}y = \mathrm{d}f(x) = f'(x)\Delta x.$$

由此可见, 如果函数 $y = f(x)$ 在点 x 处可微, 则它在点 x 处可导.

反之, 如果函数 $y = f(x)$ 在点 x 处可导, 则它在点 x 处可微. 因此函数可微必可导, 可导必可微, 且函数的微分就是函数的导数与自变量改变量 (增量) 的乘积. 即 $\mathrm{d}y = f'(x)\Delta x$.

如果将自变量看成是自己的函数 $y = x$, 则有 $\mathrm{d}x = x' \cdot \Delta x = \Delta x$, 因此自变量的微分就是它的改变量 (增量), 所以函数的微分可以写成

$$\mathrm{d}y = f'(x)\mathrm{d}x.$$

即函数的微分就是函数的导数与自变量的微分的乘积.

以前用符号 $\dfrac{\mathrm{d}y}{\mathrm{d}x}$ 来表示函数的导数, $\dfrac{\mathrm{d}y}{\mathrm{d}x}$ 是作为一个整体出现的. 在引入微分概念以后, 我们知道 $\dfrac{\mathrm{d}y}{\mathrm{d}x}$ 可以理解为函数微分与自变量微分的商, 因此这个导数符号可以作为一个分式使用, 满足分式运算的所有规则. 也因此, 导数又叫做微商——微分之商.

定理 2.6　函数 $y = f(x)$ 在点 $x = x_0$ 可导的充分必要条件是函数 $y = f(x)$ 在点 $x = x_0$ 可微, 并且有 $\mathrm{d}y = f'(x_0)\,\mathrm{d}x$.

例 2.4.2　求函数 $y = \sin x$ 的微分.

解　由于 $(\sin x)' = \cos x$, 因此 $\mathrm{d}y = \cos x\mathrm{d}x$.

例 2.4.3　求函数 $y = x^2$ 当 $x = 2, \mathrm{d}x = 0.02$ 时的微分与函数增量.

解　函数的微分为 $\mathrm{d}y = 2x\mathrm{d}x$, 因此

$$\mathrm{d}y\big|_{\substack{x=2\\ \mathrm{d}x=0.02}} = 2x\mathrm{d}x\big|_{\substack{x=2\\ \mathrm{d}x=0.02}} = 2 \times 2 \times 0.02 = 0.08.$$

$$\Delta y\big|_{\substack{x=2\\ \mathrm{d}x=0.02}} = \left[(x+\Delta x)^2 - x^2\right]\big|_{\substack{x=2\\ \mathrm{d}x=0.02}} = \left[2x\Delta x + (\Delta x)^2\right]\big|_{\substack{x=2\\ \mathrm{d}x=0.02}} = 0.0802.$$

微分的几何意义　在直角坐标系中作函数 $y = f(x)$ 的图形, 如图 2.3. 在曲线上取一点 $M(x,y)$, 过 M 做曲线的切线, 则此切线 MT 的斜率为

$$f'(x) = \tan \alpha.$$

当自变量在点 x 处取得增量 Δx 时, 就得到曲线上令外一点 $M'(x + \Delta x, y + \Delta y)$, 由图 2.3 易知

$$MN = \Delta x, \quad NM' = \Delta y,$$

且

$$NT = MN \cdot \tan \alpha = f'(x) \cdot \Delta x = \mathrm{d}y.$$

因此函数的微分就是过点 $M(x,y)$ 的切线的纵坐标的增量, 图中 TM' 是 Δy 与 $\mathrm{d}y$ 之差, 它是 Δx 的高阶无穷小.

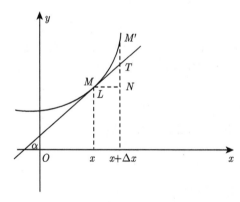

图 2.3

2.4.2　微分的四则运算法则与基本微分公式

由 $\mathrm{d}y = f'(x)\mathrm{d}x$ 可知, 要求函数的微分, 只要求出导数 $f'(x)$ 再乘以 $\mathrm{d}x$ 即可. 因此根据函数四则运算的求导法则, 可求得函数四则运算的微分法则.

(1) $\mathrm{d}(u \pm v) = \mathrm{d}u \pm \mathrm{d}v$;

(2) $\mathrm{d}(cu) = c\mathrm{d}u$;

(3) $\mathrm{d}(uv) = u\mathrm{d}v + u\mathrm{d}v$;

(4) $\mathrm{d}\left(\dfrac{u}{v}\right) = \dfrac{v\mathrm{d}u - u\mathrm{d}v}{v^2}$ $(v \neq 0)$.

为了便于查找记忆, 现将基本的微分公式罗列如下:

(1) $\mathrm{d}C = 0$ (C 是常数);

(2) $\mathrm{d}(x^{\mu}) = \mu x^{\mu-1}\mathrm{d}x$;

(3) $\mathrm{d}(\sin x) = \cos x\mathrm{d}x$;

(4) $\mathrm{d}(\cos x) = -\sin x\mathrm{d}x$;

(5) $\mathrm{d}(\tan x) = \sec^2 x\mathrm{d}x$;

(6) $\mathrm{d}(\cot x) = -\csc^2 x\mathrm{d}x$;

(7) $\mathrm{d}(\sec x) = \sec x \tan x\mathrm{d}x$;

(8) $\mathrm{d}(\csc x) = -\csc x \cot x\mathrm{d}x$;

(9) $\mathrm{d}(\mathrm{e}^x) = \mathrm{e}^x\mathrm{d}x$;

(10) $\mathrm{d}(a^x) = a^x \ln a\mathrm{d}x$;

(11) $\mathrm{d}(\ln x) = \dfrac{1}{x}\mathrm{d}x$;

(12) $\mathrm{d}(\log_a x) = \dfrac{1}{x \ln a}\mathrm{d}x$;

(13) $\mathrm{d}(\arcsin x) = \dfrac{1}{\sqrt{1-x^2}}\mathrm{d}x$;

(14) $\mathrm{d}(\arccos x) = -\dfrac{1}{\sqrt{1-x^2}}\mathrm{d}x$;

(15) $\mathrm{d}(\arctan x) = \dfrac{1}{1+x^2}\mathrm{d}x$;

(16) $\mathrm{d}(\operatorname{arccot} x) = -\dfrac{1}{1+x^2}\mathrm{d}x$.

2.4.3 复合函数的微分法则

设函数 $y = f(u)$, $u = \varphi(x)$ 都可导, 则复合函数 $y = f(\varphi(x))$ 的微分为

$$\mathrm{d}y = y_x'\mathrm{d}x = f'(u)\varphi'(x)\mathrm{d}x.$$

由于 $\mathrm{d}u = \varphi'(x)\mathrm{d}x$, 因此, $\mathrm{d}y = f'(u)\mathrm{d}u$. 由此可见, 对函数 $y = f(u)$ 来说, 不论 u 是自变量还是中间变量, 它的微分形式都是 $\mathrm{d}y = f'(u)\mathrm{d}u$, 这一性质称为**一阶微分形式不变性**.

例 2.4.4 设 $y = \sin(x^2 + 1)$, 求 $\mathrm{d}y$.

解 将 $x^2 + 1$ 看成中间变量 u, 则

$$\mathrm{d}y = \mathrm{d}(\sin u) = \cos u\mathrm{d}u = \cos(x^2 + 1)\mathrm{d}(x^2 + 1)$$
$$= \cos(x^2 + 1) \cdot 2x\mathrm{d}x = 2x\cos(x^2 + 1)\mathrm{d}x.$$

例 2.4.5 设 $y = \mathrm{e}^{ax+bx^2}$, a, b 为常数, 求 $\mathrm{d}y$.

解 令 $u = ax + bx^2$, 则由一阶微分形式不变性有

$$\mathrm{d}y = \mathrm{d}(\mathrm{e}^u) = \mathrm{e}^u\mathrm{d}u = \mathrm{e}^u\mathrm{d}(ax + bx^2) = \mathrm{e}^u(a\mathrm{d}x + 2bx\mathrm{d}x)$$
$$= (a + 2bx)\mathrm{e}^{ax+bx^2}\mathrm{d}x.$$

例 2.4.6 设 $y = \mathrm{e}^{2x} \sin x$, 求 $\mathrm{d}y$.

解 利用微分的运算法则及一阶微分形式不变性有

$$\mathrm{d}y = \sin x \mathrm{d}(\mathrm{e}^{2x}) + \mathrm{e}^{2x} \mathrm{d}(\sin x) = \sin x \mathrm{e}^{2x} \cdot 2\mathrm{d}x + \mathrm{e}^{2x} \cos x \mathrm{d}x$$

$$= \mathrm{e}^{2x} (2 \sin x + \cos x) \, \mathrm{d}x.$$

习 题 2.4

1. 已知 $y = x^2 + 5x$, 计算在 $x = 1$ 处当 Δx 分别等于 $1, 0.2, 0.001$ 时的 Δy 与 $\mathrm{d}y$.

2. 求下列各函数的微分:

(1) $y = \sqrt{1 - x^2}$;   (2) $y = \ln x^2$;   (3) $y = \mathrm{e}^{-x} \cos x$;

(4) $y = \arcsin \sqrt{x}$;   (5) $y = \ln \sqrt{1 - x^3}$;   (6) $y = \tan \dfrac{x}{2}$.

3. 求出下列函数在给定点 $x = x_0$ 的微分.

(1) $y = \sin x + \cos x, x_0 = \dfrac{\pi}{4}$;   (2) $y = (\ln x)^2, x_0 = \mathrm{e}$;

(3) $y = x^3 - 3x + 1, x_0 = 2$;   (4) $y = x^2 - 5x + 3, x_0 = -3$;

(5) $y = x^2 \sin x, x_0 = \pi$;   (6) $y = (x - 1)^2 (x - 2)^2, x_0 = 1$.

4. 求函数 $s = A \sin(\omega t + \varphi)(A, \omega, \varphi$ 是常数) 的微分.

小结

导数是微分学的基本概念, 导数的计算也是本书最为基本的计算之一, 必须熟练掌握. 导数是函数在一点的变化率, 换句话说, 就是函数增量与自变量增量的比值的极限. 本章重要的知识点是导数的概念、导数的四则运算法则、链式法则. 本章的难点在于链式法则的使用, 以及隐函数与参数方程的导数的计算.

微分是另一个重要的概念, 非常幸运的是导数与微分是等价的概念.

知识点

1. **导数的定义** 设函数 $f(x)$ 在 x_0 的某个邻域内有定义, 当自变量在点 x_0 处取得增量 Δx 时, 函数 $f(x)$ 取得相应的增量 Δy. 如果极限 $\lim\limits_{\Delta x \to 0} \dfrac{\Delta y}{\Delta x}$ 存在, 则称函数 $f(x)$ 在点 x_0 处可导, 称极限值为函数 $f(x)$ 在点 x_0 处的导数 $y'|_{x=x_0}$. 如果极限不存在, 就称函数 $f(x)$ 在点 x_0 处不可导.

2. 如果函数 $f(x)$ 在 x_0 处可导, 则它在 x_0 处一定连续, 反之不然.

3. **导数的几何意义** 函数 $f(x)$ 在 x_0 点导数 $f'(x_0)$ 就是曲线 $f(x)$ 在点 $M_0(x_0, y_0)$ 处的切线的斜率.

4. **导数的四则运算法则** 如果函数 $u(x), v(x)$ 都是 x 的可导函数, 则函数 $u(x) \pm v(x)$, $u(x)v(x)$ 以及 $\dfrac{u(x)}{v(x)}$ 也是 x 的可导函数, 并且

$$(u(x) \pm v(x))' = u'(x) \pm v'(x),$$

$$(u(x)v(x))' = u'(x)v(x) + u(x)v'(x), \qquad \left(\frac{u(x)}{v(x)}\right)' = \frac{u'(x)v(x) - u(x)v'(x)}{v^2(x)}.$$

5. **链式法则** 设函数 $u = \varphi(x)$ 在点 x 处有导数 $\dfrac{\mathrm{d}u}{\mathrm{d}x} = \varphi'(x)$, $y = f(u)$ 在对应点 u 处有导数 $\dfrac{\mathrm{d}y}{\mathrm{d}u} = f'(u)$, 则复合函数 $y = f(\varphi(x))$ 在点 x 处导数也存在, 并且 $\dfrac{\mathrm{d}y}{\mathrm{d}x} = f'(u)\varphi'(x)$ 或写成 $y'_x = y'_u \cdot u'_x$.

6. **基本初等函数的求导公式**

(1) $(C)' = 0(C$ 是常数$)$;

(2) $(x^\mu)' = \mu x^{\mu-1}$;

(3) $(\sin x)' = \cos x$;

(4) $(\cos x)' = -\sin x$;

(5) $(\tan x)' = \sec^2 x$;

(6) $(\cot x)' = -\csc^2 x$;

(7) $(\sec x)' = \sec x \tan x$;

(8) $(\csc x)' = -\csc x \cot x$;

(9) $(\mathrm{e}^x)' = \mathrm{e}^x$;

(10) $(a^x)' = a^x \ln a$;

(11) $(\ln x)' = \dfrac{1}{x}$;

(12) $(\log_a x)' = \dfrac{1}{x \ln a}$;

(13) $(\arcsin x)' = \dfrac{1}{\sqrt{1-x^2}}$;

(14) $(\arccos x)' = -\dfrac{1}{\sqrt{1-x^2}}$;

(15) $(\arctan x)' = \dfrac{1}{1+x^2}$;

(16) $(\operatorname{arccot} x)' = -\dfrac{1}{1+x^2}$.

7. **参数方程** $\begin{cases} x = \varphi(t), \\ y = \psi(t) \end{cases}$ 所确定的函数的导数计算公式

$$\frac{\mathrm{d}y}{\mathrm{d}x} = \frac{\psi'(t)}{\varphi'(t)}, \qquad \frac{\mathrm{d}^2 y}{\mathrm{d}x^2} = \frac{\varphi'(t)\psi''(t) - \varphi''(t)\psi'(t)}{[\varphi'(t)]^3}.$$

8. 对于自变量在点 x 处的增量 Δx, 如果函数 $y = f(x)$ 的增量 Δy 可以表示为 $\Delta y = A\Delta x + o(\Delta x)$, 其中 A 与 Δx 无关, $A\Delta x$ 称为 Δy 的线性主部, 则称函数 $y = f(x)$ 在点 x 处可微. 称 $A\Delta x$ 为函数 $y = f(x)$ 在点 x 处的微分, 记为 $\mathrm{d}y$, 即 $\mathrm{d}y = \mathrm{d}f(x) = A\mathrm{d}x$.

9. 函数在一个点可导的充分必要条件是函数在这个点可微.

10. **微分的四则运算法则**

(1) $\mathrm{d}(u \pm v) = \mathrm{d}u \pm \mathrm{d}v$;

(2) $\mathrm{d}(cu) = c\mathrm{d}u$;

(3) $\mathrm{d}(uv) = u\mathrm{d}v + u\mathrm{d}v$;

(4) $\mathrm{d}\left(\dfrac{u}{v}\right) = \dfrac{v\mathrm{d}u - u\mathrm{d}v}{v^2}\ (v \neq 0)$.

11. 基本的微分公式

(1) $\mathrm{d}C = 0\ (C\ \text{是常数})$;

(2) $\mathrm{d}(x^\mu) = \mu x^{\mu-1}\mathrm{d}x$;

(3) $\mathrm{d}(\sin x) = \cos x\mathrm{d}x$;

(4) $\mathrm{d}(\cos x) = -\sin x\mathrm{d}x$;

(5) $\mathrm{d}(\tan x) = \sec^2 x\mathrm{d}x$;

(6) $\mathrm{d}(\cot x) = -\csc^2 x\mathrm{d}x$;

(7) $\mathrm{d}(\sec x) = \sec x\tan x\mathrm{d}x$;

(8) $\mathrm{d}(\csc x) = -\csc x\cot x\mathrm{d}x$;

(9) $\mathrm{d}(\mathrm{e}^x) = \mathrm{e}^x\mathrm{d}x$;

(10) $\mathrm{d}(a^x) = a^x\ln a\mathrm{d}x$;

(11) $\mathrm{d}(\ln x) = \dfrac{1}{x}\mathrm{d}x$;

(12) $\mathrm{d}(\log_a x) = \dfrac{1}{x\ln a}\mathrm{d}x$;

(13) $\mathrm{d}(\arcsin x) = \dfrac{1}{\sqrt{1-x^2}}\mathrm{d}x$;

(14) $\mathrm{d}(\arccos x) = -\dfrac{1}{\sqrt{1-x^2}}\mathrm{d}x$;

(15) $\mathrm{d}(\arctan x) = \dfrac{1}{1+x^2}\mathrm{d}x$;

(16) $\mathrm{d}(\text{arccot}\,x) = -\dfrac{1}{1+x^2}\mathrm{d}x$.

12. 一阶微分的形式不变性　设 $y = f(u)$, $u = \varphi(x)$ 都可导, 则复合函数 $y = f(\varphi(x))$ 的微分为

$$\mathrm{d}y = f'(u)\mathrm{d}u = f'(u)\varphi'(x)\mathrm{d}x.$$

牛 顿

我之所以比笛卡儿看得远些, 是因为我站在巨人的肩膀上.

——牛顿

作者: Kneller

年代: 1702

收藏地: 格拉斯哥大学的亨特艺术画廊

牛顿, Isaac Newton, 1643 年 1 月 4 日生于英格兰林肯郡, 1727 年 3 月 31 日卒于伦敦. 牛顿是他那个时代英国最伟大的数学家, 他与德国人莱布尼茨几乎同时创立微积分学. 此外, 他在力学和光学上也取得了辉煌成就. 这些卓越的成就使得牛顿成为最伟大的科学家.

起初, 牛顿学习成绩一般, 但是善于制作手工. 后来, 他刻苦努力, 高中毕业时已经是学校的高才生. 1661 年他以减费生身份进入剑桥大学三一学院. 1665 年牛顿发现一般的二项式定理. 1665 年夏天, 为躲避伦敦大瘟疫的威胁, 牛顿返回家乡乌尔索普.

随后两年在乡下, 他创立了流数法, 也就是微积分; 他用三棱镜分解白光为七色光, 又把七色光合成为白光; 他发现了万有引力定律, 从而奠定了他在科学史上不朽的地位. 1670 年 27 岁的牛顿接替老师巴罗教授成为卢卡斯数学讲座教授. 1687 年 7 月, 牛顿完成科学史上的巨著《自然哲学的数学原理》. 1696 年, 牛顿出任造币厂督办, 1701 年被选为国会议员. 1705 年, 安妮女王封牛顿为爵士, 以表彰他在科学上的卓越成就和对造币厂的贡献.

1696 年, 瑞士数学家约翰·伯努利提出两道数学难题, 其中之一是最速降线问题, 限期六个月. 牛顿收到题目后, 从下午四点开始思考, 次日凌晨四点就解答出来, 并匿名写成一篇论文发表. 伯努利看到论文后说:"啊! 从这只狮子的利爪我认出他是谁!" 牛顿的后半生投身于政治和宗教, 在科学上鲜有建树.

"我不知道, 世人会怎样看我. 不过, 我自己觉得, 我像一个在海边玩耍的孩子, 一会儿捡起块比较光滑的鹅卵石, 一会儿找到个美丽的贝壳. 而在我面前, 真理的大海还完全没有发现." 这是牛顿, 这位科学巨人的临终遗言.

法国著名哲学家伏尔泰记载, 在牛顿的葬礼上, 上层社会的名流们争先恐后以能为牛顿抬棺为荣. 牛顿被安葬在威斯敏斯教堂. 他的墓碑上镌刻着: 让人们欢呼这样一位多么伟大的人类荣耀曾经在世界上存在.

1942 年, 爱因斯坦在为纪念牛顿诞辰 300 周年写的文章里写道: 只有把他看作是寻找永恒真理的斗士, 才能真正理解他.

第3章

Chapter 3

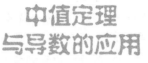
中值定理
与导数的应用

第3章课件

3.1　微分中值定理

中值定理是微分学的核心定理, 它们沟通了函数与其导数之间的关系. 从物理学来看, 中值定理给出了路程与速度的关系. 本节介绍中值定理的两个重要的特殊形式——罗尔 (Rolle) 定理与拉格朗日 (Joseph-Louis Lagrange, 1736—1813) 中值定理.

3.1.1　罗尔定理

定理 3.1 (罗尔定理)　如果函数 $f(x)$ 满足

(1) 在闭区间 $[a,b]$ 上连续;

(2) 在开区间 (a,b) 内可导;

(3) 在区间端点的函数值相等, 即 $f(a) = f(b)$,

那么在 (a,b) 内至少存在一点 $\xi(a < \xi < b)$, 使得 $f'(\xi) = 0$.

证　因为函数在闭区间 $[a,b]$ 上连续, 因此它在 $[a,b]$ 上必能取得最大值 M 和最小值 m. 下面分两种情况来证明.

(1) 如果 $M = m$, 则 $f(x)$ 在闭区间 $[a,b]$ 上必为常数, $f(x) \equiv M$, 于是对任意 $x \in (a,b)$ 都有 $f'(x) = 0$. 因而可以任取一点 $\xi \in (a,b)$, 使得 $f'(\xi) = 0$.

(2) 如果 $M > m$, 由于 $f(a) = f(b)$, 因此数 M 与 m 中至少有一个不等于端点的函数值 $f(a)$, 不妨设 $M \neq f(a)$. 也就是说, 在 (a,b) 内至少有一点 ξ, 使得 $f(\xi) = M$. 下面证明 $f'(\xi) = 0$.

由于 $f(\xi) = M$ 是最大值, 因此自变量增量 Δx 不论是大于 0 还是小于 0, 都有

$$f(\xi + \Delta x) - f(\xi) \leqslant 0, \quad \xi + \Delta x \in (a,b),$$

当 $\Delta x > 0$ 时, $\dfrac{f(\xi + \Delta x) - f(\xi)}{\Delta x} \leqslant 0$. 由函数在区间 (a,b) 内可导及导数定义有

$$f'(\xi) = \lim_{\Delta x \to 0^+} \frac{f(\xi + \Delta x) - f(\xi)}{\Delta x} \leqslant 0.$$

ξ 当 $\Delta x < 0$ 时, $\dfrac{f(\xi + \Delta x) - f(\xi)}{\Delta x} \geqslant 0$, 于是

$$f'(\xi) = \lim_{\Delta x \to 0^-} \frac{f(\xi + \Delta x) - f(\xi)}{\Delta x} \geqslant 0,$$

因此必有 $f'(\xi) = 0$. 证毕.

罗尔定理的几何意义:如果连续光滑曲线 $y = f(x)$ 在点 $A(a, f(a)), B(b, f(b))$ 的纵坐标相等, 那么在弧 AB 上至少有一点 $C(\xi, f(\xi))$, 使得曲线在 $C(\xi, f(\xi))$ 的切线平行于 x 轴, 如图 3.1.

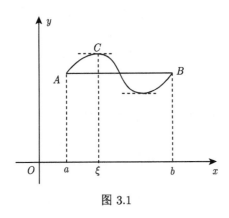

图 3.1

注意 罗尔定理的三个条件缺一不可, 例如图 3.2 都不存在 ξ, 使得 $f'(\xi) = 0$.

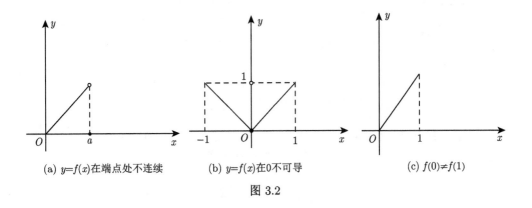

(a) $y=f(x)$在端点处不连续　　(b) $y=f(x)$在0不可导　　(c) $f(0)\neq f(1)$

图 3.2

例 3.1.1 设函数 $f(x)$ 在闭区间 $[a,b]$ 上连续, 在开区间 (a,b) 内可导, 且导数恒不为零. 又 $f(a) \cdot f(b) < 0$. 证明: 方程 $f(x) = 0$ 在开区间 (a,b) 内有且仅有一个实根.

证 由于函数 $f(x)$ 在闭区间 $[a,b]$ 上连续,$f(a) \cdot f(b) < 0$,由零点定理可知,至少存在一点 $x_0 \in (a,b)$,使得 $f(x_0) = 0$.

再证实根仅有一个. 反证法. 假设还有一个 $x_1 \in (a,b)$ 且 $x_0 \neq x_1$,使得 $f(x_1) = 0$. 则由罗尔定理知必存在一点 $\xi \in (x_0, x_1)$(或 (x_1, x_0)) $\subset (a,b)$,使得 $f'(\xi) = 0$,这与已知导数恒不为零矛盾. 因此方程 $f(x) = 0$ 在开区间 (a,b) 内有且仅有一个实根.

3.1.2 拉格朗日中值定理

罗尔定理的条件 (3) $f(a) = f(b)$,很多函数不能满足,从而限制了罗尔定理的应用. 现将其取消,而保持前两个条件不变,罗尔定理即可以推广成下面的拉格朗日中值定理.

定理 3.2 (拉格朗日中值定理) 如果函数 $f(x)$ 满足

(1) 在闭区间 $[a,b]$ 上连续;

(2) 在开区间 (a,b) 内可导.

那么在 (a,b) 内至少存在一点 $\xi(a < \xi < b)$,使得

$$f'(\xi) = \frac{f(b) - f(a)}{b - a}$$

或者

$$f(b) - f(a) = f'(\xi)(b - a).$$

证 很容易发现在 $f(a) = f(b)$ 时,拉格朗日中值定理就变成罗尔定理,自然想到利用罗尔定理来证明拉格朗日中值定理. 但是函数 $f(x)$ 不一定具有 $f(a) = f(b)$ 这个条件,为此构造一个与 $f(x)$ 有密切关系的函数 $\varphi(x)$,且有 $\varphi(a) = \varphi(b)$,然后对 $\varphi(x)$ 使用罗尔定理,再把对 $\varphi(x)$ 的结论转移到 $f(x)$ 上.

引进辅助函数

$$\varphi(x) = f(x) - f(a) - \frac{f(b) - f(a)}{b - a}(x - a),$$

显然 $\varphi(x)$ 在 $[a,b]$ 上连续,在 (a,b) 内可导,且有 $\varphi(a) = \varphi(b) = 0$. 由罗尔定理知至少存在一点 $\xi(a < \xi < b)$,使得 $\varphi'(\xi) = 0$,此即

$$f'(\xi) = \frac{f(b) - f(a)}{b - a}.$$

简单变形就得到 $f(b) - f(a) = f'(\xi)(b - a)$. 证毕.

推论 如果函数 $f(x)$ 在区间 (a,b) 内任意一点的导数恒为零,则 $f(x)$ 在区间 (a,b) 内是一个常数.

例 3.1.2 设 $f(x) = \cos x,\ 0 \leqslant x \leqslant \dfrac{\pi}{2}$. 取 $a = 0, b = \dfrac{\pi}{2}$, 求使拉格朗日公式成立的 ξ.

解 这里 $a = 0, b = \dfrac{\pi}{2}$; $f(0) = 1, f\left(\dfrac{\pi}{2}\right) = 0$, $f'(x) = -\sin x$, 因此由拉格朗日定理有

$$f\left(\frac{\pi}{2}\right) - f(0) = 0 - 1 = f'(\xi)\left(\frac{\pi}{2} - 0\right).$$

从中解出 $f'(\xi)$ 得到

$$f'(\xi) = -\sin \xi = -\frac{2}{\pi},$$

解得 $\xi = \arcsin \dfrac{2}{\pi}$.

例 3.1.3 证明不等式:

$$\arctan x_2 - \arctan x_1 \leqslant x_2 - x_1 \quad (x_2 > x_1).$$

证 设 $f(x) = \arctan x$, 则 $f(x)$ 在闭区间 $[x_1, x_2]$ 上满足拉格朗日定理的条件, 因此有

$$\arctan x_2 - \arctan x_1 = \frac{1}{1 + \xi^2}(x_2 - x_1), \quad \xi \in (x_1, x_2).$$

又 $\dfrac{1}{1 + \xi^2} \leqslant 1$, 所以

$$\arctan x_2 - \arctan x_1 \leqslant x_2 - x_1.$$

习 题 3.1

1. 验证罗尔定理对函数 $f(x) = x^3 - 6x^2 + 11x - 6$ 在区间 $[2,3]$ 上的正确性.

2. 对函数 $f(x) = \sin x$ 在区间 $\left[0, \dfrac{\pi}{2}\right]$ 上验证拉格朗日中值定理的正确性.

3. 若 $x \in [0,1]$, 证明: 方程 $x^3 + x - 1 = 0$ 仅有一个根.

4. 用中值定理证明下列不等式.

(1) $|\arctan x - \arctan y| \leqslant |x - y|$; 　　　　　(2) $e^x > 1 + x\ (x \neq 0)$.

5. 用中值定理证明恒等式: $\arcsin x + \arccos x = \dfrac{\pi}{2}$.

6. 若对任意的 x, y 总有 $|f(x) - f(y)| \leqslant (x - y)^2$, 那么函数 $f(x)$ 一定是常数.

7. 证明: 若 $a_0 + \dfrac{a_1}{2} + \dfrac{a_2}{3} + \cdots + \dfrac{a_n}{n+1} = 0$, 则对于 $[0,1]$ 内某个 x 必有

$$a_0 + a_1 x + a_2 x^2 + \cdots + a_n x^n = 0.$$

3.2 洛必达法则

如果当 $x \to a$(或 $x \to \infty$) 时, 两个函数 $f(x), g(x)$ 都是无穷小量或者都是无穷大量, 那么计算其比值的极限 $\lim \dfrac{f(x)}{g(x)}$ 的问题就不能够使用极限的四则运算法则, 极限计算陷入困境. 通常把无穷小量之比或者无穷大量之比称为未定式, 简单记作 $\dfrac{0}{0}$ 或 $\dfrac{\infty}{\infty}$. 例如, $\lim\limits_{x \to 0} \dfrac{\sin x}{x}$ 属于 $\dfrac{0}{0}$ 型未定式. 求未定式的极限是一种较难处理的极限问题, 洛必达 (L'Hospital, 1661—1704) 法则是计算未定式十分有效的强有力工具.

定理 3.3 $\left(\dfrac{0}{0} \text{ 型洛必达法则} \right)$ 设函数 $f(x), g(x)$ 满足条件

(1) $\lim\limits_{x \to a} f(x) = \lim\limits_{x \to a} g(x) = 0$;

(2) 在点 a 的某个去心邻域内, $f(x), g(x)$ 可导, 且 $g'(x) \neq 0$;

(3) $\lim\limits_{x \to a} \dfrac{f'(x)}{g'(x)} = A$(或 ∞).

那么有如下法则成立

$$\lim_{x \to a} \frac{f(x)}{g(x)} = \lim_{x \to a} \frac{f'(x)}{g'(x)} = A \quad (\text{或 } \infty).$$

这种在一定条件下通过分子分母导数的极限来确定未定式的值的方法称为洛必达法则. 定理 3.3 表明当 $\lim\limits_{x \to a} \dfrac{f'(x)}{g'(x)}$ 存在时, $\lim\limits_{x \to a} \dfrac{f(x)}{g(x)}$ 也存在且两者相等; 当极限 $\lim\limits_{x \to a} \dfrac{f'(x)}{g'(x)}$ 为无穷大时, 极限 $\lim\limits_{x \to a} \dfrac{f(x)}{g(x)}$ 也是无穷大. 如果 $\lim\limits_{x \to a} \dfrac{f'(x)}{g'(x)}$ 还是 $\dfrac{0}{0}$ 型未定式, 而这时 $f'(x), g'(x)$ 满足定理 3.3 的三个条件, 则可以继续应用洛必达法则, 即

$$\lim_{x \to a} \frac{f(x)}{g(x)} = \lim_{x \to a} \frac{f'(x)}{g'(x)} = \lim_{x \to a} \frac{f''(x)}{g''(x)}.$$

一般地, 只要条件允许, 那么洛必达法则可以反复使用, 直到求出所要的极限为止. 如果导数比值的极限 $\lim\limits_{x \to a} \dfrac{f'(x)}{g'(x)}$ 不存在, 则洛必达法则失效, 但极限 $\lim\limits_{x \to a} \dfrac{f(x)}{g(x)}$ 仍然可能存在, 这时需要用其他方法来求未定式 $\lim\limits_{x \to a} \dfrac{f(x)}{g(x)}$ 的极限.

例 3.2.1 求极限 $\lim\limits_{x \to 0} \dfrac{\sin ax}{\sin bx}$ $(b \neq 0)$.

解 利用一次洛必达法则有

$$\lim_{x \to 0} \frac{\sin ax}{\sin bx} = \lim_{x \to 0} \frac{(\sin ax)'}{(\sin bx)'} = \lim_{x \to 0} \frac{a \cos ax}{b \cos bx} = \frac{a}{b}.$$

例 3.2.2 求极限 $\lim\limits_{x \to 0} \dfrac{\mathrm{e}^x - 1}{x^3 - 3x}$.

解 利用一次洛必达法则有

$$\lim_{x \to 0} \frac{\mathrm{e}^x - 1}{x^3 - 3x} = \lim_{x \to 0} \frac{\mathrm{e}^x}{3x^2 - 3} = -\frac{1}{3}.$$

这里 $\lim\limits_{x \to 0} \dfrac{\mathrm{e}^x}{3x^2 - 3}$ 已经不是未定式, 因此不能再应用洛必达法则求极限. 此题也可以用等价无穷小来替换, 这样有时可以使计算过程更加简单.

$$\lim_{x \to 0} \frac{\mathrm{e}^x - 1}{x^3 - 3x} = \lim_{x \to 0} \frac{x}{x^3 - 3x} = \lim_{x \to 0} \frac{1}{x^2 - 3} = -\frac{1}{3}.$$

例 3.2.3 求极限 $\lim\limits_{x \to 0} \dfrac{1 - \dfrac{\sin x}{x}}{1 - \cos x}$.

解 这是未定式极限问题, 使用洛必达法则有

$$
\begin{aligned}
\lim_{x \to 0} \frac{1 - \dfrac{\sin x}{x}}{1 - \cos x} &= \lim_{x \to 0} \frac{-\dfrac{x \cos x - \sin x}{x^2}}{\sin x} \quad \text{(洛必达法则)} \\
&= \lim_{x \to 0} \frac{\sin x - x \cos x}{x^2 \sin x} \\
&= \lim_{x \to 0} \frac{\sin x - x \cos x}{x^3} \quad \text{(等价无穷小代换)} \\
&= \lim_{x \to 0} \frac{\cos x - \cos x + x \sin x}{3x^2} \quad \text{(洛必达法则)} \\
&= \lim_{x \to 0} \frac{x \sin x}{3x^2} \\
&= \frac{1}{3}. \quad \text{(重要极限)}
\end{aligned}
$$

另外一个计算过程是

$$
\begin{aligned}
\lim_{x \to 0} \frac{1 - \dfrac{\sin x}{x}}{1 - \cos x} &= \lim_{x \to 0} \frac{x - \sin x}{x(1 - \cos x)} = 2 \lim_{x \to 0} \frac{x - \sin x}{x^3} \quad \text{(化简及等价无穷小代换)} \\
&= 2 \lim_{x \to 0} \frac{1 - \cos x}{3x^2} \quad \text{(洛必达法则)} \\
&= \frac{1}{3}. \quad \text{(等价无穷小代换)}
\end{aligned}
$$

例 3.2.3 的计算过程中应用了等价无穷小的替换 $x^2 \sin x \sim x^3 (x \to 0)$ 和重要极限 $\lim\limits_{x \to 0} \dfrac{\sin x}{x} = 1$, 这样做极大地简化了计算过程和计算的繁琐程度. 第二个计

算过程表明化简对计算过程的重要性, 因此, 使用洛必达法则的一个重要技巧是及时化简表达式.

例 3.2.4 求极限 $\lim\limits_{x\to 0}\dfrac{\ln(1+x)}{x^3}$.

解 利用洛必达法则得到

$$\lim_{x\to 0}\frac{\ln(1+x)}{x^3}=\lim_{x\to 0}\frac{\dfrac{1}{1+x}}{3x^2}=\lim_{x\to 0}\frac{1}{3x^2(1+x)}=\infty.$$

例 3.2.5 验证极限 $\lim\limits_{x\to 0}\dfrac{x^2\sin\dfrac{1}{x}}{\sin x}$ 存在, 但不能使用洛必达法则求出.

解 由于有简单的关系式

$$0\leqslant\left|\frac{x^2\sin\dfrac{1}{x}}{\sin x}\right|\leqslant\left|\frac{x^2}{\sin x}\right|=\left|\frac{x}{\sin x}\right|\cdot|x|,$$

因此可以得到 $\lim\limits_{x\to 0}\dfrac{x^2\sin\dfrac{1}{x}}{\sin x}=0.$

但是, 如果对上述极限表达式直接使用洛必达法则, 那么将得到

$$\lim_{x\to 0}\frac{x^2\sin\dfrac{1}{x}}{\sin x}=\lim_{x\to 0}\frac{2x\sin\dfrac{1}{x}-\cos\dfrac{1}{x}}{\cos x},$$

等式右端的极限不存在. 这表明这个问题是不能用洛必达法则求解的. 出现这种情况的原因是定理 3.3 中的条件 (3) 不再成立.

对于 $x\to\infty$ 时的 $\dfrac{0}{0}$ 型未定式, 洛必达法则仍然成立. 对于 $x\to a$ 或者 $x\to\infty$ 时的 $\dfrac{\infty}{\infty}$ 型未定式, 也有完全类似的洛必达法则, 这里不再赘述.

例 3.2.6 求极限 $\lim\limits_{x\to +\infty}\dfrac{\ln x}{x^n}$.

解 当 $x\to+\infty$ 时, 此题属于 $\dfrac{\infty}{\infty}$ 型未定式极限, 应用洛必达法则有

$$\lim_{x\to +\infty}\frac{\ln x}{x^n}=\lim_{x\to +\infty}\frac{\dfrac{1}{x}}{nx^{n-1}}=\lim_{x\to +\infty}\frac{1}{nx^n}=0.$$

例 3.2.7 求极限 $\lim\limits_{x \to +\infty} \dfrac{x^n}{e^{\lambda x}}$ (n 是正整数且 $\lambda > 0$).

解 当 $x \to +\infty$ 时, 此题属于 $\dfrac{\infty}{\infty}$ 型未定式极限, 连续应用洛必达法则 n 次有

$$\lim_{x \to +\infty} \frac{x^n}{e^{\lambda x}} = \lim_{x \to +\infty} \frac{nx^{n-1}}{\lambda e^{\lambda x}} = \lim_{x \to +\infty} \frac{n(n-1)x^{n-2}}{\lambda^2 e^{\lambda x}} = \cdots = \lim_{x \to +\infty} \frac{n!}{\lambda^n e^{\lambda x}} = 0.$$

例 3.2.6 中的 n 可以换成任意正实数 $\mu > 0$, 结论也是成立的. 例 3.2.6 与例 3.2.7 说明, 当 $x \to +\infty$ 时, 对数函数 $\ln x$, 幂函数 x^μ 及指数函数 $e^{\lambda x}$ 均是正无穷大量, 但它们趋于无穷大的 "快慢" 是不一样的, 其中以指数函数最快, 幂函数次之, 对数函数最慢.

洛必达法则不但可以求 $\dfrac{0}{0}$ 型和 $\dfrac{\infty}{\infty}$ 型未定式的极限问题, 同时也可以用来计算

$$0 \cdot \infty, \quad \infty - \infty, \quad 0^0, \quad \infty^0, \quad 1^\infty$$

等类型的未定式极限. 用洛必达法则计算这些类型的未定式, 只要经过适当的变换, 将它们化为 $\dfrac{0}{0}$ 型或 $\dfrac{\infty}{\infty}$ 型未定式再求极限即可.

例 3.2.8 求极限 $\lim\limits_{x \to 1} \left(\dfrac{1}{1-x} - \dfrac{1}{\ln x} \right)$.

解 这是 $\infty - \infty$ 型未定式, 通过简单的直接通分有

$$\lim_{x \to 1} \left(\frac{1}{1-x} - \frac{1}{\ln x} \right) = \lim_{x \to 1} \frac{\ln x - (1-x)}{(1-x)\ln x} = \lim_{x \to 1} \frac{\ln x + x - 1}{(1-x)\ln x}$$

$$= \lim_{x \to 1} \frac{\dfrac{1}{x} + 1}{\dfrac{1}{x} - 1 - \ln x}$$

$$= \infty.$$

例 3.2.9 求极限 $\lim\limits_{x \to 0^+} x^x$.

解 这是 0^0 型未定式, 把 x^x 改写成 $x^x = e^{\ln x^x} = e^{x \ln x}$. 由于

$$\lim_{x \to 0^+} x^x = \lim_{x \to 0^+} e^{x \ln x} = e^{\lim\limits_{x \to 0^+} x \ln x},$$

因此只需计算 $\lim\limits_{x \to 0^+} x \ln x$.

$$\lim_{x \to 0^+} x \ln x = \lim_{x \to 0^+} \frac{\ln x}{\dfrac{1}{x}} = \lim_{x \to 0^+} \frac{\dfrac{1}{x}}{-\dfrac{1}{x^2}} = \lim_{x \to 0^+} (-x) = 0,$$

所以得到

$$\lim_{x \to 0^+} x^x = e^{\lim_{x \to 0^+} x \ln x} = e^0 = 1.$$

例 3.2.10 求极限 $\lim_{x \to 0} x^2 e^{\frac{1}{x^2}}$.

解 这是 $0 \cdot \infty$ 型的未定式的极限问题, 转化为 $\dfrac{\infty}{\infty}$ 型计算.

$$\lim_{x \to 0} x^2 e^{\frac{1}{x^2}} = \lim_{x \to 0} \frac{e^{\frac{1}{x^2}}}{\frac{1}{x^2}} \xlongequal{t=\frac{1}{x^2}} \lim_{t \to \infty} \frac{e^t}{t} = \lim_{t \to \infty} e^t = \infty.$$

例 3.2.11 求极限 $\lim_{x \to +\infty} x \left(\dfrac{\pi}{2} - \arctan x \right)$.

解 当 $x \to +\infty$ 时, 这是 $0 \cdot \infty$ 型未定式极限, 转化为 $\dfrac{0}{0}$ 型计算. 得到

$$\lim_{x \to +\infty} x \left(\frac{\pi}{2} - \arctan x \right) = \lim_{x \to +\infty} \frac{\frac{\pi}{2} - \arctan x}{\frac{1}{x}} = \lim_{x \to +\infty} \frac{-\frac{1}{1+x^2}}{-\frac{1}{x^2}}$$

$$= \lim_{x \to +\infty} \frac{x^2}{1+x^2} = 1.$$

习 题 3.2

1. 求下列极限.

(1) $\lim\limits_{x \to 0} \dfrac{\ln(1+x)}{x}$;

(2) $\lim\limits_{x \to 0} \dfrac{e^x - e^{-x}}{\tan x}$;

(3) $\lim\limits_{x \to a} \dfrac{x^m - a^m}{x^n - a^n}$;

(4) $\lim\limits_{x \to 0^+} \dfrac{\ln \cot x}{\ln x}$;

(5) $\lim\limits_{x \to 0} \dfrac{x - \arctan x}{\sin^3 x}$;

(6) $\lim\limits_{x \to 0} \left(\dfrac{1}{x^2} - \dfrac{1}{\tan^2 x} \right)$;

(7) $\lim\limits_{x \to 0} \left(\dfrac{\tan x}{x} \right)^{\frac{1}{x^2}}$;

(8) $\lim\limits_{x \to 0} \dfrac{x \cot x - 1}{x^2}$;

(9) $\lim\limits_{x \to 0} \left(\dfrac{\sin x}{x} \right)^{\frac{1}{1-\cos x}}$;

(10) $\lim\limits_{x \to 0} \left(\dfrac{\arcsin x}{x} \right)^{\frac{1}{1-\cos x}}$;

(11) $\lim\limits_{x \to 0} \left(\dfrac{1}{x} - \dfrac{1}{e^x - 1} \right)$;

(12) $\lim\limits_{x \to 0} \dfrac{e^{-\frac{1}{x^2}}}{x^{100}}$.

2. 试证明: 当 $x \to 0$ 时, $x + \ln(1-x)$ 与 $-\dfrac{x^2}{2}$ 是等价无穷小.

3. 设函数 $g(x)$ 满足条件 $g(0) = g'(0) = 0$ 和 $g''(0) = 17$, 定义函数

$$f(x) = \begin{cases} \dfrac{g(x)}{x}, & x \neq 0, \\ 0, & x = 0. \end{cases}$$

求 $f'(0)$.

3.3 函数的单调性与凹凸性的判别方法

3.3.1 函数单调性的判别方法

第 1 章介绍了函数在区间上单调的概念, 但是用定义来判定函数的单调性, 有时是很不方便的. 这一节将介绍利用函数的导数判定函数单调性的方法.

定理 3.4 (函数单调性判别法) 设函数 $f(x)$ 在 $[a,b]$ 上连续, 在 (a,b) 内可导.

(1) 如果在 (a,b) 内 $f'(x) > 0$, 那么函数 $f(x)$ 在 $[a,b]$ 上严格单调增加;

(2) 如果在 (a,b) 内 $f'(x) < 0$, 那么函数 $f(x)$ 在 $[a,b]$ 上严格单调减少.

证 在闭区间 $[a,b]$ 上任取两点 $x_1 < x_2$ $(a \leqslant x_1 < x_2 \leqslant b)$, 应用拉格朗日中值定理有

$$f(x_2) - f(x_1) = f'(\xi)(x_2 - x_1) \quad (x_1 < \xi < x_2). \tag{3.1}$$

(1) 如果在 (a,b) 内 $f'(x) > 0$, 则 $f'(\xi) > 0$, 由 (3.1) 式得 $f(x_2) > f(x_1)$, 所以函数 $f(x)$ 在 (a,b) 上严格单调增加.

(2) 如果在 (a,b) 内 $f'(x) < 0$, 则 $f'(\xi) < 0$, 由 (3.1) 式得 $f(x_2) < f(x_1)$, 所以函数 $f(x)$ 在 (a,b) 上严格单调减少. 证毕.

注意 如果在区间 (a,b) 内 $f'(x) \geqslant 0$(或 $f'(x) \leqslant 0$), 等号仅在有限多个点处成立, 则函数 $f(x)$ 在 $[a,b]$ 上仍然严格上单调增加 (减少).

例 3.3.1 判定函数 $y = 2x + \cos x$ 在 $[-\pi, \pi]$ 上的单调性.

解 函数在 $[-\pi, \pi]$ 上连续, 在 $(-\pi, \pi)$ 内, 导数 $y' = 2 - \sin x > 0$, 因此由判别法知函数 $y = 2x + \cos x$ 在 $[-\pi, \pi]$ 上严格单调增加.

例 3.3.2 讨论函数 $y = e^x - x - 1$ 的单调性.

解 函数 $y = e^x - x - 1$ 的定义域为 $(-\infty, +\infty)$, 在定义域内连续、可导, 且 $y' = e^x - 1$. 由于在 $(-\infty, 0)$ 内 $y' < 0$; 所以函数 $y = e^x - x - 1$ 在 $(-\infty, 0]$ 上严格单调减少; 在 $(0, +\infty)$ 内 $y' > 0$, 所以函数 $y = e^x - x - 1$ 在 $[0, +\infty)$ 上严格单调增加.

从这个例题可以看到, 单调增加和单调减少的分界点是导数为零的点. 导数为零的点可以用来划分函数的定义区间, 使得函数在各个部分区间内单调. 如果函数在某些点处不可导, 那么划分函数定义区间的分点还应包括这些导数不存在的点.

例 3.3.3 确定函数 $y = 1 + \sqrt[3]{x^2}$ 的单调性.

解 函数 $y = 1 + \sqrt[3]{x^2}$ 在定义区间 $(-\infty, +\infty)$ 上连续, 当 $x = 0$ 时, 导数不存在; 当 $x \neq 0$ 时, $y' = \dfrac{2}{3\sqrt[3]{x}}$. 利用不可导的点 $x = 0$ 将函数的定义域分成两个区间 $(-\infty, 0]$ 和 $[0, +\infty)$. 在 $(-\infty, 0)$ 内 $y' < 0$, 所以函数 $y = 1 + \sqrt[3]{x^2}$ 在 $(-\infty, 0]$ 上严格单调减少; 在 $(0, +\infty)$ 内 $y' > 0$, 所以函数 $y = 1 + \sqrt[3]{x^2}$ 在 $[0, +\infty)$ 上严格单调增加.

3.3.2 函数的凹凸性及其判别法

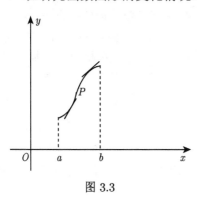

图 3.3

在研究函数图形的变化情况时, 应用导数可以判别它的上升 (单调增加) 或下降 (单调减少), 但是还不能完全反映它的全部变化规律. 如图 3.3 所示, 函数 $y = f(x)$ 在区间 (a, b) 内虽然一直是上升的, 但是却有不同的弯曲情况. 从左往右, 曲线先是向上弯曲, 通过 P 点后, 扭转了弯曲的方向, 而是向下弯曲. 而且从图 3.4 明显地看出, 曲线向上弯曲的弧段总是位于这弧段上任意一点的切线的上方, 曲线向下弯曲的弧段总是位于这段弧上任意一点的切线的下方. 据此, 有如下定义: 如果在某区间内, 曲线弧位于其上任意一点切线的上方, 则称曲线在这个区间内是**凸弧**, 如果在某区间内, 曲线弧位于其上任意一点切线的下方, 则称曲线在这个区间内是**凹弧**.

在一些教材中, 我们这里定义的术语凸的与凹的分别被叫做下凸的与上凸的.

设曲线弧 AB 的方程为 $y = f(x)$, $a \leqslant x \leqslant b$.

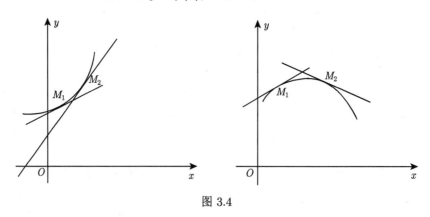

图 3.4

从图 3.4 可以看到: 在凸弧上各点处的切线的斜率是随着 x 的增加而增加的, 这说明 $f'(x)$ 为单调增函数; 而凹弧上各点处的切线的斜率是随着 x 的增加而减少的, 这说明 $f'(x)$ 为单调减函数. 由于 $f'(x)$ 的单调性可以通过导数 $f''(x)$ 来判定, 这就有如下通过二阶导数的符号来判定曲线弧的凹凸性定理.

定理 3.5 设 $f(x)$ 在 $[a, b]$ 上连续, 在 (a, b) 内具有二阶导数, 那么

(1) 如果 $x \in (a, b)$ 时, 恒有 $f''(x) > 0$, 则曲线 $f(x)$ 在 (a, b) 内是凸的;

(2) 如果 $x \in (a, b)$ 时, 恒有 $f''(x) < 0$, 则曲线 $f(x)$ 在 (a, b) 内是凹的.

曲线上凹弧与凸弧的分界点称为曲线的**拐点**. 例如点 $(0, 0)$ 是 $y = x^3$ 的拐点.

有了拐点的定义后, 如何来求曲线的拐点呢? 由于 $f''(x)$ 的符号可以判定曲线的凹凸性, 如果 $f''(x)$ 在 x_0 的左右两侧邻域内分别保持确定的符号并且左右两侧异号, 那么点 $(x_0, f(x_0))$ 就是一个拐点. 因此拐点处 $f''(x) = 0$ 或 $f''(x)$ 不存在.

例 3.3.4 求曲线 $y = x^4 - 2x^3 + 2$ 的凹凸性区间与拐点.

解 首先计算函数 y 的一阶导数与二阶导数,

$$y' = 4x^3 - 6x^2,$$
$$y'' = 12x^2 - 12x = 12x(x - 1).$$

为了找到拐点, 令 $y'' = 0$, 解得两个解 $x_1 = 0, x_2 = 1$.

表 3.1 说明曲线 $y = x^4 - 2x^3 + 2$ 的凹凸性区间与拐点.

表 3.1

x	$(-\infty, 0)$	0	$(0, 1)$	1	$(1, +\infty)$
y''	+	0	−	0	+
y	凸	1(拐点)	凹	0(拐点)	凸

可见, 曲线在区间 $(-\infty, 0)$ 与 $(1, +\infty)$ 上是凸的, 在区间 $(0, 1)$ 上是凹的. 曲线的拐点是 $(0, 1), (1, 0)$.

还有两种情况需要说明.

(1) 在点 $x = x_0$ 处一阶导数存在而二阶导数不存在时, 如果在点 $x = x_0$ 的某个空心邻域内二阶导数存在且符号相反, 则 $(x_0, f(x_0))$ 是拐点, 如果符号相同则不是拐点.

(2) 在点 $x = x_0$ 处函数连续, 而一阶导数与二阶导数都不存在, 如果在点 $x = x_0$ 的某个空心邻域内二阶导数存在且符号相反, 则 $(x_0, f(x_0))$ 是拐点, 如果符号相同则不是拐点.

例 3.3.5 求曲线 $y = (x - 2)^{\frac{5}{3}}$ 的凹凸性区间与拐点.

解 首先计算函数的一阶导数与二阶导数,

$$y' = \frac{5}{3}(x - 2)^{\frac{2}{3}}, \quad y'' = \frac{10}{9}(x - 2)^{-\frac{1}{3}},$$

当 $x = 2$ 时 $y' = 0$, 但是 y'' 不存在, 如表 3.2.

表 3.2

x	$(-\infty, 2)$	2	$(2, +\infty)$
y''	$-$	不存在	$+$
y	凹	0(拐点)	凸

因此, 曲线在区间 $(-\infty, 2)$ 上是凹的, 在区间 $(2, +\infty)$ 上是凸的, 点 $(2, 0)$ 是曲线的拐点.

习　题　3.3

1. 确定函数 $y = \dfrac{\sqrt{x}}{100 + x}$ 的单调区间.

2. 求函数 $y = x^4 - 2x^2 - 5$ 的单调区间.

3. 求函数 $y = \dfrac{(x-3)^2}{4(x-1)}$ 的单调区间.

4. 证明: 若 $x > 0$, 证明 $x^2 + \ln(1+x)^2 > 2x$.

5. 求证: 当 $0 < x_1 < x_2 < \dfrac{\pi}{2}$ 时, $\dfrac{\tan x_2}{\tan x_1} > \dfrac{x_2}{x_1}$.

6. 试证方程 $e^x = 1 + x$ 只有一个实根.

7. 求下列函数图形的拐点及凹或凸的区间.

(1) $y = x^3 - 5x^2 + 3x + 5$; 　　　　　　(2) $y = xe^x$;

(3) $y = \ln(1 + x^2)$; 　　(4) $y = e^{-x}$; 　　(5) $y = \dfrac{2x}{1 + x^2}$.

8. 判定下列曲线的凹凸性.

(1) $y = 2x - x^2$; 　　　　　　(2) $y = x \arctan x$.

9. 证明: 曲线 $y = \dfrac{x-1}{x^2+1}$ 有三个拐点, 且这三个拐点位于同一直线上.

10. 设对于所有的 x 都有 $f'(x) > g'(x)$, 且 $f(a) = g(a)$. 证明: 当 $x > a$ 时 $f(x) > g(x)$; 当 $x < a$ 时 $f(x) < g(x)$.

3.4　函数的极值与最值

极值问题是一类有重要理论意义与应用价值的数学问题, 对极值问题的研究也推动了微积分理论的发现与创立. 1637 年, 费马在《求最大值和最小值的方法》一文中给出了我们今天使用的求解极值问题的方法. 本节就介绍求解一元函数的极值与最值的一般方法.

3.4.1 函数的极值

3.3 节的例 3.3.2 中的函数 $y = \mathrm{e}^x - x - 1$ 在区间 $(-\infty, 0]$ 上严格单调减少, 而在区间 $[0, +\infty)$ 上严格单调增加. 这说明当 x 从点 $x = 0$ 的左侧邻域变到右侧邻域时, 函数 $y = \mathrm{e}^x - x - 1$ 由单调减少变为单调增加, 即 $x = 0$ 是函数由减少变为增加的转折点, 函数在这样的点显然取到一个最小值.

设函数 $f(x)$ 在点 $x = x_0$ 的某个邻域内有定义, 对于该邻域内异于 x_0 的点 x, 都有不等式 $f(x) \leqslant f(x_0)$ 成立, 则称 $f(x_0)$ 为函数 $f(x)$ 的**极大值**, 点 $x = x_0$ 称为函数 $f(x)$ 的**极大值点**; 如果都有不等式 $f(x) \geqslant f(x_0)$ 成立, 则称 $f(x_0)$ 为函数 $f(x)$ 的**极小值**, 点 $x = x_0$ 称为函数 $f(x)$ 的**极小值点**. 函数的极大值与极小值统称为函数的**极值**, 对应的极大值点与极小值点统称为**极值点**.

在分析学中, 极值概念是一个局部性的概念, 它只在与极值点邻近的点的函数值相比较的过程中才有意义. 极大值与极小值并不意味着它是函数的整个定义域内最大值或最小值.

如图 3.5 所示, 函数 $y = f(x)$ 在点 x_1 和 x_3 处取得极大值, 在点 x_2 和 x_4 处取得极小值. 这些极大值并不是函数在定义区间上的最大值, 甚至于在极小值点 x_4 取到的极小值 $f(x_4)$ 是大于在极大值点 x_1 取到的极大值 $f(x_1)$ 的!

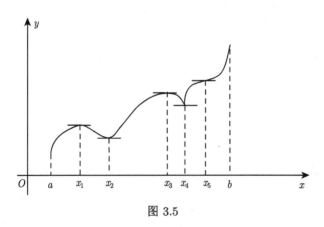

图 3.5

进一步观察可以发现, 曲线在函数的极值点处所对应的切线是水平的. 这是出现极值现象的一个鲜明特点! 反之, 曲线在某点的切线是水平的, 并不能观察到这点就是曲线的极值点. 曲线在点 x_5 的切线是水平的但它不是极值点.

对几何直观现象的观察具有普遍性意义. 这里, 我们给出判别函数极值的必要条件.

定理 3.6 如果函数 $f(x)$ 在点 $x = x_0$ 处有极值 $f(x_0)$, 且 $f'(x_0)$ 存在, 则 $f'(x_0) = 0$.

证 不妨设 $f(x_0)$ 为极大值, 则存在 x_0 的某邻域, 在此邻域内总有 $f(x_0) \geqslant f(x_0 + \Delta x)$ 成立. 于是

$$\frac{f(x_0 + \Delta x) - f(x_0)}{\Delta x} \geqslant 0, \quad \Delta x < 0,$$

$$\frac{f(x_0 + \Delta x) - f(x_0)}{\Delta x} \leqslant 0, \quad \Delta x > 0.$$

因此, 根据已知 $f'(x_0)$ 存在, 所以有

$$f'(x_0) = f'_-(x_0) = \lim_{\Delta x \to 0^-} \frac{f(x_0 + \Delta x) - f(x_0)}{\Delta x} \geqslant 0,$$

$$f'(x_0) = f'_+(x_0) = \lim_{\Delta x \to 0^+} \frac{f(x_0 + \Delta x) - f(x_0)}{\Delta x} \leqslant 0,$$

所以必有 $f'(x_0) = 0$.

同理可证极小值的情形. 证毕.

说明

(1) 定理 3.6 表明 $f'(x_0) = 0$ 是点 x_0 为极值点的必要条件, 不是充分条件. 例如 $y = x^3$, $f'(0) = 0$, 但在 $x = 0$ 点并没有极值.

使 $f'(x) = 0$ 的点称为函数的**驻点**或者**稳定点**. 驻点可能是函数的极值点, 也可能不是函数的极值点.

(2) 定理 3.6 是对函数在极值点 x_0 处可导而言的. 导数不存在的点也可能是极值点. 如 3.3 节中的例 3.3.3, $y = 1 + \sqrt[3]{x^2}$, $f'(0)$ 不存在, 但在 $x = 0$ 取得极小值. 因此函数极值点一定是函数的驻点或不可导点, 但是, 驻点或不可导点不一定是函数的极值点.

下面给出函数 $f(x)$ 在点 $x = x_0$ 取得极值的充分条件.

定理 3.7 (第一充分条件) 设函数 $f(x)$ 在点 $x = x_0$ 的一个邻域内可导且 $f'(x_0) = 0$.

(1) 如果当 x 取 x_0 的左侧邻域内的值时, $f'(x) > 0$; 当 x 取 x_0 的右侧邻域内的值时, $f'(x) < 0$, 那么函数 $f(x)$ 在点 x_0 处取得极大值.

(2) 如果当 x 取 x_0 的左侧邻域内的值时, $f'(x) < 0$; 当 x 取 x_0 的右侧邻域内的值时, $f'(x) > 0$, 那么函数 $f(x)$ 在点 x_0 处取得极小值.

证 (1) 根据函数单调性的判别法, 函数 $f(x)$ 在点 x_0 的左侧邻域是增加的; 在 x_0 的右侧邻域是减少的, 因此 $f(x_0)$ 是 $f(x)$ 的一个极大值.

同理可证 (2). 证毕.

定理 3.7 也可以简单地这样叙述: 当点 x 在点 x_0 的邻域渐增地经过 x_0 时, 如果 $f'(x)$ 的符号由正变负, 那么 $f(x)$ 在点 x_0 处取得极大值; 如果 $f'(x)$ 的符号

由负变正, 那么 $f(x)$ 在点 x_0 处取得极小值. 显然, 当 x 在 x_0 的邻域渐增地经过 x_0 时, 如果 $f'(x)$ 的符号不变, 那么 $f(x)$ 在点 x_0 处没有极值.

由定理 3.7 知, 如果函数 $f(x)$ 在所讨论的区间内可导, 则可以按如下步骤来求 $f(x)$ 的极值点和相应的极值:

(1) 求出导数 $f'(x)$;

(2) 求出 $f'(x)$ 的全部驻点;

(3) 考察 $f'(x)$ 在每个驻点的左右邻域内的符号, 按定理 3.7 确定该驻点是否为极值点;

(4) 求出各个极值点处的函数值, 也就是相应的极值.

另外, 如果在函数 $f(x)$ 在所讨论的区间内有个别点不可导, 在求极值时, 也要考察在不可导点的邻域内 $f'(x)$ 的变化情况. 从而确定导数不存在的点是否为极值点. 此时定理 3.7 中的方法仍然成立.

例 3.4.1　求出函数 $f(x) = x^3 - 3x^2 - 9x + 5$ 的极值.

解　首先计算函数 $f(x)$ 的导数

$$f'(x) = 3x^2 - 6x - 9 = 3(x+1)(x-3).$$

令 $f'(x) = 3(x+1)(x-3) = 0$, 得到驻点 $x_1 = -1, x_2 = 3$. 这两个点将定义区间 $(-\infty, +\infty)$ 分成三部分, 如表 3.3.

表 3.3

x	$(-\infty, -1)$	-1	$(-1, 3)$	3	$(3, +\infty)$
$f'(x)$	$+$	0	$-$	0	$+$
$f(x)$	↗	极大值 10	↘	极小值 -22	↗

由表 3.3 知, 函数 $f(x) = x^3 - 3x^2 - 9x + 5$ 的极大值为 $f(-1) = 10$, 极小值为 $f(3) = -22$.

例 3.4.2　求函数 $f(x) = x - \dfrac{3}{2}x^{\frac{2}{3}}$ 的单调区间和极值.

解　首先计算函数 $f(x)$ 导数 $f'(x) = 1 - x^{-\frac{1}{3}}$. 当 $x = 1$ 时, $f'(x) = 0$; 当 $x = 0$ 时, $f'(x)$ 不存在. 因此, 函数只可能在这两点取得极值, 如表 3.4.

表 3.4

x	$(-\infty, 0)$	0	$(0, 1)$	1	$(1, +\infty)$
$f'(x)$	$+$	不存在	$-$	0	$+$
$f(x)$	↗	极大值 0	↘	极小值 $-\dfrac{1}{2}$	↗

由表可见: 函数 $f(x)$ 在区间 $(-\infty, 0)$ 和 $(1, +\infty)$ 上单调增加, 在区间 $(0, 1)$ 上单调减少. 在点 $x = 0$ 处有极大值 $f(0) = 0$, 在点 $x = 1$ 处有极小值 $f(1) = -\dfrac{1}{2}$.

当函数在驻点的二阶导数存在时, 利用二阶导数还有更方便的判断驻点极值性的方法.

定理 3.8 (第二充分条件) 设函数 $f(x)$ 满足条件 $f'(x_0) = 0$, $f''(x_0)$ 存在. 那么

(1) 如果 $f''(x_0) > 0$, 则 $f(x_0)$ 为 $f(x)$ 的极小值;

(2) 如果 $f''(x_0) < 0$, 则 $f(x_0)$ 为 $f(x)$ 的极大值.

证 (1) 由导数定义, $f'(x_0) = 0$, $f''(x_0) > 0$ 得

$$f''(x_0) = \lim_{x \to x_0} \frac{f'(x) - f'(x_0)}{x - x_0} = \lim_{x \to x_0} \frac{f'(x)}{x - x_0} > 0$$

因此根据极限的性质, 存在点 x_0 的某个邻域, 在该邻域内有

$$\frac{f'(x)}{x - x_0} > 0 \quad (x \neq x_0),$$

所以, 当 $x < x_0$ 时, $f'(x) < 0$; 当 $x > x_0$ 时, $f'(x) > 0$. 由定理 3.7 知, $f(x_0)$ 为极小值.

同理可证 (2). 证毕.

例 3.4.3 求函数 $f(x) = x^3 - 3x$ 的极值.

解 首先, 计算函数 $f(x)$ 的一、二阶导数, 得到

$$f'(x) = 3x^2 - 3 = 3(x+1)(x-1), \quad f''(x) = 6x.$$

令一阶导数 $f'(x) = 3(x+1)(x-1) = 0$, 得到两个驻点 $x = \pm 1$. 由于

(1) $f''(-1) = -6 < 0$, 因此 $f(-1) = 2$ 为极大值;

(2) $f''(1) = 6 > 0$, 因此 $f(1) = -2$ 为极小值.

注意 当 $f'(x_0) = f''(x_0) = 0$ 时, 定理 3.8 的方法失效. 此时需要用定理 3.7 或者极值的定义来判别. 例如, 三次幂函数 $y = x^3$, 满足条件 $f'(0) = f''(0) = 0$, 但在 $x = 0$ 点并没有极值; 四次幂函数 $y = x^4$, 也满足条件 $f'(0) = f''(0) = 0$, 但点 $x = 0$ 是极小值点.

3.4.2 最值与应用问题

在生产活动中, 常常遇到这样一类问题: 在一定的条件下, 怎样使 "产品最多""用料最少""效率最高" 等等, 这类问题有时可归结为求某一函数的最大值和最小值问题. 一般来说, 函数的最值问题和极值问题是不完全相同的.

设函数 $f(x)$ 在 $[a, b]$ 上连续, 则由闭区间上连续函数的性质知道, $f(x)$ 在 $[a, b]$ 上一定能够取得最大值和最小值. 但是, 闭区间上的连续函数未必有极值. 极值是局部性的概念, 最值是整体性的概念. 最值是函数在所考察的区间上全部

函数值中的最大 (小) 者, 而极值只是函数在极值点的某个邻域内的最大值或最小值.

一般来说, 连续函数 $f(x)$ 在 $[a,b]$ 上的最大值与最小值, 可以由区间端点函数值 $f(a)$, $f(b)$ 与区间内使 $f'(x) = 0$ 及 $f'(x)$ 不存在的点的函数值相比较, 其中最大的就是函数在 $[a,b]$ 上的最大值, 最小的就是函数在 $[a,b]$ 上的最小值.

但下面两种情况是经常会遇到的特殊情况:

(1) 如果函数 $f(x)$ 在 $[a,b]$ 上单调增加, 则 $f(a)$ 是 $f(x)$ 在 $[a,b]$ 上的最小值, $f(b)$ 是 $f(x)$ 在 $[a,b]$ 上的最大值. 即单调函数的最值在端点处取得.

(2) 如果函数在区间 (a,b) 内有且仅有一个极大值, 而没有极小值, 则此极大值就是函数在 $[a,b]$ 上的最大值; 同样, 如果函数在区间 (a,b) 内有且仅有一个极小值, 而没有极大值, 则此极小值就是函数在 $[a,b]$ 上的最小值. 实际问题中, 很多求最值问题都属于这种类型.

例 3.4.4　某工厂要围建一个面积为 512 平方米的矩形堆料场, 一边可以利用原有的墙壁, 其他三边需要砌新的墙壁. 问堆料场的长和宽各为多少时, 才能使砌墙所用的材料最省?

解　要求所用材料最少, 就是求新砌的墙壁总长最短. 设场地的宽为 x 米, 为使场地的面积为 512 平方米, 则长为 $\dfrac{512}{x}$, 因此新墙的总长度为

$$L = 2x + \frac{512}{x} \quad (x > 0).$$

这是目标函数, 下面讨论 x 为何值时, L 取得最小值. 因此将目标函数求导得 $L' = 2 - \dfrac{512}{x^2}$, 解方程 $L' = 2 - \dfrac{512}{x^2} = 0$ 得到唯一驻点 $x = 16$.

这个方程在区间 $(0, +\infty)$ 内有且仅有 $x = 16$ 一个驻点, 而 L 在 $x = 16$ 取得极小值. 从而这个极小值也是函数 L 在区间 $(0, +\infty)$ 内的最小值. 所以当堆料场的宽为 16 米, 长为 32 米时, 可使砌墙所用的材料最省.

例 3.4.5　要做一个体积为 V 的圆柱形罐头筒, 怎样才能使所用材料最省?

解　要使所用材料最省, 就是要罐头筒的总面积最小. 设罐头筒的底面半径为 r, 高为 h, 则它的侧面积为 $2\pi rh$, 底面积为 πr^2, 因此总面积为 $S = 2\pi r^2 + 2\pi rh$, 又体积为 V, 因此有 $h = \dfrac{V}{\pi r^2}$, 所以

$$S = 2\pi r^2 + \frac{2V}{r} \quad (0 < r < +\infty).$$

进一步计算导数得到

$$S' = 4\pi r - \frac{2V}{r^2}, \quad S'' = 4\pi + \frac{4V}{r^3}.$$

解方程 $S' = 4\pi r - \dfrac{2V}{r^2} = 0$, 得到唯一驻点 $r = \sqrt[3]{\dfrac{V}{2\pi}}$.

由于 π, V, r 都是正数, 因此 $S'' > 0$. 所以 S 在点 $r = \sqrt[3]{\dfrac{V}{2\pi}}$ 处为极小值, 也是最小值. 这时相应的高为

$$h = \frac{V}{\pi r^2} = \frac{V}{\pi \left(\sqrt[3]{\dfrac{V}{2\pi}}\right)^2} = 2r.$$

因此, 当所做罐头筒的高和底面直径相等时, 所用材料最省.

例 3.4.6 求函数 $y = 2x^3 + 3x^2 - 12x + 14$ 在 $[-3, 4]$ 上的最大值与最小值.

解 首先, 计算函数的一阶导数, 得到

$$y' = 6x^2 + 6x - 12 = 6(x + 2)(x - 1),$$

解方程 $y' = 6(x + 2)(x - 1) = 0$, 得到两个驻点 $x_1 = -2, x_2 = 1$.

计算函数在驻点与区间端点的函数值, 得到

$$y(-3) = 23, \quad y(-2) = 34, \quad y(1) = 7, \quad y(4) = 142.$$

比较可得函数 $y = 2x^3 + 3x^2 - 12x + 14$ 在 $[-3, 4]$ 上的最大值 $y(4) = 142$, 最小值 $y(1) = 7$.

习 题 3.4

1. 求下列函数的极值.

(1) $y = x^4 - 2x^2 + 5$;

(2) $y = e^x \sin x$;

(3) $y = x^2 - \dfrac{54}{x}$;

(4) $y = 2x - \ln(4x)^2$;

(5) $y = x^2 e^{-x}$;

(6) $y = (x - 1)\sqrt[3]{x^2}$.

2. 当 a 为何值时, 函数 $f(x) = a \sin x + \dfrac{1}{3} \sin 3x$ 在 $x = \dfrac{\pi}{3}$ 处取得极值? 并求出该极值.

3. 求下列函数在所给区间上的最大值与最小值.

(1) 当 $x \geqslant 0$ 时, 求函数 $y = \dfrac{x}{1 + x^2}$ 的最大值、最小值.

(2) 当 $|x| \leqslant 10$ 时, 求函数 $y = |x^2 - 3x + 2|$ 的最大值、最小值.

(3) 当 $0 \leqslant x \leqslant 4$ 时, 求函数 $y = x + \sqrt{x}$ 的最大值、最小值.

4. 将半径为 r 的圆铁片, 剪去一个扇形, 问中心角 α 为多大时, 才能使余下部分围成的圆锥形容器的容积最大?

5. 生产某种产品每小时的生产成本由两部分组成, 一是固定成本, 每小时 α 元, 另一部分与生产速度的立方成正比 (比例系数为 k). 现要完成总产量为 Q 的任务, 问应如何安排生产速度使总生产成本最省?

6. 要做一个圆锥形漏斗, 其母线长 20cm, 要使其体积最大, 问其高应为多少?

7. 在曲线 $y = a^2 - x^2$ 的第一象限部分上求一点 $M_0(x_0, y_0)$, 使过该点的切线与两坐标轴所围成的三角形的面积最小?

小结

微分中值定理是微分学最重要的基本定理, 中值定理沟通了函数与它的导数之间的联系, 使得我们可以借助函数导数的性质来判断函数的性质.

本章介绍了罗尔定理和拉格朗日中值定理, 这两个定理的几何背景是完全相同的, 因此它们是相互等价的.

利用中值定理可以建立计算不定式极限的重要工具——洛必达法则, 这个法则把函数的比值的极限转化为它们的导数的比值的极限. 洛必达法则是处理未定式的强有力的工具. 单调性是函数的基本性质之一, 可以看到函数的单调增加 (减少) 与导函数的符号为正 (负) 相互对应. 此外, 本章还研究了函数极值与最值的判断与实际求法等等问题.

从方法上说, 构造合适的辅助函数是这章解决问题的关键.

知识点

1. 罗尔定理 如果函数 $f(x)$ 满足三个条件:

(1) 在闭区间 $[a,b]$ 上连续;

(2) 在开区间 (a,b) 内可导;

(3) 在区间端点的函数值相等, 即 $f(a) = f(b)$.

那么在 (a,b) 内至少存在一点 $\xi(a < \xi < b)$, 使得 $f'(\xi) = 0$.

2. 拉格朗日定理 如果函数 $f(x)$ 满足条件: (1) 在闭区间 $[a,b]$ 上连续; (2) 在开区间 (a,b) 内可导. 那么在 (a,b) 内至少存在一点 $\xi(a < \xi < b)$, 使得
$$f'(\xi) = \frac{f(b) - f(a)}{b - a}.$$

推论 如果函数 $f(x)$ 在区间 (a,b) 内任意一点的导数恒为零, 则 $f(x)$ 在区间 (a,b) 内是一个常数.

3. 洛必达法则 设函数 $f(x), g(x)$ 满足条件:

(1) $\lim\limits_{x \to a} f(x) = \lim\limits_{x \to a} g(x) = 0$;

(2) 在点 a 的某个去心邻域内, $f(x), g(x)$ 可导, 且 $g'(x) \neq 0$;

(3) $\lim\limits_{x \to a} \dfrac{f'(x)}{g'(x)} = A(\text{或 } \infty).$

那么 $\lim\limits_{x \to a} \dfrac{f(x)}{g(x)} = A(\text{或 } \infty).$

洛必达法则在函数 $f(x), g(x)$ 都是无穷大量时也成立.

4. 函数单调性的判别　设函数 $f(x)$ 在 $[a, b]$ 上连续, 在 (a, b) 内可导,

(1) 如果在 (a, b) 内 $f'(x) > 0$, 那么函数 $f(x)$ 在 (a, b) 上单调增加;

(2) 如果在 (a, b) 内 $f'(x) < 0$, 那么函数 $f(x)$ 在 (a, b) 上单调减少.

5. 如果在某区间内, 曲线弧位于其上任意一点切线的上方, 则称曲线在这个区间内是 (向上) 凸的, 如果在某区间内, 曲线弧位于其上任意一点切线的下方, 则称曲线在这个区间内是 (向上) 凹的. 曲线上凹弧与凸弧的分界点称为曲线的拐点.

定理　设 $f(x)$ 在 $[a, b]$ 上连续, 在 (a, b) 内具有二阶导数, 那么

(1) 如果 $x \in (a, b)$ 时, 恒有 $f''(x) > 0$, 则曲线 $f(x)$ 在 (a, b) 内是凸的;

(2) 如果 $x \in (a, b)$ 时, 恒有 $f''(x) < 0$, 则曲线 $f(x)$ 在 (a, b) 内是凹的.

6. 设函数 $f(x)$ 在点 x_0 的某个邻域内有定义, 对于该邻域内异于 x_0 的点 x, 都有 $f(x) < f(x_0)$, 则称 $f(x_0)$ 为函数 $f(x)$ 的极大值, 点 x_0 称为函数 $f(x)$ 的极大值点; 如果都有 $f(x) > f(x_0)$, 则称 $f(x_0)$ 为函数 $f(x)$ 的极小值, 点 x_0 称为函数 $f(x)$ 的极小值点. 极大值、极小值统称为极值. 极大值点、极小值点统称为极值点.

7. 定理 (必要条件)　如果函数 $f(x)$ 在点 x_0 处有极值 $f(x_0)$, 且 $f'(x_0)$ 存在, 则 $f'(x_0) = 0$.

8. 定理 (第一充分条件)　设函数 $f(x)$ 在点 x_0 的一个邻域内可导且 $f'(x_0) = 0$.

(1) 如果当 x 取 x_0 的左侧邻域内的值时, $f'(x) > 0$; 当 x 取 x_0 的右侧邻域内的值时, $f'(x) < 0$, 那么函数 $f(x)$ 在点 x_0 处取得极大值.

(2) 如果当 x 取 x_0 的左侧邻域内的值时, $f'(x) < 0$; 当 x 取 x_0 的右侧邻域内的值时, $f'(x) > 0$, 那么函数 $f(x)$ 在点 x_0 处取得极小值.

9. 定理 (第二充分条件)　设 $f'(x_0) = 0$, $f''(x_0)$ 存在.

(1) 如果 $f''(x_0) > 0$, 则 $f(x_0)$ 为 $f(x)$ 的极小值;

(2) 如果 $f''(x_0) < 0$, 则 $f(x_0)$ 为 $f(x)$ 的极大值.

拉 格 朗 日

我此生没有什么遗憾, 死亡并不可怕, 它只不过是我要遇到的最后一个函数.

——拉格朗日

拉格朗日, Joseph-Louis Lagrange, 1736 年 1 月 25 日生于现意大利的撒丁岛, 1813 年 4 月 10 日卒于法国巴黎. 法国数学家, 他在分析学的所有领域、数论、分析力学、天体力学等领域都作出过卓越的贡献.

拉格朗日出身于一个军人家庭, 他 17 岁开始专心致力于数学分析的研究, 19 岁成为都灵皇家炮兵学校教授. 1756 年, 20 岁的拉格朗日在欧拉举荐下成为普鲁士科学院通讯院士. 1786 年, 他接受法王路易十六的邀请定居巴黎, 直至去世.

拉格朗日著作颇丰, 论文《极大和极小的方法研究》发展了欧拉开创的变分法, 为变分法奠定了理论基础. 在数论方面, 他证明了: 任何一个正整数都可以写成四个整数的平方和的形式. 在方程论领域, 他深入研究了三次、四次代数方程的解法, 提出预解式概念和根的置换群的观点, 他发现解一个五次代数方程要先解一个次数更高的方程, 限于当时数学发展水平, 他无法解释这个现象. 此外, 他对微分方程、三体问题、分析力学都有深入的研究, 取得很多开创性成果.

微分中值定理是微分学的基本定理, 有着很直观自然的几何学意义和运动学解释. 1691 年, 法国数学家罗尔针对多项式函数给出了罗尔定理, 但是他的证明是纯代数的, 与微积分无关. 1797 年拉格朗日在《解析函数论》一书中给出并证明我们今天看到的拉格朗日中值定理, 然而这个定理的严格证明是柯西在 1823 年出版的《无穷小计算教程概论》一书中给出的, 同时他还给出了更一般的柯西中值定理.

拉格朗日年轻时家庭遭遇不幸, 万贯家财顷刻化为乌有, 他也不得不寄居在亲戚家里. 这使得他免去了应酬, 潜心研究数学. 晚年的拉格朗日谈及此事时, 真诚地说: "如果我继承可观的财产, 我在数学上可能就没有多少价值了."

法国的拿破仑一世称赞拉格朗日是 "数学科学的一座巍峨的金字塔".

第4章
Chapter 4 不定积分

4.1 不定积分的概念及性质

第4章课件

4.1.1 不定积分的定义

由第 2 章我们可以知道, 如果已知物体的运动方程为 $s = s(t)$, 则此物体在某个时刻的运动速度 v 是运动距离 s 对时间 t 的导数, 即 $v(t) = s'(t)$. 那么反过来, 如果已知物体运动的速度 v 是时间 t 的函数 $v = v(t)$, 我们是否可以找到物体的运动方程 $s = s(t)$ 呢? 这个疑问转化成数学问题就是如下问题: 已知函数 $v = v(t)$, 求一个函数 $s = s(t)$ 使得 $v(t) = s'(t)$. 这就是求导数问题的逆问题.

我们首先给出如下定义和术语, 如果在开区间 I 内, 可导函数 $F(x)$ 的导函数为 $f(x)$, 即当 $x \in I$ 时, 有

$$F'(x) = f(x), \tag{4.1}$$

或者等价的关系

$$\mathrm{d}F(x) = f(x)\mathrm{d}x$$

成立, 那么函数 $F(x)$ 称为函数 $f(x)$ 在区间 I 内的一个**原函数**.

例 4.1.1 在区间 $(-\infty, +\infty)$ 内, 由于 $(\sin x)' = \cos x$, 因此正弦函数 $\sin x$ 是余弦函数 $\cos x$ 的一个原函数.

例 4.1.2 在区间 $(-\infty, +\infty)$ 内, 由于 $(x^3)' = 3x^2$, 因此函数 $F(x) = x^3$ 是函数 $3x^2$ 的一个原函数, 同理函数 $x^3 + 2$ 与函数 $x^3 - \sqrt{3}$ 也都是 $3x^2$ 的原函数.

由定义可以看到, 原函数与导函数是一对互逆的概念. 在 (4.1) 式中, 我们把小的 $f(x)$ 称为大的 $F(x)$ 的导数, 而把大的 $F(x)$ 称为小的 $f(x)$ 的一个原函数. 两个术语描述了同一个关系, 只是我们观察和理解这个关系的角度不同而已.

数学定义之后的一个自然的数学问题是, 这个定义有意义吗? 在这里则是 "在某个区间 I 内, 一个函数具备什么条件时, 它在这个区间内有原函数". 对此问题

给出下面结论.

定理 4.1 如果函数 $f(x)$ 在开区间 I 内连续, 那么在区间 I 内一定存在可导函数 $F(x)$, 使得 $F'(x) = f(x)(x \in I)$ 成立.

定理 4.1 表明连续函数一定有原函数. 由于初等函数在其定义域内都是连续的, 因此初等函数在其定义区间上都有原函数.

说明

(1) 如果函数 $f(x)$ 在区间 I 内有原函数, 即有一个函数 $F(x)$, 当 $x \in I$ 时, $F'(x) = f(x)$, 那么对任何常数 C, 也有会 $[F(x) + C]' = f(x)$, 即 $F(x) + C$ 也是 $f(x)$ 的原函数. 这说明如果函数 $f(x)$ 有一个原函数, 则它就会有无限多个原函数.

(2) 在区间 I 内, 如果函数 $F(x)$ 与 $G(x)$ 都是函数 $f(x)$ 的原函数, 那么函数 $F(x)$ 与 $G(x)$ 相差一个常数. 这是因为有关系 $G'(x) = F'(x) = f(x)$, 因此可以得到

$$[G(x) - F(x)]' = G'(x) - F'(x) = 0,$$

从而有 $G(x) - F(x) = C$ 是常数.

据此我们可以引进一个新概念——不定积分. 设函数 $F(x)$ 是函数 $f(x)$ 在区间 I 上的一个原函数, 那么函数 $f(x)$ 的全体原函数的集合 $\{F(x)+C | -\infty < x < +\infty$ 就叫做函数 $f(x)$ 在区间 I 上的**不定积分**, 记作 $\int f(x)\mathrm{d}x$. 通常我们把这个关系写成

$$\int f(x)\mathrm{d}x = F(x) + C.$$

在这个记号中, 拉长的字母 S 被写成 $\int$ 叫做积分号, $\mathrm{d}x$ 中的 x 称为**积分变量**, $f(x)$ 称为**被积函数**, 而 $f(x)\mathrm{d}x$ 称为**积分表达式**. 因此, 求已知函数的不定积分, 就归结为求出它的一个原函数再加上任意常数 C 即可.

例 4.1.3 求不定积分 $\int x^3 \mathrm{d}x$.

解 因为 $\left(\dfrac{1}{4}x^4\right)' = x^3$, 所以 $\int x^3 \mathrm{d}x = \dfrac{1}{4}x^4 + C$.

例 4.1.4 求不定积分 $\int \dfrac{1}{x}\mathrm{d}x$.

解 当 $x > 0$ 时, $(\ln x)' = \dfrac{1}{x}$, 因此 $\int \dfrac{1}{x}\mathrm{d}x = \ln x + C$.

当 $x < 0$ 时, $(\ln(-x))' = \dfrac{1}{-x} \cdot (-1) = \dfrac{1}{x}$, 因此 $\int \dfrac{1}{x}\mathrm{d}x = \ln(-x) + C$.

所以有 $\int \dfrac{1}{x}\mathrm{d}x = \ln|x| + C$.

例 4.1.5 求经过点 $(1,4)$ 且在点 (x, y) 的切线斜率为 $2x$ 的曲线方程.

解 设所求曲线方程为 $y = f(x)$, 由题意曲线上任一点切线斜率为 $2x$, 即 $\dfrac{\mathrm{d}y}{\mathrm{d}x} = 2x$. 方程表明 $f(x)$ 应该是 $2x$ 的一个原函数, 由 $\displaystyle\int 2x\mathrm{d}x = x^2 + C$ 得曲线方程 $y = x^2 + C$. 再代入条件, 点 $(1,4)$ 在曲线上, 解得 $C = 3$, 所以 $y = x^2 + 3$ 是所求曲线.

4.1.2 不定积分的性质

性质 1 不定积分与求导或微分互为逆运算.

(1) $\left[\displaystyle\int f(x)\mathrm{d}x\right]' = f(x)$ 或 $\mathrm{d}\left[\displaystyle\int f(x)\mathrm{d}x\right] = f(x)\mathrm{d}x$;

(2) $\displaystyle\int F'(x)\mathrm{d}x = F(x) + C$ 或 $\displaystyle\int \mathrm{d}F(x) = F(x) + C$.

即不定积分的导数 (微分) 等于被积函数 (或被积表达式); 一个函数的导数 (微分) 的不定积分与这个函数相差一个任意常数. 简单叙述为 "先积后微, 形式不变; 先微后积, 差个常数".

性质 2 两个函数和的不定积分等于这两个函数的不定积分的和, 即

$$\int [f(x) + g(x)]\,\mathrm{d}x = \int f(x)\mathrm{d}x + \int g(x)\mathrm{d}x.$$

这个公式可以推广到任意有限多个函数和的情况.

性质 3 不为零的常数因子可以提到积分号外面. 即

$$\int kf(x)\mathrm{d}x = k\int f(x)\mathrm{d}x \quad (k \neq 0).$$

性质 2 与性质 3 统称为不定积分的线性性质.

4.1.3 基本积分表

每一个计算导数的公式反过来就是一个不定积分的计算公式, 在这里我们把基本的不定积分公式罗列如下:

(1) $\displaystyle\int 0\mathrm{d}x = C$;

(2) $\displaystyle\int x^\mu \mathrm{d}x = \dfrac{1}{\mu+1}x^{\mu+1} + C \ (\mu \neq -1)$;

(3) $\displaystyle\int \dfrac{1}{x}\mathrm{d}x = \ln|x| + C$;

(4) $\displaystyle\int \sin x\mathrm{d}x = -\cos x + C$;

(5) $\displaystyle\int \cos x\mathrm{d}x = \sin x + C$;

(6) $\displaystyle\int \sec^2 x\mathrm{d}x = \tan x + C$;

(7) $\displaystyle\int \csc^2 x\mathrm{d}x = -\cot x + C$;

(8) $\displaystyle\int \dfrac{1}{\sqrt{1-x^2}}\mathrm{d}x = \arcsin x + C$;

(9) $\displaystyle\int \frac{1}{1+x^2}\mathrm{d}x = \arctan x + C;$ (10) $\displaystyle\int a^x\mathrm{d}x = \frac{1}{\ln a}a^x + C \ (a > 0, a \neq 1);$

(11) $\displaystyle\int \mathrm{e}^x\mathrm{d}x = \mathrm{e}^x + C.$

以上所列的基本积分表是求不定积分的基础, 必须熟记, 在应用公式时有时需要对被积函数作适当的变形.

例 4.1.6   求不定积分 $\displaystyle\int \frac{\mathrm{d}x}{x\sqrt{x}}.$

解 $\displaystyle\int \frac{\mathrm{d}x}{x\sqrt{x}} = \int x^{-\frac{3}{2}}\mathrm{d}x = \frac{1}{-\frac{3}{2}+1}x^{-\frac{3}{2}+1} + C = -2x^{-\frac{1}{2}} + C = -\frac{2}{\sqrt{x}} + C.$

例 4.1.7   求不定积分 $\displaystyle\int 3^{2x}\mathrm{e}^x\mathrm{d}x.$

解 $\displaystyle\int 3^{2x}\mathrm{e}^x\mathrm{d}x = \int (9\mathrm{e})^x\mathrm{d}x = \frac{(9\mathrm{e})^x}{\ln(9\mathrm{e})} + C = \frac{3^{2x}\mathrm{e}^x}{1+2\ln 3} + C$

例 4.1.8   求不定积分 $\displaystyle\int \cos^2\frac{x}{2}\mathrm{d}x.$

解 $\displaystyle\int \cos^2\frac{x}{2}\mathrm{d}x = \int \frac{1+\cos x}{2}\mathrm{d}x$

$\displaystyle\qquad\qquad\quad = \frac{1}{2}\int \mathrm{d}x + \frac{1}{2}\int \cos x\mathrm{d}x$

$\displaystyle\qquad\qquad\quad = \frac{x}{2} + \frac{1}{2}\sin x + C.$

说明   对三角函数作适当的恒等变换也是求不定积分常用的方法和技巧.

例 4.1.9   求不定积分 $\displaystyle\int \frac{1+x+x^2}{x(1+x^2)}\mathrm{d}x.$

解 $\displaystyle\int \frac{1+x+x^2}{x(1+x^2)}\mathrm{d}x = \int \frac{x+(1+x^2)}{x(1+x^2)}\mathrm{d}x$

$\displaystyle\qquad\qquad\qquad\quad = \int \left(\frac{1}{1+x^2} + \frac{1}{x}\right)\mathrm{d}x$

$\displaystyle\qquad\qquad\qquad\quad = \arctan x + \ln|x| + C.$

说明   对被积函数拆项, 是求有理函数不定积分常用的一种方法.

例 4.1.10   求不定积分 $\displaystyle\int \frac{x^2-1}{x^2+1}\mathrm{d}x.$

解 $\displaystyle\int \frac{x^2-1}{x^2+1}\mathrm{d}x = \int \frac{x^2+1-2}{x^2+1}\mathrm{d}x$

$\displaystyle\qquad\qquad\quad = \int \left(1 - \frac{2}{x^2+1}\right)\mathrm{d}x = x - 2\arctan x + C.$

习 题 4.1

1. 解下列问题.

(1) 已知函数 $y = f(x)$ 的导数等于 $x + 2$, 且 $x = 2$ 时 $y = 5$, 求这个函数.

(2) 已知在曲线上任一点切线的斜率为 $2x$, 并且曲线经过点 $(1, -2)$, 求此曲线的方程.

2. 求下列不定积分.

(1) $\displaystyle\int (1 - 4x^2)\mathrm{d}x$;

(2) $\displaystyle\int (2^x + x^2)\mathrm{d}x$;

(3) $\displaystyle\int \left(\sqrt[3]{x} - \frac{2}{\sqrt{x}}\right)\mathrm{d}x$;

(4) $\displaystyle\int \sqrt{x}(x - 3)\mathrm{d}x$;

(5) $\displaystyle\int \frac{x^2}{x^2 + 1}\mathrm{d}x$;

(6) $\displaystyle\int \frac{(t+1)^3}{t^2}\mathrm{d}t$;

(7) $\displaystyle\int \frac{x^2 + \sqrt{x^3} + 3}{\sqrt{x}}\mathrm{d}x$;

(8) $\displaystyle\int 2\sin^2 \frac{u}{2}\mathrm{d}u$;

(9) $\displaystyle\int \frac{\mathrm{e}^{2t} - 1}{\mathrm{e}^t - 1}\mathrm{d}t$;

(10) $\displaystyle\int \frac{\mathrm{d}x}{\sin^2 x \cos^2 x}$.

3. 设 $f(x)$ 的一个原函数是 $\dfrac{1}{x}$, 求 $f'(x)$.

4. 若 $f(x)$ 的一个原函数是 $\cos x$, 求 $\displaystyle\int f'(x)\mathrm{d}x$.

5. 设 $f(x) = \begin{cases} x^2, & x \leqslant 0, \\ \sin x, & x > 0, \end{cases}$ 求 $f(x)$ 的不定积分.

6. 证明函数 $\arcsin(2x-1), \arccos(1-2x), 2\arcsin\sqrt{x}$ 及 $2\arctan\sqrt{\dfrac{x}{1-x}}$ 都是 $\dfrac{1}{\sqrt{x(1-x)}}$ 的原函数.

4.2 不定积分的换元法

4.2.1 第一换元法

利用基本积分表和不定积分的两个运算性质, 可以求出部分函数的不定积分, 但这是远远不够的, 对于一些常见函数的不定积分, 如

$$\int \mathrm{e}^{2x}\mathrm{d}x, \quad \int \sin\frac{x}{3}\mathrm{d}x, \quad \int \frac{1}{x+5}\mathrm{d}x$$

等就不容易求了. 下面两节介绍两种不定积分的计算方法. 本节先来研究换元积分法.

对于复合函数 $F(\varphi(x))$, 设 $F'(u) = f(u)$, 则有

$$\mathrm{d}F(\varphi(x)) = f(\varphi(x))\mathrm{d}\varphi(x) = f(\varphi(x))\varphi'(x)\mathrm{d}x.$$

对上式求不定积分得

$$\int f(\varphi(x))\varphi'(x)\mathrm{d}x = \int f(\varphi(x))\mathrm{d}\varphi(x) = \int \mathrm{d}F(\varphi(x)) = F(\varphi(x)) + C.$$

令 $u = \varphi(x)$, 代入上式, 替换变量将得到

$$\left[\int f(u)\mathrm{d}u\right]\bigg|_{u=\varphi(x)} = [F(u) + C]\big|_{u=\varphi(x)} = F(\varphi(x)) + C.$$

于是有

$$\int f(\varphi(x))\varphi'(x)\mathrm{d}x = \int f(\varphi(x))\mathrm{d}\varphi(x) = \left[\int f(u)\mathrm{d}u\right]\bigg|_{u=\varphi(x)}.$$

上述积分过程中, 假设所列各个不定积分都是存在的, 由于连续函数的原函数一定存在, 所以如果函数 $f(u)$ 与 $\varphi'(x)$ 连续, 那么所列各个不定积分都存在.

定理 4.2 (第一换元积分法) 设函数 $f(u)$ 连续, 函数 $\varphi(x)$ 有连续导数, 则有第一换元积分公式

$$\int f(\varphi(x))\varphi'(x)\,\mathrm{d}x = \left[\int f(u)\,\mathrm{d}u\right]\bigg|_{u=\varphi(x)}. \tag{4.2}$$

这个定理说明, 如果不定积分 $\int g(x)\,\mathrm{d}x$ 不容易计算, 但被积函数 $g(x)$ 可分解成 $g(x) = f(\varphi(x))\varphi'(x)$ 的形式, 其中 $\varphi(x)$ 是某个合适的函数, 则作变量替换 $u = \varphi(x)$, 即可将关于变量 x 的函数 $g(x)$ 不定积分计算问题转化为关于变量 u 的函数 $f(u)$ 的不定积分计算问题, 即

$$\int g(x)\,\mathrm{d}x = \int f(\varphi(x))\varphi'(x)\,\mathrm{d}x = \int f(u)\,\mathrm{d}u\bigg|_{u=\varphi(x)}.$$

这样如果不定积分 $\int f(u)\,\mathrm{d}u$ 容易算出, 那么便解决了不定积分 $\int g(x)\,\mathrm{d}x$ 的计算问题. 由于第一换元法的关键是寻找到合适的 φ', 因此这个方法又称为凑微分法.

例 4.2.1 求不定积分 $\int \sin 2x\mathrm{d}x$.

解 被积函数 $\sin 2x$ 是一个复合函数, 令 $u = 2x$, 则 $\sin 2x = \sin u$, $\mathrm{d}u = 2\mathrm{d}x$, 于是

$$\int \sin 2x\mathrm{d}x = \int \sin 2x \cdot \frac{1}{2}\mathrm{d}2x = \int \sin u \cdot \frac{1}{2}\mathrm{d}u = \frac{1}{2}\int \sin u\mathrm{d}u$$
$$= -\frac{1}{2}\cos u + C = -\frac{1}{2}\cos 2x + C.$$

例 4.2.2 求不定积分 $\displaystyle\int \frac{1}{5+3x}\mathrm{d}x$.

解 令 $u = 5 + 3x$, $u' = 3$, 即 $\mathrm{d}u = 3\mathrm{d}x$, 则

$$\frac{1}{5+3x} = \frac{1}{3} \cdot \frac{1}{5+3x} \cdot 3 = \frac{1}{3} \cdot \frac{1}{5+3x} \cdot (5+3x)' = \frac{1}{3}\frac{1}{u} \cdot u'.$$

因此

$$\int \frac{1}{5+3x}\mathrm{d}x = \frac{1}{3}\int \frac{1}{5+3x}(5+3x)'\mathrm{d}x = \frac{1}{3}\int \frac{1}{5+3x}\mathrm{d}(5+3x)$$

$$= \frac{1}{3}\int \frac{1}{u}\mathrm{d}u = \frac{1}{3}\ln|u| + C = \frac{1}{3}\ln|5+3x| + C.$$

一般地, 对于不定积分 $\displaystyle\int f(ax+b)\mathrm{d}x$, 可作线性变换 $u = ax + b$ 来处理,

$$\int f(ax+b)\mathrm{d}x = \frac{1}{a}\int f(ax+b)\mathrm{d}(ax+b) = \frac{1}{a}\left[\int f(u)\mathrm{d}u\right]\Bigg|_{u=ax+b}.$$

例 4.2.3 求不定积分 $\displaystyle\int \tan x\,\mathrm{d}x$.

解 利用三角恒等式将被积函数变形, 然后再选择变量代换.

$$\int \tan x\,\mathrm{d}x = \int \frac{\sin x}{\cos x}\mathrm{d}x = \int \frac{(-\cos x)'}{\cos x}\mathrm{d}x = -\int \frac{1}{\cos x}\mathrm{d}\cos x$$

$$= -\int \frac{1}{u}\mathrm{d}u = -\ln|u| + C = -\ln|\cos x| + C.$$

当我们的计算熟练以后, 可以不写出中间变量 u, 直接进行计算, 这样更加快捷方便. 如上例可以直接计算如下:

$$\int \tan x\,\mathrm{d}x = -\int \frac{1}{\cos x}\mathrm{d}\cos x = -\ln|\cos x| + C.$$

例 4.2.4 求不定积分 $\displaystyle\int x\sqrt{1-x^2}\,\mathrm{d}x$.

解 由于 $(x^2)' = 2x$, 因此

$$\int x\sqrt{1-x^2}\,\mathrm{d}x = \frac{1}{2}\int (1-x^2)^{\frac{1}{2}}\mathrm{d}(x^2) = -\frac{1}{2}\int (1-x^2)^{\frac{1}{2}}\mathrm{d}(1-x^2)$$

$$= -\frac{1}{3}(1-x^2)^{\frac{3}{2}} + C.$$

例 4.2.5 求不定积分 $\displaystyle\int \frac{\mathrm{e}^{3\sqrt{x}}}{\sqrt{x}}\mathrm{d}x$.

解 由于 $\left(\sqrt{x}\right)' = \dfrac{1}{2\sqrt{x}}$, 因此

$$\int \frac{\mathrm{e}^{3\sqrt{x}}}{\sqrt{x}}\mathrm{d}x = 2\int \frac{\mathrm{e}^{3\sqrt{x}}}{2\sqrt{x}}\mathrm{d}x = 2\int \mathrm{e}^{3\sqrt{x}}\mathrm{d}\sqrt{x} = \frac{2}{3}\int \mathrm{e}^{3\sqrt{x}}\mathrm{d}\left(3\sqrt{x}\right) = \frac{2}{3}\mathrm{e}^{3\sqrt{x}} + C.$$

例 4.2.6 求不定积分 $\displaystyle\int \frac{\mathrm{d}x}{1 + \mathrm{e}^x}$.

解 方法 1 由于 $\left(\mathrm{e}^{-x}\right)' = -\mathrm{e}^{-x}$, 因此

$$\int \frac{\mathrm{d}x}{1 + \mathrm{e}^x} = \int \frac{\mathrm{d}x}{\mathrm{e}^x\left(\mathrm{e}^{-x} + 1\right)} = \int \frac{\mathrm{e}^{-x}\mathrm{d}x}{\mathrm{e}^{-x} + 1}$$
$$= -\int \frac{\mathrm{d}\left(\mathrm{e}^{-x} + 1\right)}{\left(\mathrm{e}^{-x} + 1\right)} = -\ln\left(\mathrm{e}^{-x} + 1\right) + C.$$

方法 2 由于 $\left(\mathrm{e}^x\right)' = \mathrm{e}^x$, 因此

$$\int \frac{\mathrm{d}x}{1 + \mathrm{e}^x} = \int \frac{\left(1 + \mathrm{e}^x\right) - \mathrm{e}^x}{1 + \mathrm{e}^x}\mathrm{d}x = \int \left(1 - \frac{\mathrm{e}^x}{1 + \mathrm{e}^x}\right)\mathrm{d}x$$
$$= x - \int \frac{\mathrm{d}\mathrm{e}^x}{1 + \mathrm{e}^x} = x - \int \frac{\mathrm{d}\left(1 + \mathrm{e}^x\right)}{1 + \mathrm{e}^x} = x - \ln\left(1 + \mathrm{e}^x\right) + C.$$

例 4.2.7 求不定积分 $\displaystyle\int \frac{1}{a^2 + x^2}\mathrm{d}x$.

解 由于 $\left(\dfrac{x}{a}\right)' = \dfrac{1}{a}$, 凑微分得到

$$\int \frac{1}{a^2 + x^2}\mathrm{d}x = \int \frac{1}{a^2\left[1 + \left(\frac{x}{a}\right)^2\right]}\mathrm{d}x = \int \frac{1}{a\left[1 + \left(\frac{x}{a}\right)^2\right]}\mathrm{d}\left(\frac{x}{a}\right)$$
$$= \frac{1}{a}\arctan\left(\frac{x}{a}\right) + C.$$

例 4.2.8 求不定积分 $\displaystyle\int \sin^3 x \cos^2 x\,\mathrm{d}x$.

解 由于 $\left(\cos x\right)' = -\sin x$, 凑微分得到

$$\int \sin^3 x \cos^2 x\,\mathrm{d}x = \int \sin^2 x \sin x \cos^2 x\,\mathrm{d}x$$
$$= -\int \sin^2 x \cos^2 x\,\mathrm{d}\cos x$$
$$= -\int \left(1 - \cos^2 x\right)\cos^2 x\,\mathrm{d}\cos x$$

$$= \int (\cos^4 x - \cos^2 x) \mathrm{d} \cos x$$
$$= \frac{1}{5} \cos^5 x - \frac{1}{3} \cos^3 x + C.$$

例 4.2.9 求不定积分 $\displaystyle\int \frac{1}{x(2 + \ln x)} \mathrm{d}x$.

解 由于 $(\ln x)' = \dfrac{1}{x}$, 凑微分得到

$$\int \frac{1}{x(2 + \ln x)} \mathrm{d}x = \int \frac{1}{2 + \ln x} \mathrm{d} \ln x = \int \frac{1}{2 + \ln x} \mathrm{d}(2 + \ln x)$$
$$= \ln|2 + \ln x| + C.$$

例 4.2.10 求不定积分 $\displaystyle\int 4x\mathrm{e}^{x^2} \mathrm{d}x$.

解 由于 $(x^2)' = 2x$, 凑微分得到 $\displaystyle\int 4x\mathrm{e}^{x^2} \mathrm{d}x = 2 \int \mathrm{e}^{x^2} \mathrm{d}x^2 = 2\mathrm{e}^{x^2} + C$.

例 4.2.11 求不定积分 $\displaystyle\int \frac{1}{a^2 - x^2} \mathrm{d}x$.

解 由于恒等式 $\dfrac{1}{a^2 - x^2} = \dfrac{1}{2a} \left(\dfrac{1}{a + x} + \dfrac{1}{a - x} \right)$, 因此有

$$\int \frac{1}{a^2 - x^2} \mathrm{d}x = \int \frac{1}{2a} \left(\frac{1}{a + x} + \frac{1}{a - x} \right) \mathrm{d}x$$
$$= \frac{1}{2a} \int \frac{1}{a + x} \mathrm{d}(a + x) - \frac{1}{2a} \int \frac{1}{a - x} \mathrm{d}(a - x)$$
$$= \frac{1}{2a} \left(\ln|a + x| - \ln|a - x| \right) + C$$
$$= \frac{1}{2a} \ln \left| \frac{a + x}{a - x} \right| + C.$$

例 4.2.12 求不定积分 $\displaystyle\int \sec x \mathrm{d}x$.

解 由于 $(\sin x)' = \cos x$, 凑微分并利用例 4.2.11 得到

$$\int \sec x \mathrm{d}x = \int \frac{\cos x}{\cos^2 x} \mathrm{d}x = \int \frac{\mathrm{d} \sin x}{1 - \sin^2 x}$$
$$= \frac{1}{2} \ln \left| \frac{1 + \sin x}{1 - \sin x} \right| + C = \frac{1}{2} \ln \left| \frac{(1 + \sin x)^2}{1 - \sin^2 x} \right| + C$$
$$= \frac{1}{2} \ln \left| \frac{1 + \sin x}{\cos x} \right|^2 + C$$

$$= \ln|\sec x + \tan x| + C.$$

"凑微分法" 常用的微分公式有

(1) $\mathrm{d}x = \dfrac{1}{a}\mathrm{d}(ax+b)$ $(a,b$ 为常数且 $a \neq 0);$

(2) $x\mathrm{d}x = \dfrac{1}{2}\mathrm{d}(x^2);$

(3) $\dfrac{1}{x}\mathrm{d}x = \mathrm{d}\ln x;$

(4) $\dfrac{1}{x^2}\mathrm{d}x = -\mathrm{d}\left(\dfrac{1}{x}\right);$

(5) $\dfrac{1}{\sqrt{x}}\mathrm{d}x = 2\mathrm{d}\sqrt{x};$

(6) $\mathrm{e}^x\mathrm{d}x = \mathrm{d}\mathrm{e}^x;$

(7) $\sin x\mathrm{d}x = -\mathrm{d}(\cos x);$

(8) $\cos x\mathrm{d}x = \mathrm{d}\sin x;$

(9) $\sec^2 x\mathrm{d}x = \mathrm{d}\tan x;$

(10) $\csc^2 x\mathrm{d}x = -\mathrm{d}\cot x;$

(11) $\dfrac{1}{1+x^2}\mathrm{d}x = \mathrm{d}\arctan x.$

4.2.2 第二换元积分法

如果不定积分用直接积分法或第一换元法都不易求得, 但作变量代换 $x = \psi(t)$ 后, 所得到的关于新积分变量 t 的不定积分容易求得, 则也可求得不定积分 $\displaystyle\int f(x)\mathrm{d}x$, 这是第二换元法.

定理 4.3 (第二换元积分法) 设函数 $f(x)$ 连续, 又函数 $x = \psi(t)$ 的有连续导数 $\psi'(t)$, 且 $\psi'(t) \neq 0$, 则有第二换元积分公式

$$\int f(x)\mathrm{d}x = \left[\int f(\psi(t)) \cdot \psi'(t)\mathrm{d}t\right]\Bigg|_{t=\psi^{-1}(x)}. \tag{4.3}$$

例 4.2.13 求不定积分 $\displaystyle\int \dfrac{1}{1+\sqrt{x}}\mathrm{d}x.$

解 令 $\sqrt{x}=t$, 则 $x=t^2$, $\mathrm{d}x=2t\mathrm{d}t$, 于是

$$\int \frac{1}{1+\sqrt{x}}\mathrm{d}x = 2\int \frac{t}{1+t}\mathrm{d}t = 2\int \frac{1+t-1}{1+t}\mathrm{d}t = 2\left[\int \mathrm{d}t - \int \frac{\mathrm{d}t}{1+t}\right]$$
$$= 2[t - \ln|1+t|] + C = 2\left[\sqrt{x} - \ln(1+\sqrt{x})\right] + C.$$

例 4.2.14 求不定积分 $\displaystyle\int \dfrac{\mathrm{d}x}{\sqrt{x}(1+\sqrt[3]{x})}.$

解 令 $x=t^6$, 则 $\mathrm{d}x=6t^5\mathrm{d}t$, 且 $t=\sqrt[6]{x}$, 于是

$$\int \frac{\mathrm{d}x}{\sqrt{x}(1+\sqrt[3]{x})} = \int \frac{6t^5\mathrm{d}t}{t^3(1+t^2)} = 6\int \frac{t^2}{1+t^2}\mathrm{d}t$$
$$= 6\int \frac{t^2+1-1}{1+t^2}\mathrm{d}t = 6\int \left(1 - \frac{1}{1+t^2}\right)\mathrm{d}t$$

$$= 6 \left(t - \arctan t \right) + C = 6 \left(\sqrt[6]{x} - \arctan \sqrt[6]{x} \right) + C.$$

一般地, 被积函数含有根式 $\sqrt[n]{ax+b}$ (根号内为一次函数) 时, 可作变量代换 $\sqrt[n]{ax+b} = t$.

例 4.2.15 求不定积分 $\displaystyle\int \sqrt{a^2 - x^2}\mathrm{d}x \ (a > 0)$.

解 利用三角恒等式 $\sin^2 t + \cos^2 t = 1$, 令 $x = a\sin t \left(0 \leqslant t \leqslant \dfrac{\pi}{2} \right)$, 则

$$\sqrt{a^2 - x^2} = \sqrt{a^2 - a^2 \sin^2 t} = \sqrt{a^2 \left(1 - \sin^2 t \right)} = a\cos t, \quad \mathrm{d}x = a\cos t\mathrm{d}t,$$

于是得到

$$\int \sqrt{a^2 - x^2}\mathrm{d}x = \int a\cos t \cdot a\cos t\mathrm{d}t = a^2 \int \cos^2 t\mathrm{d}t$$

$$= a^2 \int \frac{1 + \cos 2t}{2}\mathrm{d}t = \frac{a^2}{2} \int \mathrm{d}t + \frac{a^2}{2} \int \cos 2t\mathrm{d}t$$

$$= \frac{a^2}{2}t + \frac{a^2}{4} \int \cos 2t\mathrm{d}(2t) = \frac{a^2}{2}t + \frac{a^2}{4}\sin 2t + C$$

$$= \frac{a^2}{2} \left(t + \sin t\cos t \right) + C.$$

由于 $x = a\sin t \left(0 \leqslant t \leqslant \dfrac{\pi}{2} \right)$, 所以

$$\sin t = \frac{x}{a}, \quad t = \arcsin \frac{x}{a}, \quad \cos t = \sqrt{1 - \sin^2 t} = \sqrt{1 - \left(\frac{x}{a} \right)^2} = \frac{\sqrt{a^2 - x^2}}{a},$$

于是换回变量 x 得到不定积分

$$\int \sqrt{a^2 - x^2}\mathrm{d}x = \frac{a^2}{2}\arcsin \frac{x}{a} + \frac{a^2}{2} \cdot \frac{x}{a} \cdot \frac{\sqrt{a^2 - x^2}}{a} + C$$

$$= \frac{a^2}{2}\arcsin \frac{x}{a} + \frac{1}{2}x\sqrt{a^2 - x^2} + C.$$

注意 "$0 \leqslant t \leqslant \dfrac{\pi}{2}$" 也可省略不写, 在计算不定积分问题时我们默认取第一象限的角即可.

例 4.2.16 求不定积分 $\displaystyle\int \frac{\mathrm{d}x}{\sqrt{a^2 + x^2}} \ (a > 0)$.

解 利用三角恒等式 $1 + \tan^2 t = \sec^2 t$, 令 $x = a\tan t$, $-\dfrac{\pi}{2} < t < \dfrac{\pi}{2}$,

$$\sqrt{a^2+x^2}=\sqrt{a^2+a^2\tan^2 t}=a\sec t,\quad \mathrm{d}x=a\sec^2 t\mathrm{d}t.$$

于是

$$\int \frac{\mathrm{d}x}{\sqrt{a^2+x^2}}=\int \frac{a\sec^2 t}{a\sec t}\mathrm{d}t=\int \sec t\mathrm{d}t$$
$$=\ln|\sec t+\tan t|+C_1.$$

作如图 4.1 所示的直角三角形, 辅助分析, 可得

$$\sec t=\frac{斜边}{邻边}=\frac{\sqrt{a^2+x^2}}{a},\quad \tan t=\frac{对边}{邻边}=\frac{x}{a},$$

于是

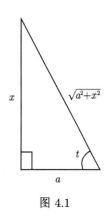

$$\int \frac{\mathrm{d}x}{\sqrt{a^2+x^2}}=\ln\left|\frac{x}{a}+\frac{\sqrt{a^2+x^2}}{a}\right|+C_1$$
$$=\ln\left|\frac{x+\sqrt{a^2+x^2}}{a}\right|+C_1$$
$$=\ln\left(x+\sqrt{a^2+x^2}\right)+C,$$

图 4.1

其中 $C=C_1-\ln a$.

一般地, 被积函数含有根式且根式内是二次函数时, 可作三角换元. 例如, 对根式

$$\sqrt{a^2-x^2},\quad \sqrt{a^2+x^2}\quad 和\quad \sqrt{x^2-a^2}$$

分别可作三角代换

$$x=a\sin t,\quad x=a\tan t\quad 和\quad x=a\sec t,$$

消去根式, 化简被积函数.

例 4.2.17 求不定积分 $\int \frac{\mathrm{d}x}{x^2+2x+5}$.

解 $\int \frac{\mathrm{d}x}{x^2+2x+5}=\int \frac{\mathrm{d}(x+1)}{(x+1)^2+2^2}=\frac{1}{2}\arctan\frac{x+1}{2}+C.$

例 4.2.18 求不定积分 $\int \frac{2x+1}{4x^2+9}\mathrm{d}x$.

解
$$\int \frac{2x+1}{4x^2+9}\mathrm{d}x = \int \frac{2x}{4x^2+9}\mathrm{d}x + \int \frac{1}{4x^2+9}\mathrm{d}x$$

$$= \int \frac{\mathrm{d}x^2}{4x^2+9} + \int \frac{1}{(2x)^2+3^2}\mathrm{d}x$$

$$= \frac{1}{4}\int \frac{\mathrm{d}(4x^2+9)}{4x^2+9} + \frac{1}{2}\int \frac{1}{(2x)^2+3^2}\mathrm{d}(2x)$$

$$= \frac{1}{4}\ln(4x^2+9) + \frac{1}{6}\arctan\frac{2x}{3} + C$$

例 4.2.17 与例 4.2.18 的计算方法是计算 $\dfrac{f(x)}{x^2+px+q}$ 型不定积分的标准方法和技巧, 这里 $f(x)$ 是一个一次多项式.

习 题 4.2

1. 求下列不定积分.

(1) $\displaystyle\int (2-x)^{\frac{5}{2}}\mathrm{d}x$;

(2) $\displaystyle\int \frac{\mathrm{d}v}{(1-2v)^{\frac{1}{2}}}$;

(3) $\displaystyle\int a^{3x}\mathrm{d}x$;

(4) $\displaystyle\int \mathrm{e}^{-x}\mathrm{d}x$;

(5) $\displaystyle\int \frac{2x}{1+x^2}\mathrm{d}x$;

(6) $\displaystyle\int u\sqrt{u^2-3}\mathrm{d}u$;

(7) $\displaystyle\int \frac{\mathrm{e}^{\frac{1}{2x}}}{x^2}\mathrm{d}x$;

(8) $\displaystyle\int \frac{x^2}{\sqrt[3]{(x^3-5)^2}}\mathrm{d}x$;

(9) $\displaystyle\int \frac{(\ln x)^2}{x}\mathrm{d}x$;

(10) $\displaystyle\int \frac{\mathrm{d}t}{1+2t}$;

(11) $\displaystyle\int \frac{\mathrm{d}x}{x\ln x}$;

(12) $\displaystyle\int \frac{5\mathrm{e}^x}{\mathrm{e}^x+1}\mathrm{d}x$;

(13) $\displaystyle\int \frac{\mathrm{d}x}{4+9x^2}$;

(14) $\displaystyle\int 2\cos\frac{2}{3}x\mathrm{d}x$;

(15) $\displaystyle\int \mathrm{e}^{\sin x}\cos x\mathrm{d}x$;

(16) $\displaystyle\int \mathrm{e}^x\cos \mathrm{e}^x\mathrm{d}x$;

(17) $\displaystyle\int \frac{\mathrm{d}t}{\mathrm{e}^t+\mathrm{e}^{-t}}$.

2. 求下列不定积分 (a 是常数).

(1) $\displaystyle\int \sqrt[3]{x+a}\mathrm{d}x$;

(2) $\displaystyle\int 3x\sqrt{x+2}\mathrm{d}x$;

(3) $\displaystyle\int \frac{\mathrm{d}x}{\sqrt{2x-3}+1}$;

(4) $\displaystyle\int \frac{\mathrm{d}x}{\sqrt{x}+\sqrt[3]{x^2}}$.

4.3 分部积分法

分部积分法的实质就是对微分学中函数的乘积的求导公式的不定积分解读. 设函数 $u = u(x), v = v(x)$ 都具有连续导数, 已知两个函数乘积的导数公式为

$$(uv)' = uv' + u'v,$$

移项得

$$uv' = (uv)' - u'v$$

等式两端的函数都是连续函数, 因此不定积分都存在. 对上式两边求不定积分得

$$\int uv' \mathrm{d}x = uv - \int u'v \mathrm{d}x. \tag{4.4}$$

公式 (4.4) 称为分部积分公式.

分部积分公式主要用于求不定积分 $\int uv' \mathrm{d}x$ 较困难, 但不定积分 $\int u'v \mathrm{d}x$ 较容易计算的情形. 为方便起见, 公式 (4.4) 也可以写成

$$\int u \mathrm{d}v = uv - \int v \mathrm{d}u.$$

例 4.3.1 求不定积分 $\int x \mathrm{e}^x \mathrm{d}x$.

解 利用分部积分法得到

$$\int x \mathrm{e}^x \mathrm{d}x = \int x \mathrm{d}\mathrm{e}^x = x \mathrm{e}^x - \int \mathrm{e}^x \mathrm{d}x = x \mathrm{e}^x - \mathrm{e}^x + C. \tag{4.5}$$

若换一种凑微分的方式, 则

$$\int x \mathrm{e}^x \mathrm{d}x = \frac{1}{2} \int \mathrm{e}^x \mathrm{d}x^2 = \frac{1}{2} \left(x^2 \mathrm{e}^x - \int x^2 \mathrm{d}\mathrm{e}^x \right) = \frac{1}{2} x^2 \mathrm{e}^x - \int x^2 \mathrm{e}^x \mathrm{d}x. \tag{4.6}$$

上式右端的不定积分比原不定积分更难求出. 由此可见, 在利用分部积分法时, 适当选取 u 和 v' 是非常关键的, 选取 u 和 v' 的两个原则:

(1) v 容易求出;

(2) $\int v \mathrm{d}u$ 要比 $\int u \mathrm{d}v$ 容易求出.

直观上来说, (4.5) 式的特点是在使用分部积分公式后, 被积函数得到很大程度的简化. $x e^x$ 是两种不同类型的函数的乘积, 因此难以有效处理. 分部积分后被积函数 e^x 只有一种类型, 变得简单易于处理. (4.6) 式展现的计算效果正好相反, 计算更复杂了.

例 4.3.2 计算不定积分 $\displaystyle\int x \sin x \mathrm{d}x$.

解 $\displaystyle\int x \sin x \mathrm{d}x = -\int x \mathrm{d}\cos x = -x\cos x + \int \cos x \mathrm{d}x$

$$= -x\cos x + \sin x + C.$$

例 4.3.3 计算不定积分 $\displaystyle\int x^2 \cos x \mathrm{d}x$.

解 $\displaystyle\int x^2 \cos x \mathrm{d}x = \int x^2 \mathrm{d}\sin x = x^2 \sin x - \int \sin x \mathrm{d}\left(x^2\right)$

$$= x^2 \sin x - 2\int x \sin x \mathrm{d}x = x^2 \sin x + 2\int x \mathrm{d}\cos x$$

$$= x^2 \sin x + 2\left[x\cos x - \int \cos x \mathrm{d}x\right]$$

$$= x^2 \sin x + 2x\cos x - 2\sin x + C.$$

上面的例子说明, 如果被积函数是幂函数与三角函数或幂函数和指数函数的乘积, 就可以考虑用分部积分法计算, 并且令幂函数为 u. 这样, 每用一次分部积分公式就可以使幂函数的指数降低一次, 从而化简积分. 这里假定幂指数是正整数.

例 4.3.4 计算不定积分 $\displaystyle\int \arcsin x \mathrm{d}x$.

解 $\displaystyle\int \arcsin x \mathrm{d}x = x\arcsin x - \int x \mathrm{d}\left(\arcsin x\right) = x\arcsin x - \int x \frac{\mathrm{d}x}{\sqrt{1-x^2}}$

$$= x\arcsin x - \frac{1}{2}\int \frac{\mathrm{d}\left(x^2\right)}{\sqrt{1-x^2}} = x\arcsin x + \frac{1}{2}\int \frac{\mathrm{d}\left(1-x^2\right)}{\sqrt{1-x^2}}$$

$$= x\arcsin x + \int \mathrm{d}\sqrt{1-x^2}$$

$$= x\arcsin x + \sqrt{1-x^2} + C.$$

例 4.3.5 计算不定积分 $\int x \arctan x \mathrm{d}x$.

解

$$\int x \arctan x \mathrm{d}x = \frac{1}{2}\int \arctan x \mathrm{d}\left(x^2\right) = \frac{1}{2}\left[x^2 \arctan x - \int x^2 \mathrm{d} \arctan x\right]$$

$$= \frac{1}{2}\left[x^2 \arctan x - \int \frac{x^2}{1+x^2}\mathrm{d}x\right]$$

$$= \frac{1}{2}\left[x^2 \arctan x - \int \left(1 - \frac{1}{1+x^2}\right)\mathrm{d}x\right]$$

$$= \frac{1}{2}\left(x^2 \arctan x - x + \arctan x\right) + C$$

$$= \frac{1}{2}\left(x^2 + 1\right)\arctan x - \frac{x}{2} + C.$$

例 4.3.6 计算不定积分 $\int x \ln x \mathrm{d}x$.

解

$$\int x \ln x \mathrm{d}x = \frac{1}{2}\int \ln x \mathrm{d}\left(x^2\right) = \frac{1}{2}\left[x^2 \ln x - \int x^2 \mathrm{d} \ln x\right]$$

$$= \frac{1}{2}\left[x^2 \ln x - \int x \mathrm{d}x\right] = \frac{1}{2}\left[x^2 \ln x - \frac{x^2}{2}\right] + C$$

$$= \frac{x^2 \ln x}{2} - \frac{x^2}{4} + C.$$

例 4.3.4～ 例 4.3.6 说明: 如果被积函数是幂函数与反三角函数乘积或幂函数与对数函数的乘积, 就可以考虑用分部积分法求不定积分, 并且令反三角函数或对数函数为 u.

例 4.3.7 计算不定积分 $\int \mathrm{e}^x \sin x \mathrm{d}x$.

解

$$\int \mathrm{e}^x \sin x \mathrm{d}x = \int \sin x \mathrm{d}\mathrm{e}^x = \mathrm{e}^x \sin x - \int \mathrm{e}^x \mathrm{d} \sin x$$

$$= \mathrm{e}^x \sin x - \int \mathrm{e}^x \cos x \mathrm{d}x = \mathrm{e}^x \sin x - \int \cos x \mathrm{d}\mathrm{e}^x$$

$$= \mathrm{e}^x \sin x - \left[\mathrm{e}^x \cos x - \int \mathrm{e}^x \mathrm{d} \cos x\right]$$

$$= \mathrm{e}^x \sin x - \left[\mathrm{e}^x \cos x + \int \mathrm{e}^x \sin x \mathrm{d}x\right]$$

$$= \mathrm{e}^x \left(\sin x - \cos x\right) - \int \mathrm{e}^x \sin x \mathrm{d}x,$$

移项, 得到

$$2\int \mathrm{e}^x \sin x \mathrm{d}x = \mathrm{e}^x (\sin x - \cos x) + C_1,$$

从而有

$$\int \mathrm{e}^x \sin x \mathrm{d}x = \frac{1}{2}\mathrm{e}^x (\sin x - \cos x) + C,$$

其中 $C = \dfrac{C_1}{2}$.

如果被积函数是指数函数和正弦 (或余弦) 函数的乘积, 考虑用分部积分法. 经过两次分部积分后会出现原来的不定积分, 通过合并同类项即可求得不定积分.

说明 若第一次分部积分时是用指数函数和 $\mathrm{d}x$ 去凑微分, 第二次分部积分时仍需用指数函数和 $\mathrm{d}x$ 去凑微分; 如果第一次是用三角函数和 $\mathrm{d}x$ 去凑微分, 那么第二次也得用三角函数和 $\mathrm{d}x$ 去凑微分.

在计算不定积分的过程中, 往往要兼用换元法与分部积分法, 这样可以简化不定积分计算. 具体计算过程中可以先换元再分部积分, 也可以先分部积分再应用换元法.

例 4.3.8 计算不定积分 $\int \sin \sqrt{x} \mathrm{d}x$.

解 令 $\sqrt{x} = t$, 则 $x = t^2$, $\mathrm{d}x = 2t\mathrm{d}t$, 于是

$$\int \sin \sqrt{x} \mathrm{d}x = \int \sin t \cdot 2t\mathrm{d}t = 2\int t\sin t\mathrm{d}t$$

$$= -2\int t\mathrm{d}\cos t = -2\left(t\cos t - \int \cos t\mathrm{d}t\right)$$

$$= -2\left(t\cos t - \sin t\right) + C$$

$$= -2\left(\sqrt{x}\cos \sqrt{x} - \sin \sqrt{x}\right) + C.$$

例 4.3.9 计算下列不定积分.

(1) $\displaystyle\int \frac{\mathrm{d}x}{x\left(1 + x^4\right)}$;   (2) $\displaystyle\int \frac{\sqrt{1 - x^2}}{x^4}\mathrm{d}x$.

解 (1) 令 $x = \dfrac{1}{t}$, 则 $\mathrm{d}x = -\dfrac{1}{t^2}\mathrm{d}t$, 于是

$$\int \frac{\mathrm{d}x}{x\left(1 + x^4\right)} = \int \frac{-\dfrac{1}{t^2}\mathrm{d}t}{\dfrac{1}{t}\left(1 + \dfrac{1}{t^4}\right)} = -\int \frac{t^3\mathrm{d}t}{t^4 + 1}$$

$$= -\frac{1}{4}\int \frac{\mathrm{d}\left(t^4 + 1\right)}{t^4 + 1} = -\frac{1}{4}\ln \left(t^4 + 1\right) + C$$

$$= -\frac{1}{4}\ln\left(x^4 + 1\right) + \ln|x| + C.$$

(2) 令 $x = \dfrac{1}{t}$, 则 $\mathrm{d}x = -\dfrac{1}{t^2}\mathrm{d}t$, 于是

$$\int \frac{\sqrt{1-x^2}}{x^4}\mathrm{d}x = \int \frac{\sqrt{1-\dfrac{1}{t^2}}\left(-\dfrac{\mathrm{d}t}{t^2}\right)}{\dfrac{1}{t^4}} = -\int t\sqrt{t^2-1}\,\mathrm{d}t$$

$$= -\frac{1}{2}\int \sqrt{t^2-1}\,\mathrm{d}\left(t^2-1\right) = -\frac{1}{3}\left(t^2-1\right)^{\frac{3}{2}} + C$$

$$= -\frac{\left(1-x^2\right)^{\frac{3}{2}}}{3x^3} + C.$$

本例中所用的方法称为倒代换.

最后需要说明的一点是, 并不是每一个初等函数的原函数都是初等函数, 比如函数 e^{-x^2}, $\dfrac{\sin x}{x}$, $\dfrac{x}{\ln x}$ 等等. 这些函数的原函数都是存在的, 但是都不是初等函数了, 因此我们是不能用本章研究的初等积分法计算出它们的不定积分的.

$$\int \mathrm{e}^{-x^2}\mathrm{d}x, \quad \int \frac{\sin x}{x}\mathrm{d}x, \quad \int \frac{x}{\ln x}\mathrm{d}x$$

这种情况被称为积不出来.

习　题　4.3

求下列不定积分.

(1) $\displaystyle\int \ln(x^2 + 1)\mathrm{d}x$;

(2) $\displaystyle\int \arctan x\,\mathrm{d}x$;

(3) $\displaystyle\int x\mathrm{e}^x\mathrm{d}x$;

(4) $\displaystyle\int x\sin x\,\mathrm{d}x$;

(5) $\displaystyle\int \frac{\ln x}{x^2}\mathrm{d}x$;

(6) $\displaystyle\int x^2\mathrm{e}^{-x}\mathrm{d}x$;

(7) $\displaystyle\int \mathrm{e}^x\sin x\,\mathrm{d}x$;

(8) $\displaystyle\int \mathrm{e}^{\sqrt{x}}\mathrm{d}x$;

(9) $\displaystyle\int \ln(x)^2\mathrm{d}x$;

(10) $\displaystyle\int \frac{\ln\cos x}{\cos^2 x}\mathrm{d}x$;

(11) $\displaystyle\int \cos(\ln x)\mathrm{d}x$;

(12) $\displaystyle\int x\tan^2 x\,\mathrm{d}x$;

(13) $\displaystyle\int x(1-x)^4\mathrm{d}x$;

(14) $\displaystyle\int (\arcsin x)^2\mathrm{d}x$.

小结

不定积分是求导数 (微分) 运算的逆运算, 是对求导公式的另一种观察和理解. 从不定积分的定义可以看出, 每一个导数的计算公式都对应于一个不定积分公式. 反之亦然. 但是, 不定积分远非求导数的简单反转, 其在计算的方法、技巧上的难度远远高于导数. 换元法, 特别是凑微分法, 与分部积分法是计算不定积分的重要的常用方法.

知识点

1. 如果在开区间 I 内, 可导函数 $F(x)$ 的导函数为 $f(x)$, 即当 $x \in I$ 时, $F'(x) = f(x)$ 或者等价地 $\mathrm{d}F(x) = f(x)\mathrm{d}x$, 那么函数 $F(x)$ 称为函数 $f(x)$ 在区间 I 内的原函数.

2. 如果函数 $f(x)$ 在开区间 I 内连续, 那么在 I 内存在可导函数 $F(x)$, 使 $F'(x) = f(x)$, $x \in I$.

3. 在某个区间 I 内, $f(x)$ 的全体原函数称为 $f(x)$ 的不定积分, 记作 $\displaystyle\int f(x)\mathrm{d}x$.

4. 不定积分与求导或微分互为逆运算.

(1) $\left[\displaystyle\int f(x)\mathrm{d}x\right]' = f(x)$ 或 $\mathrm{d}\left[\displaystyle\int f(x)\mathrm{d}x\right] = f(x)\mathrm{d}x$;

(2) $\displaystyle\int F'(x)\mathrm{d}x = F(x) + C$ 或 $\displaystyle\int \mathrm{d}F(x) = F(x) + C$.

5. 两个函数和的不定积分等于这两个函数的不定积分的和, 即

$$\int [f(x) + g(x)]\,\mathrm{d}x = \int f(x)\mathrm{d}x + \int g(x)\mathrm{d}x.$$

6. 不为零的常数因子可以提到积分号外面, 即 $\displaystyle\int kf(x)\mathrm{d}x = k\int f(x)\mathrm{d}x (k \neq 0)$.

7. 基本积分表

(1) $\displaystyle\int 0\mathrm{d}x = C$;

(2) $\displaystyle\int x^{\mu}\mathrm{d}x = \frac{1}{\mu+1}x^{\mu+1} + C \ (\mu \neq -1)$;

(3) $\displaystyle\int \frac{1}{x}\mathrm{d}x = \ln|x| + C$;

(4) $\displaystyle\int \sin x\mathrm{d}x = -\cos x + C$;

(5) $\displaystyle\int \cos x\mathrm{d}x = \sin x + C$;

(6) $\displaystyle\int \sec^2 x\mathrm{d}x = \tan x + C$;

(7) $\displaystyle\int \csc^2 x\mathrm{d}x = -\cot x + C$;

(8) $\displaystyle\int \frac{1}{\sqrt{1-x^2}}\mathrm{d}x = \arcsin x + C$;

(9) $\int \dfrac{1}{1+x^2}\mathrm{d}x = \arctan x + C;$ (10) $\int a^x \mathrm{d}x = \dfrac{1}{\ln a}a^x + C\ (a > 0, a \neq 1);$

(11) $\int \mathrm{e}^x \mathrm{d}x = \mathrm{e}^x + C.$

8. 第一换元法、凑微分法 设 $f(u)$ 与 $\varphi'(x)$ 连续, 则有换元公式

$$\int f(\varphi(x))\varphi'(x)\mathrm{d}x = \left[\int f(u)\mathrm{d}u\right]\Bigg|_{u=\varphi(x)}.$$

9. 常用的凑微分公式

(1) $\mathrm{d}x = \dfrac{1}{a}\mathrm{d}(ax+b)\ (a,b\ \text{为常数且}\ a \neq 0);$

(2) $x\mathrm{d}x = \dfrac{1}{2}\mathrm{d}(x^2);$ (3) $\dfrac{1}{x}\mathrm{d}x = \mathrm{d}\ln x;$

(4) $\dfrac{1}{x^2}\mathrm{d}x = -\mathrm{d}\left(\dfrac{1}{x}\right);$ (5) $\dfrac{1}{\sqrt{x}}\mathrm{d}x = 2\mathrm{d}\sqrt{x};$

(6) $\mathrm{e}^x\mathrm{d}x = \mathrm{d}\mathrm{e}^x;$ (7) $\sin x\mathrm{d}x = -\mathrm{d}(\cos x);$

(8) $\cos x\mathrm{d}x = \mathrm{d}\sin x;$ (9) $\sec^2 x\mathrm{d}x = \mathrm{d}\tan x;$

(10) $\csc^2 x\mathrm{d}x = -\mathrm{d}\cot x;$ (11) $\dfrac{1}{1+x^2}\mathrm{d}x = \mathrm{d}\arctan x.$

10. 第二换元积分法 设 $f(x)$ 连续, 又 $x = \psi(t)$ 的导数 $\psi'(t)$ 也连续, 且 $\psi'(t) \neq 0$, 则有换元公式

$$\int f(x)\mathrm{d}x = \left[\int f(\psi(t))\cdot\psi'(t)\mathrm{d}t\right]\Bigg|_{t=\psi^{-1}(x)}.$$

11. 分部积分法 $\int uv'\mathrm{d}x = uv - \int u'v\mathrm{d}x.$

莱 布 尼 茨

我有非常多的思想, 如果别人比我更加深入透彻地研究这些思想, 并把他们心灵的美好创造与我的劳动结合起来, 总有一天会有某些用处.

——莱布尼茨

莱布尼茨, Gottfried Wilhelm von Leibniz, 1646 年 7 月 1 日生于莱比锡, 1716 年 11 月 14 日卒于汉诺威. 德国数学家、哲学家. 莱布尼茨几乎同时与牛顿创立微积分学, 他还是重要的哲学家, 还设计发明了计算机器. 莱布尼茨涉猎广泛, 建树丰富, 被誉为 17 世纪的亚里士多德.

莱布尼茨出身于书香门第, 幼年丧父, 颇有见地的母亲担任起教育他的重任. 莱布尼茨从小聪敏好学, 1661 年进入莱比锡大学学习法律. 1666 年, 莱布尼茨完成论文《论组合的艺术》, 阐述了一切推理, 一切发现, 不管是否用语言表达, 都能归结为诸如数、字、声、色这些元素的有序组合. 这种思想可以看作是现代计算机理论的先驱. 在他以这篇论文申请莱比锡大学博士学位的时候, 校方以他太年轻为由拒绝授予博士学位. 1667 年, 他以这篇论文获得阿尔特多夫大学法学博士学位. 以后莱布尼茨开始投身政治, 他社交广泛, 结识了很多科学家. 1676 年, 莱布尼茨抵达汉诺威, 担任布伦瑞克公爵的法律顾问兼图书馆馆长. 1716 年逝于汉诺威.

1913 年, 英国皇家学会发布公告说, 公开承认牛顿是微积分的第一发明人. 莱布尼茨精心地设计了一套完整的符号, 用以表达传播他的微积分, 而牛顿的流数法则晦涩难懂, 以致莱布尼茨的微积分很快在欧洲大陆流传. 直至今天, 我们用到的很多微积分符号都是莱布尼茨设计的. 有人认为莱布尼茨对微积分最大的贡献是他为微积分设计了一套完整的、好用的、易于理解的符号.

莱布尼茨还是二进制的先行者. 拉普拉斯曾经说过: 莱布尼茨认为他在他的二进制算术中看到了造物主. 他认为 1 可以代表上帝, 而 0 代表虚无. 造物主可以从虚无中创造出万事万物来, 这就像在二进制算术中, 任何数均可由 0 和 1 构造出来一样.

莱布尼茨是一位通才, 他在物理学、力学、光学、地质学、化学、生物学、气象学、心理学等研究领域都留下过自己的足迹. 而作为哲学家, 莱布尼茨堪与亚里士多德并驾齐驱.

数学史上最大的论战大概就是牛顿和莱布尼茨的微积分发明优先权之争. 现在有充分的证据表明, 两人各自独立地发明微积分, 从发明时间上说牛顿早于莱布尼茨, 从发表时间上说莱布尼茨早于牛顿. 但是, 两个人都不曾怀疑对方的才能.

第5章

Chapter 5 定积分及其应用

5.1 定积分的概念

第5章课件

5.1.1 两个经典例子

面积与体积的计算问题是十分古老的数学问题, 人们为此付出了很多努力, 积累了很多研究成果. 积分方法的确立为求积问题提供了完美的解决方案. 很多具有某种可加性的量的计算问题都可以归结为积分问题, 诸如平面图形面积、曲线弧长以及变力做功等等. 这里, 我们通过两个经典的例子引入定积分的概念.

曲边梯形的面积 在初等数学中, 已经会计算三角形、平行四边形、梯形以及圆形等一些简单规则的几何图形的面积. 但是对于任意曲线所围成的平面面积就不会计算了.

在直角坐标系中, 由连续曲线 $y = f(x)$, 直线 $x = a, x = b$ 及 x 轴所围成的图形 $AabB$, 叫做曲边梯形, 如图 5.1 所示.

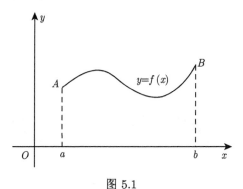

图 5.1

下面讨论曲边梯形的面积计算问题.

如果曲线 $y = f(x)$ 在 $[a, b]$ 上是常数, 则曲边梯形就是一个矩形, 可以用面积公式

$$矩形面积 = 矩形的底 \times 矩形的高$$

来计算. 但是现在的问题是曲线 $y = f(x)$ 在区间 $[a, b]$ 上各点处的值是变动的, 不是常数, 它的面积不能用矩形公式来计算. 然而由于曲边梯形的高度值 $f(x)$ 在区间 $[a, b]$ 上是连续变化的, 在很小的一个区间内它的变化很小, 近似于不变. 因此可将区间 $[a, b]$ 分成很多的小区间, 在每一个小区间上, 用其中某一点处的高来近似代替这个小区间上的窄曲边梯形的高. 应用矩形面积计算公式算出这些窄矩形面积是相应的窄曲边梯形面积的近似值, 于是所有窄矩形面积之和就是曲边梯形面积的近似值.

显然, 区间 $[a, b]$ 分得越细, 每个区间的长度就越小, 所有窄矩形面积之和就越接近于曲边梯形的面积. 将区间 $[a, b]$ 无限细分, 使每个小区间的长度无限趋于零, 这时我们就把所有窄矩形面积之和的极限值理解为曲边梯形的面积. 步骤如下.

(1) **分割**　在区间 $[a, b]$ 上, 任选一组分点

$$a = x_0 < x_1 < x_2 < \cdots < x_n = b,$$

将区间 $[a, b]$ 分成 n 个小区间

$$[x_0, x_1], [x_1, x_2], \cdots, [x_{n-1}, x_n],$$

这些小区间的长度分别为

$$\Delta x_1 = x_1 - x_0, \Delta x_2 = x_2 - x_1, \cdots, \Delta x_n = x_n - x_{n-1},$$

过每个分点 $x_i (i = 0, 1, 2, \cdots, n)$ 作 x 轴的垂线, 把曲边梯形 $AabB$ 分成 n 个小曲边梯形, 如图 5.2 所示.

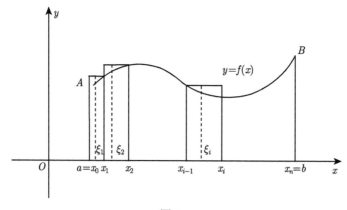

图 5.2

用 S 表示曲边梯形 $AabB$ 的面积, ΔS_i 表示第 i 个小曲边梯形的面积, 则有

$$S = \Delta S_1 + \Delta S_2 + \cdots + \Delta S_n = \sum_{i=1}^{n} \Delta S_i.$$

(2) **作和**　在每个小区间 $[x_{i-1}, x_i](i = 1, 2, \cdots, n)$ 内任取一点 $\xi_i(x_{i-1} \leqslant \xi_i \leqslant x_i)$, 过点 ξ_i 作 x 轴的垂线与曲边梯形交于点 $P_i(\xi_i, f(\xi_i))$, 以 Δx_i 为底, $f(\xi_i)$ 为高作矩形, 取这个矩形的面积 $f(\xi_i)\Delta x_i$ 作为 ΔS_i 的近似值, 即 $\Delta S_i \approx f(\xi_i)\Delta x_i\ (i = 1, 2, \cdots, n)$, 作和式

$$S_n = f(\xi_1)\Delta x_1 + f(\xi_2)\Delta x_2 + \cdots + f(\xi_n)\Delta x_n = \sum_{i=1}^{n} f(\xi_i)\Delta x_i,$$

则 S_n 是 S 的一个近似值.

(3) **取极限**　令 $\lambda = \max_{i}\{\Delta x_i\}$ 表示所有小区间中最大区间的长度, 当分点数 n 无限增大而 λ 趋于 0 时, 总和 S_n 的极限就定义为曲边梯形 $AabB$ 的面积 S, 即 $S = \lim\limits_{\lambda \to 0} \sum\limits_{i=1}^{n} f(\xi_i)\Delta x_i$.

变速直线运动的路程　当物体做匀速直线运动时, 其运动的路程等于速度乘以时间. 现设物体做直线运动的速度 $v = v(t)$ 是时间间隔 $[T_1, T_2]$ 上 t 的一个连续函数且 $v(t) \geqslant 0$. 计算物体在这段时间内所经过的路程.

在时间间隔 $[T_1, T_2]$ 内物体做变速直线运动, 不能像匀速直线运动那样计算运动的路程等于速度乘以时间. 但是在很短的一段时间内, 速度的变化很小, 近似于匀速, 仿照求曲边梯形面积的方法用 "等速" 代替 "变速". 从而可得变速直线运动路程的近似值. 再将时间间隔无限缩短, 这时就把所有很小时间间隔上路程的近似值的和的极限理解为变速直线运动的物体所经过的路程. 步骤如下.

(1) **分割**　用任意一组分点

$$a = t_0 < t_1 < t_2 < \cdots < t_n = b,$$

将时间间隔 $[T_1, T_2]$ 分成 n 个小区间

$$[t_0, t_1], [t_1, t_2], \cdots, [t_{n-1}, t_n],$$

这些小区间的长度分别为

$$\Delta t_1 = t_1 - t_0, \Delta t_2 = t_2 - t_1, \cdots, \Delta t_n = t_n - t_{n-1}.$$

用 S 表示物体在这段时间 $[T_1, T_2]$ 内所经过的路程. ΔS_i 表示第 i 个小时间间隔 $[t_{i-1}, t_i]$ 的路程, 则有

$$S = \Delta S_1 + \Delta S_2 + \cdots + \Delta S_n = \sum_{i=1}^{n} \Delta S_i.$$

(2) **作和** 在每个小区间 $[t_{i-1}, t_i](i = 1, 2, \cdots, n)$ 内任取一点 $\tau_i(t_{i-1} \leqslant \tau_i \leqslant t_i)$, 以 $v(\tau_i)\Delta t_i$ 作为物体在小时间间隔 $[t_{i-1}, t_i]$ 上运动的路程 ΔS_i 的近似值, 即 $\Delta S_i \approx v(\tau_i)\Delta t_i (i = 1, 2, \cdots, n)$, 作和式

$$S_n = f(\tau_1)\Delta t_1 + f(\tau_2)\Delta t_2 + \cdots + f(\tau_n)\Delta t_n = \sum_{i=1}^{n} f(\tau_i)\Delta t_i,$$

则 S_n 是 S 的一个近似值.

(3) **取极限** 令 $\lambda = \max\limits_{i}\{\Delta t_i\}$ 表示所有小时间间隔中的最大间隔的长度, 当分点数 n 无限增大而 λ 趋于 0 时, 总和 S_n 的极限就是物体做变速直线运动在时间间隔 $[T_1, T_2]$ 内所经过的路程 S, 即 $S = \lim\limits_{\lambda \to 0} \sum\limits_{i=1}^{n} v(\tau_i)\Delta t_i$.

从这两个例子可以看出, 虽然两个问题完全不同, 但解决的方法是相同的, 都归结为求同一结构的一种特定和的极限. 很多问题都可以用这种方法求解. 抛开问题的具体意义, 抓住数量关系上共同的本质与特性加以概括, 就是定积分的定义.

5.1.2 定积分的概念

设函数 $f(x)$ 在区间 $[a, b]$ 上有定义, 任意插入一组分点

$$a = x_0 < x_1 < x_2 < \cdots < x_n = b,$$

将区间 $[a, b]$ 分成 n 个小区间

$$[x_0, x_1], [x_1, x_2], \cdots, [x_{n-1}, x_n],$$

这些小区间的长度分别为

$$\Delta x_1 = x_1 - x_0, \Delta x_2 = x_2 - x_1, \cdots, \Delta x_n = x_n - x_{n-1},$$

在每个小区间 $[x_{i-1}, x_i](i = 1, 2, \cdots, n)$ 上任取一点 $\xi_i(x_{i-1} \leqslant \xi_i \leqslant x_i)$, 作函数值 $f(\xi_i)$ 与小区间长度 Δx_i 的乘积 $f(\xi_i)\Delta x_i (i = 1, 2, \cdots, n)$, 并作和

$$S_n = f(\xi_1)\Delta x_1 + f(\xi_2)\Delta x_2 + \cdots + f(\xi_n)\Delta x_n = \sum_{i=1}^{n} f(\xi_i)\Delta x_i.$$

令 $\lambda = \max\limits_{i}\{\Delta x_i\}$ 是所有小区间中各个小区间长度的最大值, 如果当 n 无限增大, 而 λ 趋于 0 时, 总和 S_n 的极限存在, 且此极限与区间 $[a, b]$ 的分法以及 ξ_i

的取法无关. 这时称函数 $f(x)$ 在区间 $[a, b]$ 上是**可积的**, 并将此极限值称为函数 $f(x)$ 在区间 $[a, b]$ 上的**定积分**, 并记为 $\int_a^b f(x)\mathrm{d}x$, 即

$$\int_a^b f(x)\mathrm{d}x = \lim_{\lambda \to 0} \sum_{i=1}^n f(\xi_i)\Delta x_i.$$

在定积分的记号 $\int_a^b f(x)\mathrm{d}x$ 中, $f(x)$ 称为**被积函数**, $f(x)\mathrm{d}x$ 称为**被积表达式**, $\mathrm{d}x$ 中的 x 称为**积分变量**, 闭区间 $[a, b]$ 称为**积分区间**, a 称为**积分下限**, b 称为**积分上限**. 而和式 $\sum_{i=1}^n f(\xi_i)\Delta x_i$ 通常称为 $f(x)$ 的积分和. 如果 $f(x)$ 在区间 $[a, b]$ 上的定积分存在, 则称函数 $f(x)$ 在区间 $[a, b]$ 上可积.

按照定积分的定义, 前面两个例子可如下表述.

(1) 曲边梯形的面积是曲线方程 $y = f(x)$ 在区间 $[a, b]$ 上的定积分, 即

$$S = \int_a^b f(x)\mathrm{d}x \quad (f(x) \geqslant 0).$$

(2) 物体做变速直线运动所经过的路程是速度函数 $v = v(t)$ 在时间间隔 $[T_1, T_2]$ 上的定积分, 即

$$S = \int_{T_1}^{T_2} v(t)\mathrm{d}t.$$

注意

(1) 当积分和的极限 $\lim\limits_{\lambda \to 0} \sum\limits_{i=1}^n f(\xi_i)\Delta x_i$ 存在时, 此极限是个常数, 仅与被积函数 $f(x)$ 及积分区间 $[a, b]$ 有关, 与积分变量用什么字母表示无关, 即有

$$\int_a^b f(x)\mathrm{d}x = \int_a^b f(t)\mathrm{d}t.$$

(2) 另外, 我们约定: 当 $a = b$ 时, $\int_a^b f(x)\mathrm{d}x = 0$. 这个约定的几何意义是显然的.

(3) 约定: 当 $a > b$ 时, $\int_a^b f(x)\mathrm{d}x = -\int_b^a f(x)\mathrm{d}x$.

对于定积分, 函数 $f(x)$ 在区间 $[a, b]$ 上满足什么条件时, $f(x)$ 在区间 $[a, b]$ 上一定可积呢? 我们不加证明地给出如下两个定理.

定理 5.1 设函数 $f(x)$ 在区间 $[a, b]$ 上连续, 则函数 $f(x)$ 在区间 $[a, b]$ 上可积.

定理 5.2 设函数 $f(x)$ 在区间 $[a,b]$ 上有界, 且只有有限个间断点, 则函数 $f(x)$ 在区间 $[a,b]$ 上可积.

定积分的几何意义. 在区间 $[a,b]$ 上定义的函数 $f(x) \geqslant 0$, 由前面的讨论知: 定积分在几何上表示由曲线 $y = f(x)$, 直线 $x = a, x = b$ 及 x 轴所围成的曲边梯形的面积, 如图 5.3,.

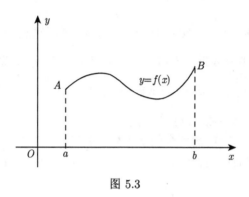

图 5.3

如果在区间 $[a,b]$ 上 $f(x) \leqslant 0$, 则 $\int_a^b f(x)\mathrm{d}x \leqslant 0$, 这时 $\int_a^b f(x)\mathrm{d}x$ 表示由曲线 $f(x)$, 直线 $x = a, x = b$ 及 x 轴所围成的曲边梯形的面积的相反值, 如图 5.4. 如果在 $[a,b]$ 上 $f(x)$ 的值有正有负, 则函数的图形某些在 x 的上方, 某些在 x 的下方, 如图 5.5. 因此定积分 $\int_a^b f(x)\mathrm{d}x$ 的几何意义是介于 x 轴, 函数 $f(x)$ 的图形及直线 $x = a, x = b$ 之间的各部分面积的代数和.

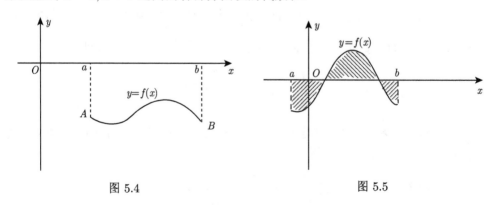

图 5.4   图 5.5

例 5.1.1 应用定积分定义计算定积分 $\int_0^1 x^2 \mathrm{d}x$.

解 由于函数 $f(x) = x^2$ 在区间 $[0,1]$ 上连续, 因而是可积的. 又定积分的值与区间 $[0,1]$ 的分法及点 ξ_i 的取法无关. 因此为方便计算, 不妨将区间 $[0,1]$ 分成

n 等份, 这样每个小区间 $[x_{i-1}, x_i]$ 的长度为 $\Delta x_i = \dfrac{1}{n}$, 分点为 $x_i = \dfrac{i}{n}$, 此外将 ξ_i 取在小区间 $[x_{i-1}, x_i]$ 的右端点 (也可以取为左端点) $\xi_i = x_i$, 作积分和并计算有

$$\sum_{i=1}^{n} f(\xi_i)\Delta x_i = \sum_{i=1}^{n} \xi_i^2 \Delta x_i = \sum_{i=1}^{n} x_i^2 \Delta x_i$$

$$= \sum_{i=1}^{n} \left(\frac{i}{n}\right)^2 \cdot \frac{1}{n} = \frac{1}{n^3} \sum_{i=1}^{n} i^2$$

$$= \frac{1}{n^3} \frac{n(n+1)(2n+1)}{6}.$$

当 $\Delta x_i = \dfrac{1}{n} \to 0$ 时, 即 $n \to \infty$ 时, 上式右端的极限为 $\dfrac{1}{3}$, 因此所要计算的积分值为

$$\int_0^1 x^2 \mathrm{d}x = \lim_{n \to \infty} \frac{1}{n^3} \frac{n(n+1)(2n+1)}{6} = \frac{1}{3}.$$

习 题 5.1

1. 利用定积分的定义计算 $\displaystyle\int_a^b x\mathrm{d}x \ (a < b)$.

2. 利用定积分的几何意义说明下列等式.

(1) $\displaystyle\int_0^1 2x\mathrm{d}x = 1$;

(2) $\displaystyle\int_0^R \sqrt{R^2 - x^2}\mathrm{d}x = \dfrac{\pi R^2}{4}$;

(3) $\displaystyle\int_{-\pi}^{\pi} \sin x\mathrm{d}x = 0$.

3. 利用定积分的几何意义计算下列定积分.

(1) $\displaystyle\int_1^3 (2x - 1)\,\mathrm{d}x$;

(2) $\displaystyle\int_0^4 (x - 2)\,\mathrm{d}x$;

(3) $\displaystyle\int_{-5}^5 \sqrt{25 - x^2}\mathrm{d}x$;

(4) $\displaystyle\int_0^a (bx + c)\,\mathrm{d}x, a, b, c > 0$.

4. 利用定积分的定义计算 $\displaystyle\int_0^1 \mathrm{e}^x\mathrm{d}x$.

5. 若物体在时刻 t 秒的运动速度为 $v(t) = 2t - 1$, 试计算物体在 2 到 4 秒走了多远?

5.2 定积分的性质

由定积分的定义及极限的运算法则与性质, 可得到定积分的性质. 在下面的讨论中, 总假设函数在所讨论的区间上都是可积的.

性质 1 函数和 (或差) 的定积分等于各自定积分的和 (或差), 即

$$\int_a^b [f(x) \pm g(x)]\mathrm{d}x = \int_a^b f(x)\mathrm{d}x \pm \int_a^b g(x)\mathrm{d}x.$$

证
$$\int_a^b [f(x) \pm g(x)]\mathrm{d}x = \lim_{\lambda \to 0} \sum_{i=1}^n [f(\xi_i) + g(\xi_i)]\Delta x_i$$

$$= \lim_{\lambda \to 0} \sum_{i=1}^n f(\xi_i)\Delta x_i + \lim_{\lambda \to 0} \sum_{i=1}^n g(\xi_i)\Delta x_i$$

$$= \int_a^b f(x)\mathrm{d}x \pm \int_a^b g(x)\mathrm{d}x.$$

证毕. 这个性质可以推广到任意有限多个函数和的情况.

性质 2 被积函数中的非零常数因子可以提到积分号外面, 即

$$\int_a^b kf(x)\mathrm{d}x = k\int_a^b f(x)\mathrm{d}x.$$

性质 1 与性质 2 合称定积分的线性性质.

性质 3 (可加性) 如果积分区间 $[a,b]$ 被点 c 分成两个小区间 $[a,c],[c,b]$, 则

$$\int_a^b f(x)\mathrm{d}x = \int_a^c f(x)\mathrm{d}x + \int_c^b f(x)\mathrm{d}x.$$

证 因为函数 $f(x)$ 在区间 $[a,b]$ 上可积, 而积分的存在性与区间 $[a,b]$ 的分法无关, 因此在分区间 $[a,b]$ 时, 总使 c 是个分点, 那么 $[a,b]$ 上的积分和等于 $[a,c]$ 上的积分和加上 $[c,b]$ 上的积分和, 记为

$$\sum_{[a,b]} f(\xi_i)\Delta x_i = \sum_{[a,c]} f(\xi_i)\Delta x_i + \sum_{[c,b]} f(\xi_i)\Delta x_i.$$

当 $\lambda \to 0$ 时, 上式两端同时取极限, 即得

$$\int_a^b f(x)\mathrm{d}x = \int_a^c f(x)\mathrm{d}x + \int_c^b f(x)\mathrm{d}x.$$

当 c 不介于 a,b 之间时, 结论也成立. 例如当 $a < b < c$ 时, 这时只要 $f(x)$ 在区间 $[a,c]$ 上可积, 由于

$$\int_a^c f(x)\mathrm{d}x = \int_a^b f(x)\mathrm{d}x + \int_b^c f(x)\mathrm{d}x = \int_a^b f(x)\mathrm{d}x - \int_c^b f(x)\mathrm{d}x,$$

移项得

$$\int_a^b f(x)\mathrm{d}x = \int_a^c f(x)\mathrm{d}x + \int_c^b f(x)\mathrm{d}x.$$

证毕.

性质 4   如果在区间 $[a,b]$ 上 $f(x) \equiv 1$, 则 $\int_a^b \mathrm{d}x = b - a$.

性质 5 (单调性)   如果在区间 $[a,b]$ 上恒有函数 $f(x) \leqslant g(x)$, 则

$$\int_a^b f(x)\mathrm{d}x \leqslant \int_a^b g(x)\mathrm{d}x.$$

证   根据定义有

$$\int_a^b g(x)\mathrm{d}x - \int_a^b f(x)\mathrm{d}x = \int_a^b (g(x) - f(x))\mathrm{d}x = \lim_{\lambda \to 0} \sum_{i=1}^n [g(\xi_i) - f(\xi_i)]\Delta x_i \geqslant 0.$$

由于 $g(\xi_i) - f(\xi_i) \geqslant 0$, $\Delta x_i \geqslant 0$, 所以积分和非负, 因此极限也一定是非负的, 即

$$\int_a^b f(x)\mathrm{d}x \leqslant \int_a^b g(x)\mathrm{d}x.$$

证毕.

性质 6   如果函数 $f(x)$ 区间 $[a,b]$ 上可积, 且其最大值与最小值分别为 M 与 m, 则

$$m(b-a) \leqslant \int_a^b f(x)\mathrm{d}x \leqslant M(b-a).$$

证   因为 $m \leqslant f(x) \leqslant M$, 所以由性质 5 有

$$\int_a^b m\mathrm{d}x \leqslant \int_a^b f(x)\mathrm{d}x \leqslant \int_a^b M\mathrm{d}x.$$

再由性质 2 和性质 4 即得不等式

$$m(b-a) \leqslant \int_a^b f(x)\mathrm{d}x \leqslant M(b-a).$$

证毕.

它的几何意义为由曲线 $y = f(x)$, 直线 $x = a, x = b$ 与 x 轴所围成的曲边梯形面积介于以区间 $[a,b]$ 为底, 以最小纵坐标 m 为高的矩形面积及最大纵坐标 M 为高的矩形面积之间.

性质 7 (积分中值定理)   如果函数 $f(x)$ 在区间 $[a,b]$ 上连续, 则在 $[a,b]$ 内至少有一点 ξ 使得下式成立

$$\int_a^b f(x)\mathrm{d}x = f(\xi)(b-a) \quad (a \leqslant \xi \leqslant b).$$

证 由于函数 $f(x)$ 在闭区间 $[a,b]$ 上连续, 因此可以取到最大值 M 与最小值 m. 由性质 6 可以知道有不等式

$$m(b-a) \leqslant \int_a^b f(x)\mathrm{d}x \leqslant M(b-a),$$

两端同除以 $b-a$, 得到不等式

$$m \leqslant \frac{1}{b-a}\int_a^b f(x)\mathrm{d}x \leqslant M.$$

这说明, $\dfrac{1}{b-a}\displaystyle\int_a^b f(x)\mathrm{d}x$ 介于函数 $f(x)$ 的最大值 M 与最小值 m 之间. 根据闭区间上连续函数满足介值定理知, 至少存在一点 $\xi \in (a,b)$, 使得

$$\frac{1}{b-a}\int_a^b f(x)\mathrm{d}x = f(\xi),$$

因此有 $\displaystyle\int_a^b f(x)\mathrm{d}x = f(\xi)(b-a), a \leqslant \xi \leqslant b$. 证毕.

积分中值定理的几何意义: 曲线 $y=f(x)$, 直线 $x=a, x=b$ 与 x 轴所围成的曲边梯形面积等于以区间 $[a,b]$ 为底, 以这个区间内的某一点处曲线 $f(x)$ 的纵坐标 $f(\xi)$ 为高的矩形的面积, 如图 5.6. 当 $b < a$ 时, 积分中值公式也是成立的. $\dfrac{1}{b-a}\displaystyle\int_a^b f(x)\mathrm{d}x$ 称为函数 $f(x)$ 在区间 $[a,b]$ 上的平均值.

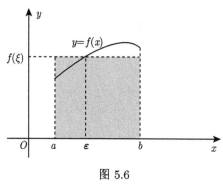

图 5.6

习 题 5.2

1. 不计算积分, 比较下列各组积分值的大小.

(1) $\displaystyle\int_0^1 x\mathrm{d}x, \int_0^1 x^2\mathrm{d}x$;

(2) $\displaystyle\int_0^{\frac{\pi}{2}} x\mathrm{d}x, \int_0^{\frac{\pi}{2}} \sin x\mathrm{d}x$;

(3) $\int_0^1 e^x dx$, $\int_0^1 e^{x^2} dx$.

2. 利用定积分性质 6 估计下列积分值.

(1) $\int_0^1 e^x dx$;

(2) $\int_1^2 (2x^3 - x^4) dx$;

(3) $\int_0^2 \dfrac{x-1}{1+x} dx$;

(4) $\int_{\frac{1}{\sqrt{3}}}^{\sqrt{3}} x \arctan x dx$.

3. 若 $c > 0$ 是常数, 在闭区间 $[a, b]$ 上 $f(x) \geqslant c$, 证明: $\int_a^b f(x) dx > 0$.

4. 利用定积分的性质判断下列定积分的符号.

(1) $\int_0^\pi \sin x dx$;

(2) $\int_0^1 (e^x - 1) dx$.

5.3 微积分基本公式

在 5.1 节例 5.1.1 中利用定积分定义计算出积分值 $\int_0^1 x^2 dx$, 从这个例子可以看到被积函数虽然是简单的二次幂函数, 但直接用定义来计算它的定积分并不容易. 如果 $f(x)$ 是其他复杂的函数, 其难度就更大了, 因此必须寻求计算定积分行之有效的新方法.

定积分作为积分和的极限, 只由被积函数及积分区间所确定, 因此定积分是一个与被积函数及上下限有关的常数. 如果被积函数的积分下限已给定, 定积分的数值就只由积分上限来确定. 即对于每一个上限, 通过定积分就有唯一确定的一个数值与之对应. 因此如果把定积分上限看作一个自变量 x, 则定积分 $\int_a^x f(t) dt$ 就定义了 x 的一个函数.

设函数 $f(x)$ 在 $[a, b]$ 上可积, 则对于任意 $x \in [a, b]$, $f(x)$ 在 $[a, x]$ 上也可积, 称 $\int_a^x f(t) dt$ 为 $f(x)$ 的 **变上限的定积分**, 记作 $\Phi(x)$, 即

$$\Phi(x) = \int_a^x f(t) dt, \quad x \in [a, b].$$

当函数 $f(x) \geqslant 0$ 时, 变上限的定积分 $\Phi(x)$ 在几何上表示为右侧邻边可以变动的曲边梯形面积, 如图 5.7 中的阴影部分.

定理 5.3 如果函数 $f(x)$ 在闭区间 $[a, b]$ 上连续, 则由变限积分定义的函数

$$\Phi(x) = \int_a^x f(t) dt$$

在闭区间 $[a, b]$ 上连续且可导, 并且它的导数是

$$\Phi'(x) = \left[\int_a^x f(t) dt \right]' = f(x), \quad x \in [a, b].$$

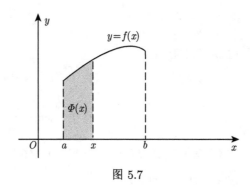

图 5.7

证 假设 $\Delta x > 0$, 当上限由 x 变到 $x + \Delta x$ 时, $\Phi(x)$ 在 $x + \Delta x$ 处的函数值为

$$\Phi(x + \Delta x) = \int_a^{x+\Delta x} f(t)\mathrm{d}t,$$

由此得函数相应的增量为

$$\begin{aligned}
\Delta\Phi &= \Phi(x + \Delta x) - \Phi(x) \\
&= \int_a^{x+\Delta x} f(t)\mathrm{d}t - \int_a^x f(t)\mathrm{d}t \\
&= \int_a^x f(t)\mathrm{d}t + \int_x^{x+\Delta x} f(t)\mathrm{d}t - \int_a^x f(t)\mathrm{d}t \\
&= \int_x^{x+\Delta x} f(t)\mathrm{d}t,
\end{aligned}$$

应用积分中值定理, 有等式 $\Phi(x) = f(\xi)\Delta x$, 其中 ξ 满足不等式 $x \leqslant \xi \leqslant x + \Delta x$. 上式两端除以 Δx, 得到 $\dfrac{\Phi(x)}{\Delta x} = f(\xi)$.

由于函数 $f(x)$ 在闭区间 $[a,b]$ 上连续, 而 $\Delta x \to 0^+$ 时, $\xi \to x$, 因此

$$\lim_{\Delta x \to 0^+} \frac{\Phi(x)}{\Delta x} = \lim_{\Delta x \to 0^+} f(\xi) = \lim_{\xi \to x} f(\xi) = f(x),$$

也就是说, $\Phi(x)$ 在一点的右导数存在且 $\Phi'(x+0) = f(x)$.

同理可证 $\Delta x < 0$ 时也成立, 即 $\Phi(x)$ 在一点的左导数存在且 $\Phi'(x-0) = f(x)$.

综合上述结果可以得到, $\Phi(x)$ 必定可导, 因此也是连续的, 而且其导数

$$\Phi'(x) = \left[\int_a^x f(t)\mathrm{d}t\right]' = f(x), \quad x \in [a,b].$$

证毕.

这个定理说明: 对连续函数 $f(x)$ 求变上限的定积分, 然后再求导, 其结果就是 $f(x)$ 本身, 也就是说 $\Phi(x) = \int_a^x f(t)\mathrm{d}t$ 是连续函数 $f(x)$ 的一个原函数. 于是有如下的原函数存在定理.

定理 5.4 如果函数 $f(x)$ 在 $[a,b]$ 上连续, 则函数 $\Phi(x) = \int_a^x f(t)\mathrm{d}t$ 就是 $f(x)$ 在 $[a,b]$ 上的一个原函数.

上述定理 5.4 一方面肯定了连续函数的原函数是存在的, 另一方面也表明在定积分与原函数之间建立联系的可能性.

例 5.3.1 求变限积分 $\int_0^x \mathrm{e}^{2t}\mathrm{d}t$ 的导数.

解 利用定理 5.3 得到 $\left[\int_0^x \mathrm{e}^{2t}\mathrm{d}t\right]' = \mathrm{e}^{2x}$.

例 5.3.2 求变限积分 $\int_x^1 \sin^2 t\,\mathrm{d}t$ 的导数.

解 变限在下限, 交换上下限得到

$$\left[\int_x^1 \sin^2 t\,\mathrm{d}t\right]' = \left[-\int_1^x \sin^2 t\,\mathrm{d}t\right]' = -\sin^2 x.$$

例 5.3.3 求变限积分 $\int_0^{x^2} \mathrm{e}^t\mathrm{d}t$ 的导数.

解 这里的变限积分可以看作 $\int_0^{x^2} \mathrm{e}^t\mathrm{d}t$ 是 x^2 的函数, 因而是 x 的复合函数, 令 $u = x^2$, 则有 $\Phi(u) = \int_0^u \mathrm{e}^t\mathrm{d}t$, $u = x^2$. 由复合函数求导公式有

$$\left(\int_0^{x^2} \mathrm{e}^t\mathrm{d}t\right)' = \Phi'(u)\frac{\mathrm{d}u}{\mathrm{d}x} = \Phi'(u) \cdot 2x = 2x\mathrm{e}^{x^2}.$$

定理 5.5 (牛顿–莱布尼茨) 如果函数 $f(x)$ 在闭区间 $[a,b]$ 上连续, 且函数 $F(x)$ 是函数 $f(x)$ 的一个原函数, 则

$$\int_a^b f(x)\mathrm{d}x = F(b) - F(a). \tag{5.1}$$

证 已知函数 $F(x)$ 是 $f(x)$ 的一个原函数, 又根据定理 5.3 积分上限 x 的函数 $\Phi(x) = \int_a^x f(t)\mathrm{d}t$ 也是 $f(x)$ 的一个原函数. 于是这两个函数的差是一个常数 C. 即

$$F(x) - \Phi(x) = C \quad (a \leqslant x \leqslant b).$$

当 $x = a$ 时, $F(a) - \Phi(a) = C$, 而 $\Phi(a) = 0$, 这样 $F(a) = C$, 于是 $\Phi(x) = F(x) - F(a)$, 即得到关系

$$\int_a^x f(t)\mathrm{d}t = F(x) - F(a).$$

令 $x = b$, 再将积分变量 t 改写成 x, 于是有

$$\int_a^b f(x)\mathrm{d}x = F(b) - F(a).$$

证毕.

以后为方便起见, 以后将 $F(b) - F(a)$ 记成 $F(x)\big|_a^b$, 即

$$\int_a^b f(x)\mathrm{d}x = F(b) - F(a) = F(x)\big|_a^b.$$

公式 (5.1) 就是著名的**牛顿–莱布尼茨** (Newton-Leibniz) **公式**, 也叫**微积分基本公式**. 这个公式揭示了定积分与被积函数的原函数之间的联系, 试想一下求图形面积的问题 (积分学) 与求曲线切线的问题 (微分学) 有什么必然的联系呢? 然而牛顿与莱布尼茨发现并建立了这种联系, 他们在一般意义上证明了微分运算与积分运算是互逆的运算, 而这正是他们的发现的伟大之处.

牛顿–莱布尼茨公式告诉我们, 若要求出已知函数 $f(x)$ 在 $[a,b]$ 上的定积分, 只要求出 $f(x)$ 在 $[a,b]$ 上的一个原函数 $F(x)$, 并计算 $F(x)$ 在区间 $[a,b]$ 上的增量即可. 这样计算定积分的问题转为计算原函数的问题.

例 5.3.4 计算定积分 $\displaystyle\int_0^1 x^2\mathrm{d}x$.

解 利用牛顿–莱布尼茨公式,

$$\int_0^1 x^2\mathrm{d}x = \frac{x^3}{3}\bigg|_0^1 = \frac{1}{3} - 0 = \frac{1}{3}.$$

例 5.3.5 计算定积分 $\displaystyle\int_1^8 \frac{1}{x}\mathrm{d}x$.

解 利用牛顿–莱布尼茨公式,

$$\int_1^8 \frac{1}{x}\mathrm{d}x = \ln x\big|_1^8 = \ln 8 - \ln 1 = 3\ln 2.$$

例 5.3.6 设 $f(x) = \begin{cases} 2x + 1, & -2 < x < 2, \\ 1 + x^2, & 2 \leqslant x \leqslant 4, \end{cases}$ 求 k 的值, 使得

$$\int_k^3 f(x)\mathrm{d}x = \frac{40}{3}.$$

解 由定积分的可加性可以得到

$$\int_k^3 f(x)\mathrm{d}x = \int_k^2 (2x+1)\mathrm{d}x + \int_2^3 (1+x^2)\mathrm{d}x$$

$$= (x^2+x)\big|_k^2 + \left(\frac{x^3}{3}+x\right)\bigg|_2^3$$

$$= 6-(k^2+k)+\frac{22}{3}.$$

即有 $\frac{40}{3} = 6-(k^2+k)+\frac{22}{3}$, 得 $k^2+k=0$, 解得 $k=0, k=1$.

例 5.3.7 计算由正弦曲线 $y=\sin x$ 在 $\left[0,\frac{\pi}{2}\right]$ 上与直线 $x=\frac{\pi}{2}, x$ 轴围成的面积.

解 这是一个求曲边梯形的面积的问题, 由定积分的几何意义知道

$$S = \int_0^{\frac{\pi}{2}} \sin x \mathrm{d}x = (-\cos x)\big|_0^{\frac{\pi}{2}} = -\cos\frac{\pi}{2} - (-\cos 0) = 1.$$

习 题 5.3

1. 求下列变限定积分的导数.

(1) $F(x) = \int_0^x \sqrt{1+t}\,\mathrm{d}t$;

(2) $F(x) = \int_x^{-1} te^{-t}\mathrm{d}t$;

(3) $F(x) = \int_0^{x^2} \frac{1}{\sqrt{1+t^4}}\mathrm{d}t$;

(4) $F(x) = \int_{x^3}^{x^2} e^t\mathrm{d}t$;

(5) $F(x) = \int_0^{\sqrt{x}} e^{-t^2}\mathrm{d}t$;

(6) $F(x) = \int_{\frac{1}{x}}^1 \frac{e^t}{t}\mathrm{d}t$.

2. 计算下列定积分.

(1) $\int_2^6 (x^2-1)\mathrm{d}x$;

(2) $\int_1^{27} \frac{\mathrm{d}x}{\sqrt[3]{x}}$;

(3) $\int_{-2}^3 (x-1)^3\mathrm{d}x$;

(4) $\int_0^5 \frac{2x^2+3x-5}{x+3}\mathrm{d}x$;

(5) $\int_{-1}^2 |2x|\,\mathrm{d}x$;

(6) $\int_0^1 \frac{x}{1+2x}\mathrm{d}x$.

3. 求下列极限.

(1) $\lim\limits_{x\to 0} \dfrac{\int_0^x \cos^2 t\mathrm{d}t}{x}$;

(2) $\lim\limits_{x\to 0} \dfrac{\int_0^x \arctan t\mathrm{d}t}{x^2}$.

4. 求函数 $F(x) = \int_0^x t(t-4)\mathrm{d}t$ 在 $[-1,5]$ 上的最大值与最小值.

5. 求 c 的值, 使 $\lim\limits_{x\to+\infty} \left(\dfrac{x+c}{x-c}\right)^x = \int_{-\infty}^c te^{2t}\mathrm{d}t$.

5.4 定积分的换元法与分部积分法

牛顿–莱布尼茨公式是计算定积分的有力工具, 但是在实际计算中, 直接使用这个公式有时并不方便, 甚至十分麻烦. 本节将介绍计算定积分的两种常用的基本方法——换元法与分部积分法.

5.4.1 定积分的换元法

不定积分的计算中, 换元积分法是一个十分重要的方法, 本节利用不定积分的换元法建立定积分的换元公式.

定理 5.6 设 $f(x)$ 在区间 $[a,b]$ 上连续, 令 $x = \varphi(t)$, 如果

(1) 函数 $x = \varphi(t)$ 在区间 $[\alpha,\beta]$ 上是单值的且具有连续导数;

(2) 当 t 在区间 $[\alpha,\beta]$ 变化时, $x = \varphi(t)$ 的值在 $[a,b]$ 上变化, 且 $\varphi(\alpha) = a, \varphi(\beta) = b$.

则有

$$\int_a^b f(x)\mathrm{d}x = \int_\alpha^\beta f(\varphi(t))\varphi'(t)\mathrm{d}t. \tag{5.2}$$

利用牛顿–莱布尼茨公式可以证明这个定理, 这里略.

公式 (5.2) 对于 $a > b$ 也适用, 从左到右使用公式, 相当于不定积分的第二换元法; 从右到左使用公式, 相当于不定积分的第一换元法. 计算定积分时, 再作变量替换的同时, 可以相应地替换积分上、下限, 而不必代回原来的变量, 因此计算过程得到大大简化.

例 5.4.1 计算定积分 $\displaystyle\int_0^4 \frac{\mathrm{d}x}{1+\sqrt{x}}$.

解 令 $t = \sqrt{x}$, 则 $x = t^2, \mathrm{d}x = 2t\mathrm{d}t$, 且当 $x = 0, t = 0$, $x = 4, t = 2$, 所以

$$\int_0^4 \frac{\mathrm{d}x}{1+\sqrt{x}} = \int_0^2 \frac{2t\mathrm{d}t}{1+t} = 2\int_0^2 \frac{(t+1-1)\mathrm{d}t}{1+t} = 2\int_0^2 \left(1 - \frac{1}{1+t}\right)\mathrm{d}t$$
$$= 2\left[t - \ln(1+t)\right]\big|_0^2 = 2(2 - \ln 3).$$

例 5.4.2 计算定积分 $\displaystyle\int_0^a \sqrt{a^2 - x^2}\mathrm{d}x (a > 0)$.

解 令 $x = a\sin t, \mathrm{d}x = a\cos t\mathrm{d}t$, 则当 $x = 0$ 时, $t = 0$; 当 $x = a$ 时, $t = \dfrac{\pi}{2}$, 所以

$$\int_0^a \sqrt{a^2 - x^2}\mathrm{d}x = \int_0^{\frac{\pi}{2}} a\cos t \cdot a\cos t\mathrm{d}t = a^2 \int_0^{\frac{\pi}{2}} \frac{1 + \cos 2t}{2}\mathrm{d}t$$

$$= \frac{a^2}{2}\left(t + \frac{\sin 2t}{2}\right)\Big|_0^{\frac{\pi}{2}} = \frac{\pi a^2}{4}.$$

在区间 $[0, a]$ 上, 曲线 $y = \sqrt{a^2 - x^2}$ 是圆周 $x^2 + y^2 = a^2$ 的四分之一, 所以半径为 a 的圆面积是所求定积分的 4 倍, 即 $4 \cdot \frac{\pi a^2}{4} = \pi a^2.$

换元公式也可以反过来使用, 即 $\int_\alpha^\beta f(\varphi(x))\varphi'(x)\mathrm{d}x = \int_a^b f(t)\mathrm{d}t.$

例 5.4.3 计算定积分 $\int_0^{\frac{\pi}{2}} \cos^3 x \sin x \mathrm{d}x.$

解 令 $t = \cos x$, 则 $\mathrm{d}t = -\sin x \mathrm{d}x$, 当 $x = 0, t = 1, x = \frac{\pi}{2}, t = 0$, 所以

$$\int_0^{\frac{\pi}{2}} \cos^3 x \sin x \mathrm{d}x = -\int_1^0 t^3 \mathrm{d}t = \int_0^1 t^3 \mathrm{d}t = \frac{t^4}{4}\Big|_0^1 = \frac{1}{4}.$$

例 5.4.3 中可以不写出新变量 t, 定积分的上、下限也就不用改变.

$$\int_0^{\frac{\pi}{2}} \cos^3 x \sin x \mathrm{d}x = -\int_0^{\frac{\pi}{2}} \cos^3 x \mathrm{d}\cos x = -\frac{\cos^4 x}{4}\Big|_0^{\frac{\pi}{2}} = \frac{1}{4}.$$

例 5.4.4 计算定积分 $\int_0^1 x \mathrm{e}^{x^2} \mathrm{d}x.$

解 利用凑微分法可以直接计算如下:

$$\int_0^1 x \mathrm{e}^{x^2} \mathrm{d}x = \frac{1}{2}\int_0^1 \mathrm{e}^{x^2} \mathrm{d}x^2 = \frac{1}{2}\mathrm{e}^{x^2}\Big|_0^1 = \frac{1}{2}(\mathrm{e} - 1).$$

例 5.4.5 证明:

(1) 若 $f(x)$ 在 $[-a, a]$ 上连续且为偶函数, 则 $\int_{-a}^a f(x)\mathrm{d}x = 2\int_0^a f(x)\mathrm{d}x$;

(2) 若 $f(x)$ 在 $[-a, a]$ 上连续且为奇函数, 则 $\int_{-a}^a f(x)\mathrm{d}x = 0.$

证 (1) 若 $f(x)$ 在 $[-a, a]$ 上是偶函数, 则 $f(-x) = f(x)$, 则

$$\int_{-a}^a f(x)\mathrm{d}x = \int_{-a}^0 f(x)\mathrm{d}x + \int_0^a f(x)\mathrm{d}x.$$

对上式右端第一个积分作变量替换 $x = -t, \mathrm{d}x = -\mathrm{d}t$, 则当 $x = -a$ 时, $t = a$; 当 $x = 0$ 时, $t = 0$, 于是

$$\int_{-a}^0 f(x)\mathrm{d}x = \int_a^0 f(-t)\mathrm{d}(-t) = -\int_a^0 f(t)\mathrm{d}t = \int_0^a f(t)\mathrm{d}t,$$

所以

$$\int_{-a}^{a} f(x)\mathrm{d}x = \int_{0}^{a} f(t)\mathrm{d}t + \int_{0}^{a} f(x)\mathrm{d}x = 2\int_{0}^{a} f(x)\mathrm{d}x.$$

(2) 若 $f(x)$ 在 $[-a,a]$ 上是奇函数, 则 $f(-x) = -f(x)$, 则

$$\int_{-a}^{a} f(x)\mathrm{d}x = \int_{-a}^{0} f(x)\mathrm{d}x + \int_{0}^{a} f(x)\mathrm{d}x.$$

对上式右端第一个积分作变量替换 $x = -t, \mathrm{d}x = -\mathrm{d}t$, 则当 $x = -a$ 时, $t = a$; 当 $x = 0$ 时, $t = 0$, 于是

$$\int_{-a}^{0} f(x)\mathrm{d}x = \int_{a}^{0} f(-t)\mathrm{d}(-t) = \int_{a}^{0} f(t)\mathrm{d}t = -\int_{0}^{a} f(t)\mathrm{d}t,$$

所以

$$\int_{-a}^{a} f(x)\mathrm{d}x = -\int_{0}^{a} f(t)\mathrm{d}t + \int_{0}^{a} f(x)\mathrm{d}x = 0.$$

例 5.4.6 计算定积分 $\displaystyle\int_{-1}^{1} (x^3 - 2x + 2)\mathrm{d}x$.

解 显然, $x^3 - 2x$ 是对称区间 $[-1,1]$ 上的奇函数, 由例 5.4.5 的结果有

$$\int_{-1}^{1} (x^3 - 2x + 2)\mathrm{d}x = \int_{-1}^{1} (x^3 - 2x)\mathrm{d}x + \int_{-1}^{1} 2\mathrm{d}x = 2\int_{-1}^{1} \mathrm{d}x = 4.$$

5.4.2 定积分的分部积分法

设函数 $u = u(x)$ 与 $v = v(x)$ 在区间 $[a,b]$ 上有连续导数, 则 $(uv)' = u'v + uv'$, 即 $uv' = (uv)' - u'v$, 等式两端在 $[a,b]$ 上取定积分, $\displaystyle\int_{a}^{b} uv'\mathrm{d}x = uv|_{a}^{b} - \int_{a}^{b} u'v\mathrm{d}x$, 即

$$\int_{a}^{b} u\mathrm{d}v = uv\big|_{a}^{b} - \int_{a}^{b} v\mathrm{d}u.$$

这个公式就是定积分的分部积分公式.

例 5.4.7 计算定积分 $\displaystyle\int_{1}^{4} \ln x\mathrm{d}x$.

解 令 $u = \ln x, \mathrm{d}v = \mathrm{d}x$, 则 $\mathrm{d}u = \dfrac{1}{x}\mathrm{d}x, v = x$, 所以

$$\int_{1}^{4} \ln x\mathrm{d}x = x\ln x\big|_{1}^{4} - \int_{1}^{4} x\cdot\frac{1}{x}\mathrm{d}x = 4\ln 4 - \int_{1}^{4} \mathrm{d}x = 8\ln 2 - 3.$$

例 5.4.8 计算定积分 $\displaystyle\int_0^1 e^{\sqrt{x}}dx$.

解 先用换元法, 令 $\sqrt{x} = t$, 则 $dx = 2tdt$, 且当 $x = 0$ 时, $t = 0$; 当 $x = 1$ 时, $t = 1$ 所以 $\displaystyle\int_0^1 e^{\sqrt{x}}dx = 2\int_0^1 te^t dt$, 再用分部积分法计算上式

$$2\int_0^1 te^t dt = 2\int_0^1 tde^t = 2\left(te^t\Big|_0^1 - \int_0^1 e^t dt\right) = 2\left(e - e^t\Big|_0^1\right) = 2.$$

熟练以后, 可以不写出 $u = u(x)$ 与 $v = v(x)$, 这样的计算过程更加简洁明快. 例如以下例题.

例 5.4.9 计算定积分 $\displaystyle\int_0^1 x\arctan xdx$.

解 被积函数是幂函数与反三角函数的乘积, 不易直接计算积分, 可以考虑通过分部积分法消去一种类型的函数, 从而达到化简被积函数, 进而计算出最终结果的目的. 注意到反正切函数的导数是有理函数, 因此可以用如下方法计算,

$$\int_0^1 x\arctan xdx = \frac{1}{2}\int_0^1 \arctan xdx^2 = \frac{1}{2}x^2 \cdot \arctan x\Big|_0^1 - \frac{1}{2}\int_0^1 \frac{x^2}{1+x^2}dx$$

$$= \frac{1}{2}\cdot\frac{\pi}{4} - \frac{1}{2}\int_0^1 \left(1 - \frac{1}{1+x^2}\right)dx = \frac{\pi}{8} - \frac{1}{2}\left(x - \arctan x\right)\Big|_0^1$$

$$= \frac{\pi}{8} - \frac{1}{2}\left(1 - \frac{\pi}{4}\right) = \frac{\pi}{4} - \frac{1}{2}.$$

习 题 5.4

1. 计算下列定积分.

(1) $\displaystyle\int_0^4 \frac{dt}{1+\sqrt{t}}$;

(2) $\displaystyle\int_1^5 \frac{\sqrt{u-1}}{u}du$;

(3) $\displaystyle\int_0^{\ln 2} 3\sqrt{e^x - 1}dx$;

(4) $\displaystyle\int_{\frac{1}{2}}^{\frac{\sqrt{3}}{2}} \frac{dz}{\sqrt{1-z^2}}$;

(5) $\displaystyle\int_0^1 \sqrt{4-x^2}dx$;

(6) $\displaystyle\int_1^{e^2} \frac{dx}{x\sqrt{1+\ln x}}$;

(7) $\displaystyle\int_0^1 te^{-\frac{t^2}{2}}dt$;

(8) $\displaystyle\int_0^\pi (1-\sin\theta)d\theta$;

(9) $\displaystyle\int_0^\pi \sqrt{1+\cos 2x}dx$.

2. 计算下列定积分.

(1) $\displaystyle\int_1^e \ln xdx$;

(2) $\displaystyle\int_0^{\frac{\sqrt{3}}{2}} \arccos xdx$;

(3) $\displaystyle\int_0^1 x\mathrm{e}^{-x}\mathrm{d}x$;　　　　　　　　　　(4) $\displaystyle\int_0^{\frac{\pi}{2}} x\sin x\mathrm{d}x$;

(5) $\displaystyle\int_0^{\frac{\pi}{2}} \mathrm{e}^x\sin x\mathrm{d}x$;　　　　　　　　(6) $\displaystyle\int_0^1 x\arctan x\mathrm{d}x$;

(7) $\displaystyle\int_0^1 \frac{x\arctan x}{\sqrt{1+x^2}}\mathrm{d}x$;　　　　　　(8) $\displaystyle\int_0^{\frac{\pi}{2}} (x-x\sin x)\mathrm{d}x$.

3. 求函数 $I(x)=\displaystyle\int_e^x \dfrac{\ln t}{t^2-2t+1}\mathrm{d}t$ 在区间 $[e,e^2]$ 上的最大值.

5.5　定积分的应用

前面由实际问题引出了定积分的概念, 并介绍了它的基本性质与计算方法, 现在用定积分来解决一些实际问题.

在定积分的概念引入时, 曾计算过曲边梯形的面积, 即如果函数 $y=f(x)\geqslant 0$ 在区间 $[a,b]$ 上连续, 则定积分 $\displaystyle\int_a^b f(x)\mathrm{d}x$ 的几何意义是由曲线 $y=f(x)$, 直线 $x=a,x=b$ 以及 x 轴围成的曲边梯形的面积.

由定积分的几何意义知, 当 $y=f(x)<0$ 时, 由曲线 $y=f(x)$, 直线 $x=a,x=b$ 以及 x 轴围成的曲边梯形的面积

$$S=-\int_a^b f(x)\mathrm{d}x.$$

如果在闭区间 $[a,b]$ 上总有 $0\leqslant g(x)\leqslant f(x)$, 则曲线 $f(x)$ 与 $g(x)$ 所夹的面积 S (图 5.8) 为 $S=\displaystyle\int_a^b f(x)\mathrm{d}x-\int_a^b g(x)\mathrm{d}x$, 化简之后就是

$$S=\int_a^b [f(x)-g(x)]\mathrm{d}x.$$

例 5.5.1　求椭圆 $\dfrac{x^2}{a^2}+\dfrac{y^2}{b^2}=1$ 的面积.

解　如图 5.9, 因为椭圆是关于坐标轴对称的, 因此整个椭圆的面积是第一象限内面积的 4 倍, 所以

$$S=4\int_0^a y\mathrm{d}x=4\int_0^a \frac{b}{a}\sqrt{a^2-x^2}\mathrm{d}x.$$

前面已经计算过 $\displaystyle\int_0^a \sqrt{a^2-x^2}\mathrm{d}x=\dfrac{\pi a^2}{4}$, 因此, $S=4\dfrac{b}{a}\cdot\dfrac{\pi a^2}{4}=\pi ab$. 这样我们得到椭圆的面积等于半长轴与半短轴的乘积的 π 倍.

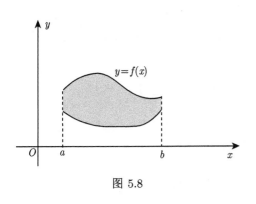

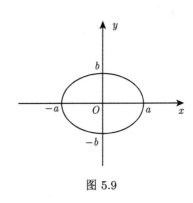

图 5.8　　　　　　　　　　　　　　　图 5.9

例 5.5.2 计算由两条抛物线 $y^2 = x, y = x^2$ 所围成的图形 (图 5.10) 的面积.

解 为了确定图形的范围, 先求出这两条抛物线的交点, 即解方程组 $\begin{cases} y^2 = x, \\ y = x^2, \end{cases}$ 得到两组解答 $x = 0, y = 0$ 及 $x = 1, y = 1$. 从而两条抛物线的交点为 $(0,0)$ 及 $(1,1)$. 变量 x 的变化范围为 $[0,1]$, 且在此区间内有 $f(x) = \sqrt{x} \geqslant g(x) = x^2$, 因此两条抛物线所夹面积为

$$S = \int_0^1 [f(x) - g(x)]\mathrm{d}x = \int_0^1 [\sqrt{x} - x^2]\mathrm{d}x = \left(\frac{2}{3} x^{\frac{3}{2}} - \frac{x^3}{3} \right) \Big|_0^1 = \frac{2}{3} - \frac{1}{3} = \frac{1}{3}.$$

例 5.5.3 求抛物线 $y^2 = 2x$ 与直线 $y = x - 4$ 所围成的图形的面积.

解 先求出这两条曲线的交点, 即解方程组 $\begin{cases} y^2 = 2x, \\ y = x - 4, \end{cases}$ 得到交点 $(8,4)$, $(2,-2)$, 画出图形 5.11.

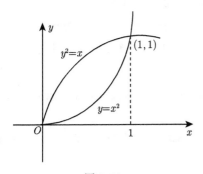

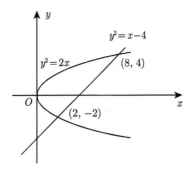

图 5.10　　　　　　　　　　　　　　　图 5.11

在这个例题中，将 y 轴看作曲边梯形的底，可使计算简便. 即所求的面积 S 是直线 $x = y + 4$ 和抛物线 $x = \dfrac{y^2}{2}$ 与直线 $y = -2, y = 4$ 所围成的面积之差. 即

$$S = \int_{-2}^{4}\left(y + 4 - \frac{y^2}{2}\right)\mathrm{d}y = \left(\frac{y^2}{2} + 4y - \frac{y^3}{6}\right)\Bigg|_{-2}^{4} = 18.$$

也可以将 x 轴看作曲边梯形的底，这时 $x \in [0, 2]$，函数值由 $-\sqrt{2x}$ 变化到 $\sqrt{2x}$；当 $x \in [2, 8]$，函数值由 $x - 4$ 变化到 $\sqrt{2x}$，因此

$$\begin{aligned}
S &= \int_{0}^{2}(\sqrt{2x} - (-\sqrt{2x}))\mathrm{d}x + \int_{2}^{8}(\sqrt{2x} - (x - 4))\mathrm{d}x \\
&= 2\int_{0}^{2}\sqrt{2x}\,\mathrm{d}x + \int_{2}^{8}(\sqrt{2x} - x + 4)\mathrm{d}x \\
&= \left[2\sqrt{2}x^{\frac{3}{2}}\right]\Bigg|_{0}^{2} + \left[\sqrt{2}\frac{2}{3}x^{\frac{3}{2}} - \frac{x^2}{2} + 4x\right]\Bigg|_{2}^{8} \\
&= 18.
\end{aligned}$$

由这个例子可以看出，恰当地选取图形的描述方式可使计算简单.

习 题 5.5

1. 求下列各题中平面图形的面积.

(1) 曲线 $y = a - x^2\,(a > 0)$ 与 x 轴所围成的图形；

(2) 曲线 $y = x^2 + 3$ 在区间 $[0, 1]$ 上的曲边梯形；

(3) 曲线 $y = x^2$ 与 $y = 2 - x^2$ 所围成的图形；

(4) 在区间 $\left[0, \dfrac{\pi}{2}\right]$ 上，曲线 $y = \sin x$ 与 $x = 0$，$y = 1$ 所围成的图形；

(5) 曲线 $y = x^3 - 3x + 2$ 在 x 轴上介于两极值点间的曲边梯形.

2. 求 $c\,(c > 0)$ 的值，使两曲线 $y = x^2$ 与 $y = cx^3$ 所围成的图形的面积为 $\dfrac{2}{3}$.

3. 若空间一物体在 x 轴方向上占据的范围是 $x \in [a, b]$，在位置 x 与 x 轴垂直的截面面积为 $S(x)$，那么这个物体的体积是 $V = \displaystyle\int_{a}^{b} S(x)\,\mathrm{d}x$.

(1) 直线段 $y = r\,(r > 0)$，$0 \leqslant x \leqslant h$，绕 x 轴旋转一周得到底面半径为 r，高为 h 的圆柱. 计算这个圆柱的体积.

(2) 直线段 $y = \dfrac{r}{h}x\,(r, h > 0)$，$0 \leqslant x \leqslant h$，绕 x 轴旋转一周得到底面半径为 r，高为 h 的圆锥. 计算这个圆锥的体积.

(3) 直线段 $y = \dfrac{r_2 - r_1}{h}x + r_1$，$0 < r_1 \leqslant x \leqslant r_2$，$h > 0$，绕 x 轴旋转一周得到上下底面半径分别为 r_1, r_2，高为 h 的圆台. 计算这个圆台的体积.

(4) 圆弧 $y = \sqrt{r^2 - x^2}, -r \leqslant x \leqslant r$, 绕 x 轴旋转一周得到半径为 r 的球体. 计算这个球体的体积.

(5) 圆 $x^2 + (y - R)^2 = r^2, 0 < r < R$, 绕 x 轴旋转一周得到一个圆环. 计算圆环的体积.

5.6 广 义 积 分

在解决实际问题的过程中, 有时会遇到一些积分问题, 其积分区间不是有限长的, 或者被积函数不是有界函数, 这些情况都导致我们前面介绍的定积分方法无法合理使用, 这样就需要引入广义积分. 为了不使我们离开定积分太远, 可以把这样的问题处理为一个特定的定积分序列的极限问题.

若函数 $f(x)$ 是定义在区间 $[a, +\infty)$ 上的函数, 并且在任何一个有限的区间 $[a, x]$ 上都是可积的, 那么可以定义函数 $F(x) = \int_a^x f(t)\,\mathrm{d}t$. 现在我们可以考虑极限 $\lim\limits_{x \to +\infty} F(x)$, 如果这个极限存在且等于 J, $J = \lim\limits_{x \to +\infty} F(x)$, 则称 J 为函数 $f(x)$ 在区间 $[a, +\infty)$ 上的无穷限广义积分, 或者无穷积分, 记作 $J = \int_a^{+\infty} f(x)\,\mathrm{d}x$. 同时, 我们也说无穷积分 $\int_a^{+\infty} f(x)\,\mathrm{d}x$ 是收敛的, 否则就说这个无穷积分是发散的. 对于无穷积分来说, 牛顿–莱布尼茨公式仍然成立, 不过这时需要把原函数在 $+\infty$ 的值理解为相应的极限.

类似地, 我们可以定义无穷积分 $\int_{-\infty}^a f(x)\,\mathrm{d}x$, 而且把无穷积分 $\int_{-\infty}^{+\infty} f(x)\,\mathrm{d}x$ 定义为

$$\int_{-\infty}^{+\infty} f(x)\,\mathrm{d}x = \int_{-\infty}^0 f(x)\,\mathrm{d}x + \int_0^{+\infty} f(x)\,\mathrm{d}x.$$

无穷积分与定积分有着相同的性质. 比如, 线性性质、单调性、绝对值不等式等等. 当然, 中值定理显然不能继续成立.

例 5.6.1 研究无穷积分 $\int_1^{+\infty} \dfrac{\mathrm{d}x}{x^p}(p > 0)$ 的收敛性, 并在收敛时计算出积分的值.

解 分成三种情况讨论.

当 $0 < p < 1$ 时, $F(x) = \int_1^x \dfrac{\mathrm{d}x}{x^p} = \dfrac{1}{1-p}\left(x^{1-p} - 1\right)$, 在 x 趋向于正无穷时 $F(x)$ 是正无穷大, 因此无穷积分 $\int_1^{+\infty} \dfrac{\mathrm{d}x}{x^p}$ 发散.

当 $p = 1$ 时, $F(x) = \int_1^x \dfrac{\mathrm{d}x}{x} = \ln x$, 在 x 趋向于正无穷时 $F(x)$ 仍然是正无

穷大, 因此无穷积分 $\int_1^{+\infty} \dfrac{\mathrm{d}x}{x}$ 发散.

当 $p > 1$ 时, $F(x) = \int_1^x \dfrac{\mathrm{d}x}{x^p} = \dfrac{1}{1-p}\left(x^{1-p}-1\right)$, 此时 $1-p < 0$, 因此

$\lim\limits_{x\to+\infty} F(x) = \dfrac{1}{p-1}$, 无穷积分 $\int_1^{+\infty} \dfrac{\mathrm{d}x}{x^p}$ 收敛, 且 $\int_1^{+\infty} \dfrac{\mathrm{d}x}{x^p} = \dfrac{1}{p-1}$.

例 5.6.2 计算无穷积分 $\int_0^{+\infty} \dfrac{\mathrm{d}x}{1+x^2}$ 和 $\int_{-\infty}^{+\infty} \dfrac{\mathrm{d}x}{1+x^2}$.

解 利用牛顿–莱布尼茨公式计算得到

$$\int_0^{+\infty} \frac{\mathrm{d}x}{1+x^2} = \arctan x \big|_0^{+\infty} = \frac{\pi}{2},$$

$$\int_{-\infty}^{+\infty} \frac{\mathrm{d}x}{1+x^2} = \arctan x \big|_{-\infty}^{+\infty} = \frac{\pi}{2} - \left(-\frac{\pi}{2}\right) = \pi.$$

如果无穷积分 $\int_a^{+\infty} |f(x)|\,\mathrm{d}x$ 是收敛的, 那么就称无穷积分 $\int_a^{+\infty} f(x)\,\mathrm{d}x$ 是绝对收敛的. 有一个重要的结论是绝对收敛的积分必然是收敛的. 这个概念在今后研究数学期望的时候是有用的.

另一种广义积分是所谓的瑕积分. 设函数 $f(x)$ 是定义在区间 $(a,b]$ 上的函数, 且在点 $x=a$(瑕点) 的任何一个右邻域内都是无界的, 但在任何区间 $[x,b]\,(x>a)$ 上都是可积的, 定义函数 $F(x) = \int_x^b f(t)\,\mathrm{d}t$, 如果极限 $\lim\limits_{x\to a^+} F(x)$ 存在且等于 J, 则称瑕积分 $\int_a^b f(x)\,\mathrm{d}x$ 收敛到 J, 记作 $J = \int_a^b f(x)\,\mathrm{d}x$, 否则称这个瑕积分是发散的. 类似可以定义函数 $f(x)$ 在区间 $[a,b)$ 上的瑕积分 $\int_a^b f(x)\,\mathrm{d}x$. 瑕积分也有与定积分相似的性质. 另外, 如果瑕积分 $\int_a^b |f(x)|\,\mathrm{d}x$ 收敛, 则称瑕积分 $\int_a^b f(x)\,\mathrm{d}x$ 是绝对收敛的. 绝对收敛的瑕积分必定是收敛的.

例 5.6.3 研究瑕积分 $\int_0^1 \dfrac{\mathrm{d}x}{x^p}\,(p > 0)$ 的收敛性, 并在收敛时计算出积分的值.

解 点 $x=0$ 是瑕点. 分成三种情况讨论.

当 $0 < p < 1$ 时, $F(x) = \int_x^1 \dfrac{\mathrm{d}x}{x^p} = \dfrac{1}{1-p}\left(1-x^{1-p}\right)$, 注意到 $1-p > 0$, 因此

$\lim\limits_{x \to 0} F(x) = \dfrac{1}{1-p}$, 即瑕积分 $\displaystyle\int_0^1 \dfrac{\mathrm{d}x}{x^p} = \dfrac{1}{1-p}$.

当 $p=1$ 时, $F(x) = \displaystyle\int_x^1 \dfrac{\mathrm{d}x}{x} = -\ln x$, 在 x 趋向于零时 $F(x)$ 是正无穷大量, 因此瑕积分 $\displaystyle\int_0^1 \dfrac{\mathrm{d}x}{x}$ 发散.

当 $p > 1$ 时, $F(x) = \displaystyle\int_x^1 \dfrac{\mathrm{d}x}{x^p} = \dfrac{1}{1-p}\left(1 - x^{1-p}\right)$, 此时 $1-p < 0$, 因此 $\lim\limits_{x \to 0} F(x)$ 不存在, 瑕积分 $\displaystyle\int_0^1 \dfrac{\mathrm{d}x}{x^p}$ 发散.

例 5.6.4 计算瑕积分 $\displaystyle\int_{-1}^1 \dfrac{\mathrm{d}x}{\sqrt{1-x^2}}$.

解 利用牛顿–莱布尼茨公式得到 $\displaystyle\int_{-1}^1 \dfrac{\mathrm{d}x}{\sqrt{1-x^2}} = \arcsin x\Big|_{-1}^1 = \dfrac{\pi}{2} - \left(-\dfrac{\pi}{2}\right) = \pi$.

尽管我们很早就知道圆周率 π 的概念, 但是, 很长时间我们并不知道 π 的任何表达式, 这一点与历史暗合. 例 5.6.2 与例 5.6.4 为我们提供了两个圆周率 π 的积分表示式.

习 题 5.6

1. 计算下列无穷积分.

(1) $\displaystyle\int_0^{+\infty} x\mathrm{e}^{-x}\mathrm{d}x$;

(2) $\displaystyle\int_0^{+\infty} \left(x^2 + 2x - 3\right)\mathrm{e}^{-x}\mathrm{d}x$;

(3) $\displaystyle\int_0^{+\infty} \dfrac{\mathrm{d}x}{8 + 9x^2}$;

(4) $\displaystyle\int_0^{+\infty} \dfrac{\mathrm{d}x}{\left(1 + x^2\right)\left(4 + x^2\right)}$.

2. 计算下列瑕积分.

(1) $\displaystyle\int_0^1 \dfrac{\mathrm{d}x}{\sqrt{1-x}}$;

(2) $\displaystyle\int_1^9 \dfrac{\mathrm{d}x}{\sqrt{9-x}}$;

(3) $\displaystyle\int_0^1 \dfrac{\mathrm{d}x}{\sqrt{x(1-x)}}$;

(4) $\displaystyle\int_0^1 \ln x\mathrm{d}x$.

小结

定积分是积分学的基本概念, 本书所介绍的积分通常称为黎曼积分. "分段—取点—求和—取极限" 的思想是用黎曼积分解决问题的核心思想. 定积分的直观背景就是求面积、体积, 求路程等常见的数学、物理问题.

定积分的性质是直观的、容易理解的, 熟练掌握这些性质是掌握和使用定积分的基础. 牛顿–莱布尼茨公式不仅是计算定积分的强有力工具, 同时还建立起微分学与积分学之间的桥梁.

计算定积分的基本方法仍然是两类换元法与分部积分法.

广义积分是研究一些特殊的极限过程, 其收敛性是更为重要的. 本章只是做一简单的初步介绍.

知识点

1. 定积分的定义.

2. 设 $f(x)$ 在区间 $[a,b]$ 上连续, 则 $f(x)$ 在区间 $[a,b]$ 上可积.

3. 设 $f(x)$ 在区间 $[a,b]$ 上有界, 且只有有限个间断点, 则 $f(x)$ 在区间 $[a,b]$ 上可积.

4. 函数和的定积分等于定积分的和, 即 $\int_a^b [f(x) \pm g(x)]\mathrm{d}x = \int_a^b f(x)\mathrm{d}x \pm \int_a^b g(x)\mathrm{d}x$.

5. 被积函数的常数因子可以提到积分号外面, 即 $\int_a^b kf(x)\mathrm{d}x = k\int_a^b f(x)\mathrm{d}x$.

6. 如果积分区间 $[a,b]$ 被点 c 分成两个区间 $[a,c]$, $[c,b]$, 则

$$\int_a^b f(x)\mathrm{d}x = \int_a^c f(x)\mathrm{d}x + \int_c^b f(x)\mathrm{d}x.$$

7. 如果在区间 $[a,b]$ 上 $f(x) = 1$, 则 $\int_a^b \mathrm{d}x = b - a$.

8. 如果在区间 $[a,b]$ 上恒有 $f(x) \leqslant g(x)$, 则 $\int_a^b f(x)\mathrm{d}x \leqslant \int_a^b g(x)\mathrm{d}x (a < b)$.

9. 如果函数 $f(x)$ 区间 $[a,b]$ 上的最大值与最小值分别为 M 与 m, 则

$$m(b-a) \leqslant \int_a^b f(x)\mathrm{d}x \leqslant M(b-a)$$

10. 积分中值定理　如果函数 $f(x)$ 在区间 $[a,b]$ 上连续, 则在 $[a,b]$ 内至少有一点 ξ 使得下式成立 $\int_a^b f(x)\mathrm{d}x = f(\xi)(b-a)(a \leqslant \xi \leqslant b)$.

11. 设函数 $f(x)$ 在 $[a,b]$ 上可积, 则对于任意 $x \in [a,b]$, 称 $\int_a^x f(t)\mathrm{d}t$ 为 $f(x)$ 的变上限的定积分, 记作 $\Phi(x)$, 即 $\Phi(x) = \int_a^x f(t)\mathrm{d}t$, $x \in [a,b]$.

12. 如果函数 $f(x)$ 在 $[a,b]$ 上连续, 则函数 $\Phi(x) = \int_a^x f(t)\mathrm{d}t$ 在 $[a,b]$ 上具有导数, 并且它的导数是 $\Phi'(x) = \left[\int_a^x f(t)\mathrm{d}t\right]' = f(x), x \in [a,b]$.

13. 如果函数 $f(x)$ 在 $[a,b]$ 上连续, 则函数 $\Phi(x) = \int_a^x f(t)\mathrm{d}t$ 就是 $f(x)$ 在 $[a,b]$ 上的一个原函数.

14. 牛顿–莱布尼茨公式 如果函数 $f(x)$ 在 $[a,b]$ 上连续, 且 $F(x)$ 是函数 $f(x)$ 的一个原函数, 则 $\int_a^b f(x)\mathrm{d}x = F(b) - F(a)$.

15. 设 $f(x)$ 在区间 $[a,b]$ 上连续, 令 $x = \varphi(t)$, 如果
(1) 函数 $x = \varphi(t)$ 在区间 $[\alpha, \beta]$ 上是单值的且具有连续导数;
(2) 当 t 在区间 $[\alpha, \beta]$ 变化时, $x = \varphi(t)$ 的值在 $[a,b]$ 上变化, 且 $\varphi(\alpha) = a, \varphi(\beta) = b$. 则有换元公式 $\int_a^b f(x)\mathrm{d}x = \int_\alpha^\beta f(\varphi(t))\varphi'(t)\mathrm{d}t$.

16. 定积分的分部积分公式 $\int_a^b uv'\mathrm{d}x = uv\big|_a^b - \int_a^b u'v\mathrm{d}x$.

17. 如果在 $[a,b]$ 上总有 $g(x) \leqslant f(x)$, 则曲线 $f(x)$ 与 $g(x)$ 所夹的面积 S 为 $\int_a^b [f(x) - g(x)]\mathrm{d}x$.

黎 曼

只有在微积分学发明之后, 物理才真正成为一门科学.

——黎曼

黎曼, Georg Friedrich Bernhard Riemann, 1826 年 9 月 17 日生于现德国汉诺威的布雷塞伦茨, 1866 年 7 月 21 日卒于意大利的萨拉斯卡. 德国数学家. 他创立的黎曼几何对现代理论物理学有深远的影响, 他澄清了今天我们一直使用的黎曼积分的概念, 他提出当今数学中最重要的猜想——黎曼猜想.

黎曼生于一个牧师家庭, 身体瘦弱, 生性胆小羞怯, 从小就显现出超人的数学天赋. 黎曼在预科学校学习期间曾用六天时间读完并完全掌握勒让德的 859 页巨著《数论》. 1846 年, 黎曼进入哥廷根大学攻读神学与哲学, 后转学数学. 1851 年获得博士学位. 1859 年成为教授. 1866 年在去意大利休养的途中在意大利萨拉斯卡因肺结核去世.

　　黎曼一生著述不多, 他的全集只有薄薄的一本, 但是他深邃的思想使得他的每一项工作都是开创性的, 对后世数学与物理学的发展都有深远的影响. 黎曼在 1859 年发表的一篇八页长的论文中提出一个猜想, 现称为黎曼猜想, 是现今最重要的数学问题之一. 黎曼是黎曼几何的创始人, 黎曼几何对时空的研究有深远影响. 他还是复变函数论的创始人之一, 对代数几何学作出了奠基性贡献, 他还是组合拓扑学的先期开拓者.

　　现今微积分教材中介绍的定积分就是黎曼在总结前人成果的基础上创立出来的, 被称为黎曼积分. 黎曼积分的优点是易于理解, 便于计算.

6.1 微分方程的基本概念

微积分研究的对象是函数. 要应用微积分解决问题, 首先要根据实际问题寻找其中存在的函数关系, 但是根据实际问题给出的条件, 往往不能直接写出其中的函数关系, 而可以列出函数及其导数所满足的方程式, 这类方程式称为微分方程.

本章介绍微分方程的一些基本概念和几种简单的常微分方程的解法. 为了说明微分方程的基本概念, 先看两个例子.

例 6.1.1 一曲线通过点 $(1, 2)$, 且在该曲线上的任意点 $M(x, y)$ 处的切线斜率为 $2x$, 求该曲线的方程.

解 设所求曲线的方程为 $y = y(x)$. 根据导数的几何意义, 可知未知函数 $y = y(x)$ 应满足如下关系

$$\frac{\mathrm{d}y}{\mathrm{d}x} = 2x. \tag{6.1}$$

此外, 因曲线 $y = y(x)$ 通过点 $(1, 2)$, 所以 $y = y(x)$ 还满足条件

$$y(1) = 2. \tag{6.2}$$

为求满足 (6.1) 式的未知函数 $y = y(x)$, 把 (6.1) 式两边积分, 得 $y = \int 2x\mathrm{d}x$, 计算得到

$$y = x^2 + C, \tag{6.3}$$

其中 C 是任意常数. 把条件 (6.2) 代入 (6.3) 式, 得 $2 = 1^2 + C$, 故 $C = 1$, 于是, 得所求曲线的方程为

$$y = x^2 + 1.$$

例 6.1.2 一个质量为 m 的物体沿着直线做无摩擦的滑动, 它被一端固定在墙上的弹簧所连接, 此弹簧的弹性系数为 $k(k > 0)$. 弹簧松弛时物体的位置确定为坐标原点 O, 物体运动的直线确定为 x 轴, 物体离开坐标原点的位移记为 x (图 6.1). 在初始时刻, 物体的位移 $x = x_0(x_0 > 0)$, 物体从静止开始滑动, 求物体的运动规律 (即位移 x 随时间 t 变化的函数关系).

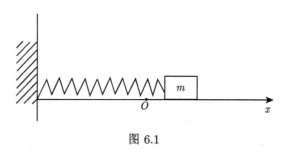

图 6.1

解 首先, 对物体进行受力分析, 该物体所受合力为弹性恢复力, 根据胡克定律 $F = -kx$(因为是恢复力, 力的方向与位移 x 的方向相反, 所以有负号), 再根据牛顿第二运动定律, $F = m\dfrac{\mathrm{d}^2x}{\mathrm{d}t^2}$, 得到 x 所满足的方程 $m\dfrac{\mathrm{d}^2x}{\mathrm{d}t^2} = -kx$, 即

$$m\frac{\mathrm{d}^2x}{\mathrm{d}t^2} + kx = 0. \tag{6.4}$$

又注意到根据题意, $x|_{t=0} = x_0 \left.\dfrac{\mathrm{d}x}{\mathrm{d}t}\right|_{t=0} = 0$. 如能根据以上条件解出 $x = x(t)$, 就可得出该物体的运动规律.

以上两个例子中的方程 (6.1) 和 (6.4) 都是含有未知函数及其导数 (包括一阶导数和高阶导数) 的方程. 一般地, 我们称表示未知函数、未知函数的导数或微分以及自变量之间关系的方程为**微分方程**. 称未知函数是一元函数的微分方程为**常微分方程**.

微分方程中出现的未知函数的最高阶导数的阶数, 称为该微分方程的**阶**. 例如, 例 6.1.1 中的方程 (6.1) 是一阶微分方程, 例 6.1.2 中的方程 (6.4) 是二阶微分方程. 又如, 方程 $x^3y''' + x^2y'' - 5xy' = 3x^2$ 是一个三阶微分方程.

一般地, n 阶微分方程的一般形式是

$$F(x, y, y', \cdots, y^{(n)}) = 0, \tag{6.5}$$

其中 F 是 $n+2$ 个自变量的函数, 必须指出, 这里 $y^{(n)}$ 是必须出现的, 而 $x, y, y', \cdots$, $y^{(n-1)}$ 等变量则可以不出现. 例如二阶微分方程 $y'' = f(x, y')$ 中未知函数 y 就没有明显出现.

什么是常微分方程的解呢？如果函数 $y = y(x)$ 满足方程 (6.5), 即当将 $y = y(x)$ 及其各阶导数代入 (6.5) 式时, (6.5) 式成为恒等式, 则称函数 $y = y(x)$ 为常微分方程 (6.5) 的解. 例如, 函数

$$y = x^2, \quad y = x^2 + 1, \quad y = x^2 + C$$

等等都是常微分方程 (6.1) 的解. 由于解常微分方程的过程需要积分, 故常微分方程的解中包含任意常数. 如果常微分方程的解中含有任意常数, 且相互独立的任意常数的个数等于该常微分方程的阶数, 则称这样的解为该常微分方程的**通解**. 例如, 函数 $y = x^2 + C$ 就是常微分方程 (6.1) 的通解. 又如, 函数 $y = C_1 \cos x + C_2 \sin x$ 是二阶常微分方程 $y'' + y = 0$ 的通解.

正如例 6.1.1 中的情况, 为了给出实际问题的解, 还必须确定通解中任意常数的值. 如在例 6.1.1 中, 根据曲线通过 $(1,2)$ 点, 确定的任意常数 $C = 1$, 得问题的解 $y = x^2 + 1$. 我们称这种确定了任意常数的解为常微分方程的**特解**.

为确定常微分方程的特解, 须给出定解条件, 定解条件也称为初始条件. 对于一阶常微分方程, 初始条件是当 $x = x_0$ 时 $y = y_0$, 通常写成 $y|_{x=x_0} = y_0$ 的形式, 其中 x_0, y_0 都是给定的值. 如果微分方程是二阶的, 则确定两个任意常数的初始条件是 $x = x_0$ 时, $y = y_0, y' = y_1$, 通常写成 $y|_{x=x_0} = y_0, y'|_{x=x_0} = y_1$ 的形式, 其中 x_0, y_0, y_1 都是给定的值.

求常微分方程满足初始条件的特解的问题称为常微分方程的初值问题. 例 6.1.1 中, 所求的曲线方程就是初值问题

$$\begin{cases} \dfrac{\mathrm{d}y}{\mathrm{d}x} = 2x, \\ y|_{x=1} = 2 \end{cases}$$

的解.

习 题 6.1

1. 指出下列微分方程的阶数.

(1) $(x^2 - y^2)\mathrm{d}x + (x^2 + y^2)\mathrm{d}y = 0$;

(2) $x(y')^2 - xy' + x = 0$;

(3) $xy''' + 2y'' + x^2y = 0$;

(4) $\dfrac{\mathrm{d}\rho}{\mathrm{d}\theta} + 2\rho = 5\sin^2\theta$.

2. 指出下列各题中的函数是否为所给微分方程的解.

(1) $xy' = 2y, y = 5x^2$;

(2) $y'' + y = 0, y = 3\sin x - 4\cos x$;

(3) $y'' - 2y' + y = 0, y = x^2\mathrm{e}^x$.

6.2 一阶微分方程

一阶微分方程的一般形式为 $F(x, y, y') = 0$, 其通解的形式为 $y = y(x, C)$ 或 $\psi(x, y, C) = 0$. 本节介绍三种特殊类型的一阶常微分方程的解法.

6.2.1 可分离变量的微分方程

形如

$$\frac{\mathrm{d}y}{\mathrm{d}x} = f(x)g(y) \tag{6.6}$$

的一阶常微分方程称为可分离变量的微分方程. 其解法是将变量分离, 使自变量 x 及其微分 $\mathrm{d}x$ 与未知函数 y 及其微分 $\mathrm{d}y$ 分别移到等号的两边, 即由 (6.6) 化成

$$\frac{\mathrm{d}y}{g(y)} = f(x)\mathrm{d}x \quad (\text{其中 } g(y) \neq 0),$$

两边积分, 即可得到方程的通解.

例 6.2.1 求微分方程 $\dfrac{\mathrm{d}y}{\mathrm{d}x} = 3x^2 y$ 的通解.

解 将微分方程的变量进行分离, 得

$$\frac{\mathrm{d}y}{y} = 3x^2 \mathrm{d}x,$$

两边同时积分

$$\int \frac{\mathrm{d}y}{y} = \int 3x^2 \mathrm{d}x,$$

得到

$$\ln|y| = x^3 + C_1.$$

解出变量 y 即得 $y = \pm \mathrm{e}^{C_1} \mathrm{e}^{x^3}$, 当 C_1 取遍全体实数时, $\pm \mathrm{e}^{C_1}$ 也取遍全体实数, 所以方程的通解可表示成 $y = C\mathrm{e}^{x^3}$.

例 6.2.2 求微分方程 $\dfrac{\mathrm{d}y}{\mathrm{d}x} = \dfrac{1 + y^2}{(1 + x^2)xy}$ 的通解.

解 分离变量得到

$$\frac{y\mathrm{d}y}{1 + y^2} = \frac{\mathrm{d}x}{(1 + x^2)x},$$

两边同时积分得

$$\ln\left(1 + y^2\right) = \int \frac{\mathrm{d}x^2}{(1 + x^2)\,x^2}.$$

计算右边的不定积分

$$\int \frac{\mathrm{d}x^2}{(1+x^2)\, x^2} = \int \left(\frac{1}{x^2} - \frac{1}{1+x^2} \right) \mathrm{d}x^2 = \ln \frac{x^2}{1+x^2} + \ln C.$$

于是得到

$$\ln \left(1+y^2 \right) = \ln \frac{x^2}{1+x^2} + \ln C,$$

去掉对数得到微分方程的通解 $(1+x^2)\,(1+y^2) = Cx^2$.

这里方程的解 $y = y(x)$ 不是用显函数给出的, 而是由代数方程给出的隐函数. 我们称它为隐式解.

例 6.2.3 求解初值问题 $\begin{cases} \dfrac{\mathrm{d}y}{\mathrm{d}x} = -\dfrac{y}{x}, \\ y|_{x=-2} = 4. \end{cases}$

解 对微分方程分离变量得

$$\frac{\mathrm{d}y}{y} = -\frac{\mathrm{d}x}{x},$$

两边同时积分得 $\ln|y| = -\ln|x| + \ln C$, 于是得方程的通解

$$xy = C.$$

代入初始条件 $y|_{x=-2} = 4$ 得到 $C = -8$, 于是此初值问题的解为 $xy = -8$.

例 6.2.4 放射性元素铀由于不断地有原子放射出微粒子, 而蜕变成其他元素, 铀的含量就不断减少, 这种现象叫做衰变. 由原子物理学知道, 铀的衰变速度与当时未衰变的原子的含量 M 成正比, 已知 $t = 0$ 时铀的含量为 M_0, 求在衰变过程中铀的含量 $M(t)$ 随时间 t 变化的规律.

分析 这是一个求未知数函数的问题, 故希望建立未知函数 $y = M(t)$ 满足的微分方程的初值问题.

解 因为 $y = M(t)$ 表示衰变过程中铀的含量, 所以铀的衰变速度为 $\dfrac{\mathrm{d}y}{\mathrm{d}t}$. 由已知铀的衰变速度与当时未衰变的原子的含量 $y = M(t)$ 成正比, 故得微分方程

$$\frac{\mathrm{d}y}{\mathrm{d}t} = -\lambda y,$$

其中 $\lambda(\lambda > 0)$ 是常数, 叫做衰变系数, λ 前的负号是由于当 t 增加时, 含量 $y = M(t)$ 单调减少, 即 $\dfrac{\mathrm{d}y}{\mathrm{d}t} < 0$ 的缘故.

据题意, 初始条件为 $y|_{t=0} = M_0$. 于是 $y = M(t)$ 所满足的微分方程的初值问题为

$$\begin{cases} \dfrac{\mathrm{d}y}{\mathrm{d}t} = -\lambda y, \\ y|_{t=0} = M_0. \end{cases}$$

这个微分方程是可分离变量的方程，将它分离变量得 $\dfrac{\mathrm{d}y}{y} = -\lambda\mathrm{d}t$，两边积分得 $\ln|y| = -\lambda t + \ln C$，故方程的通解为 $y = C\mathrm{e}^{-\lambda t}$.

由初始条件 $y|_{t=0} = M_0$，代入通解得到 $C = M_0$. 于是所求的铀的含量 y 随 t 变化的规律为 $y = M_0\mathrm{e}^{-\lambda t}$.

例 6.2.5（他能被排除嫌疑吗?）　受害者的尸体于晚上 7：30 被发现. 法医于晚上 8：20 赶到凶案现场，测得尸体温度为 32.6℃; 一小时后，当尸体即将被抬走时，测得尸体温度为 31.4℃，室温在几小时内始终保持在 21.1℃. 此案嫌疑的最大是张某，但张某声称自己已是无罪的，并有证人说："下午张某一直在办公室上班，5：00 时打了一个电话，打完电话后就离开了办公室." 从张某的办公室到受害者家（凶案现场）步行需 5 分钟，现在的问题是：张某不在凶案现场的证言能否使他被排除在嫌疑之外?

解　设 $T(t)$ 表示 t 时刻尸体的温度，并记晚上 8：20 为 $t = 0$，则

$$T(0) = 32.6℃, \quad T(1) = 31.4℃.$$

假设受害者死亡时体温是正常的，即 $T = 37℃$. 要确定受害者死亡时间 t_d（凶犯的作案时间）t_d，也就是求 $T(t_\mathrm{d}) = 37℃$ 的时刻 t_d.

根据牛顿冷却定律，即尸体温度的变化率正比于尸体温度与室温的差，得

$$\frac{\mathrm{d}T}{\mathrm{d}t} = -k(T - 21.1).$$

方程右端的负号是因为当 $T - 21.1 > 0$ 时，T 要降低，故 $\dfrac{\mathrm{d}T}{\mathrm{d}t} < 0$; 反之，当 $T - 21.1 < 0$ 时，T 要升高，故 $\dfrac{\mathrm{d}T}{\mathrm{d}t} > 0$.

解这个微分方程，首先分离变量得 $\dfrac{\mathrm{d}T}{T - 21.1} = -k\mathrm{d}t$，积分得 $\ln(T - 21.1) = -kt + \ln C$，有 $T = 21.1 + C\mathrm{e}^{-kt}$. 因为 $T(0) = 32.6$，故有 $32.6 = 21.1 + C\mathrm{e}^{-k\times0} = 21.1 + C$，所以 $C = 11.5$. 于是 $T = 21.1 + 11.5\mathrm{e}^{-kt}$.

因为 $T(1) = 31.4$，有 $31.4 = 21.1 + 11.5\mathrm{e}^{-k\times1}$，由此解得 $\mathrm{e}^{-k} = \dfrac{103}{115}$，于是 $k \approx 0.11$. 这样就得到

$$T = 21.1 + 11.5\mathrm{e}^{-0.110t}.$$

当 $T(t) = 37℃$ 时，有 $37 = 21.1 + 11.5\mathrm{e}^{-0.110t}$，于是

$$t \approx -\frac{\ln 1.38}{0.110} \approx -2.95 \text{（小时）} \approx 2 \text{ 小时 } 57 \text{ 分},$$

所以 $t_\mathrm{d} = 8$：$20 - 2$ 小时 57 分 $= 5$：23, 即作案时间大约在下午 5：23, 因此张某不能被排除在嫌疑之外.

思考题 张某的律师发现受害者在死亡的当天下午曾去医院就诊. 病历记录: 发热 38.3℃. 假设受害者死亡时的体温为 38.3℃, 试问张某能被排除在嫌疑之外吗? 注: 死者体内没有发现服用过阿司匹林或类似的退热药物的迹象.

6.2.2 齐次方程

如果一阶微分方程具有形式

$$\frac{\mathrm{d}y}{\mathrm{d}x} = \varphi\left(\frac{y}{x}\right), \tag{6.7}$$

则称方程为齐次方程, 这是一类可以转化成可分离变量方程的方程, 转化的方法是在方程 (6.7) 中作变量替换 $u = \dfrac{y}{x}$, 从而有

$$y = xu, \quad \frac{\mathrm{d}y}{\mathrm{d}x} = u + x\frac{\mathrm{d}u}{\mathrm{d}x},$$

代入方程 (6.7) 得到

$$u + x\frac{\mathrm{d}u}{\mathrm{d}x} = \varphi(u)$$

移项得到可以分离变量的方程

$$x\frac{\mathrm{d}u}{\mathrm{d}x} = \varphi(u) - u.$$

例 6.2.6 解微分方程 $y^2 + x^2\dfrac{\mathrm{d}y}{\mathrm{d}x} = xy\dfrac{\mathrm{d}y}{\mathrm{d}x}$.

解 由原方程按照未知函数导数合并同类项, 并解除导数得到

$$\frac{\mathrm{d}y}{\mathrm{d}x} = \frac{y^2}{xy - x^2}.$$

将方程右端的分式的分子与分母同时除以 x^2 得到

$$\frac{\mathrm{d}y}{\mathrm{d}x} = \frac{\left(\dfrac{y}{x}\right)^2}{\dfrac{y}{x} - 1}.$$

这是一个齐次方程. 令 $u = \dfrac{y}{x}$, 则 $y = xu$ 且 $\dfrac{\mathrm{d}y}{\mathrm{d}x} = u + x\dfrac{\mathrm{d}u}{\mathrm{d}x}$, 代入原方程

$$u + x\frac{\mathrm{d}u}{\mathrm{d}x} = \frac{u^2}{u - 1}$$

化简并分离变量得到

$$\left(1 - \frac{1}{u}\right)\mathrm{d}u = \frac{\mathrm{d}x}{x}.$$

两边同时积分得

$$u - \ln|u| + C = \ln|x|.$$

将 $u = \dfrac{y}{x}$ 代入原方程, 得原方程的通解 $\ln|y| = \dfrac{y}{x} + C.$

例 6.2.7 求微分方程 $\left(y + \sqrt{x^2 - y^2}\right) \mathrm{d}x - x\mathrm{d}y = 0(x > 0)$ 的通解.

解 由方程变形, 得到

$$\frac{\mathrm{d}y}{\mathrm{d}x} = \frac{y + \sqrt{x^2 - y^2}}{x},$$

即

$$\frac{\mathrm{d}y}{\mathrm{d}x} = \frac{y}{x} + \sqrt{1 - \left(\frac{y}{x}\right)^2}.$$

这是齐次方程, 令 $u = \dfrac{y}{x}$, 则 $y = ux$ 且 $\dfrac{\mathrm{d}y}{\mathrm{d}x} = u + x\dfrac{\mathrm{d}u}{\mathrm{d}x}$, 代入方程得

$$u + x\frac{\mathrm{d}u}{\mathrm{d}x} = u + \sqrt{1 - u^2},$$

这是一个可分离变量的微分方程, 化简并分离变量得

$$\frac{\mathrm{d}u}{\sqrt{1 - u^2}} = \frac{\mathrm{d}x}{x}.$$

两边同时积分得 $\arcsin u = \ln|x| + C.$

将 $u = \dfrac{y}{x}$ 代入, 得原方程的通解为 $\arcsin \dfrac{y}{x} = \ln|x| + C.$

6.2.3 一阶线性微分方程

形如

$$\frac{\mathrm{d}y}{\mathrm{d}x} + P(x)y = Q(x)$$

的常微分方程, 称为一阶线性常微分方程. 所谓线性是指方程中未知函数 y 及其导数 $\dfrac{\mathrm{d}y}{\mathrm{d}x}$ 的代数次数都是一次的, 称 $Q(x)$ 为非齐次项. 如果 $Q(x) \equiv 0$, 则称方程为一阶线性齐次方程. 否则, 即 $Q(x)$ 不恒等于 0, 则称方程为一阶线性非齐次方程.

对于一阶线性常微分方程

$$\frac{\mathrm{d}y}{\mathrm{d}x} + P(x)y = Q(x) \tag{6.8}$$

来说, 称与其对应的常微分方程

$$\frac{\mathrm{d}y}{\mathrm{d}x} + P(x)y = 0 \tag{6.9}$$

为方程 (6.8) 所对应的齐次方程.

可以看到微分方程 (6.9) 是可分离变量的, 分离变量后得到

$$\frac{\mathrm{d}y}{y} = -P(x)\,\mathrm{d}x,$$

两边同时积分得

$$\ln|y| = -\int P(x)\mathrm{d}x + \ln C,$$

从而得微分方程 (6.9) 的通解

$$y = C\mathrm{e}^{-\int P(x)\mathrm{d}x}. \tag{6.10}$$

下面我们用常数变易法求微分方程 (6.8) 的通解. 所谓常数变易法, 即将方程 (6.8) 对应的齐次方程 (6.9) 的通解 (6.10) 中的任意常数 C, 改为待定的未知函数 $u(x)$, 即令

$$y = u(x)\,\mathrm{e}^{-\int P(x)\mathrm{d}x} \tag{6.11}$$

是方程 (6.8) 的解. 于是, 简单计算有

$$\frac{\mathrm{d}y}{\mathrm{d}x} = \frac{\mathrm{d}u}{\mathrm{d}x}\mathrm{e}^{-\int P(x)\mathrm{d}x} - u(x)\,P(x)\,\mathrm{e}^{-\int P(x)\mathrm{d}x}. \tag{6.12}$$

将 (6.11) 和 (6.12) 代入方程 (6.8) 得到

$$\frac{\mathrm{d}u}{\mathrm{d}x}\mathrm{e}^{-\int P(x)\mathrm{d}x} - u(x)\,P(x)\,\mathrm{e}^{-\int P(x)\mathrm{d}x} + u(x)\,P(x)\mathrm{e}^{-\int P(x)\mathrm{d}x} = Q(x).$$

化简整理后得到

$$\frac{\mathrm{d}u}{\mathrm{d}x} = Q(x)\,\mathrm{e}^{\int P(x)\mathrm{d}x}.$$

积分可以得到函数 $u(x)$,

$$u(x) = \int Q(x)\,\mathrm{e}^{\int P(x)\mathrm{d}x}\mathrm{d}x + C.$$

代入 (6.11) 得一阶线性非齐次方程 (6.8) 的通解

$$y = \left[\int Q(x)\,\mathrm{e}^{\int P(x)\mathrm{d}x}\mathrm{d}x + C\right]\mathrm{e}^{-\int P(x)\mathrm{d}x}, \tag{6.13}$$

或者写成另一种形式

$$y = C\mathrm{e}^{-\int P(x)\mathrm{d}x} + \mathrm{e}^{-\int P(x)\mathrm{d}x}\int Q(x)\,\mathrm{e}^{\int P(x)\mathrm{d}x}\mathrm{d}x.$$

通解中第一项 $Ce^{-\int P(x)\mathrm{d}x}$ 就是微分方程 (6.8) 对应的齐次方程 (6.9) 的通解, 第二项是方程 (6.8) 的通解中取任意常数 C 为 0 得到的方程的一个特解. 由此可知, 方程 (6.8) 的通解是它对应的齐次方程的通解与它的一个特解之和.

在今后的学习中, 可以知道一阶线性常微分方程的通解与线性方程组的通解有着相同性质的解的结构.

例 6.2.8 求微分方程 $\dfrac{\mathrm{d}y}{\mathrm{d}x} - \dfrac{y}{x} = 2x^2$ 的通解.

解 使用解的公式计算, 这里 $P(x) = -\dfrac{1}{x}, Q(x) = 2x^2$, 首先计算积分

$$e^{-\int P(x)\mathrm{d}x} = e^{\int \frac{1}{x}\mathrm{d}x} = e^{\ln x} = x, \quad e^{\int P(x)\mathrm{d}x} = e^{-\int \frac{1}{x}\mathrm{d}x} = e^{-\ln x} = \frac{1}{x},$$

代入公式 (6.13) $y = \left[\displaystyle\int Q(x) e^{\int P(x)\mathrm{d}x}\mathrm{d}x + C\right] e^{-\int P(x)\mathrm{d}x}$, 因此方程的通解为

$$y = x\left[\int 2x^2 \frac{1}{x}\mathrm{d}x + C\right] = x\left(\int 2x\mathrm{d}x + C\right) = x(x^2 + C) = x^3 + Cx.$$

此题也可以使用常数变易法.

例 6.2.9 求微分方程 $\dfrac{\mathrm{d}y}{\mathrm{d}x} - y\cot x = 2x\sin x$ 的通解.

解 这里 $P(x) = -\cot x, Q(x) = 2x\sin x$, 可直接使用公式法求其解为

$$y = x^2 \sin x + C\sin x.$$

为了掌握常数变易法, 我们使用常数变易法来求解这个微分方程.

首先解微分方程对应的齐次方程 $\dfrac{\mathrm{d}y}{\mathrm{d}x} - y\cot x = 0$, 将其分离变量得 $\dfrac{\mathrm{d}y}{y} = \cot x\mathrm{d}x$, 两边同时积分得到 $\ln|y| = \ln|\sin x| + C_1$, 解出变量 y 得到 $y = C\sin x$.

应用常数变易法, 令 $y = u(x)\sin x$, 则 $\dfrac{\mathrm{d}y}{\mathrm{d}x} = \dfrac{\mathrm{d}u}{\mathrm{d}x}\sin x + u(x)\cos x$. 代入方程得

$$\frac{\mathrm{d}u}{\mathrm{d}x}\sin x + u(x)\cos x - u(x)\sin x\cot x = 2x\sin x,$$

化简得到 $\dfrac{\mathrm{d}u}{\mathrm{d}x} = 2x$, 从而可以解出 $u(x) = x^2 + C$. 于是原方程的通解为

$$y = x^2 \sin x + C\sin x.$$

例 6.2.10 求解初值问题 $\begin{cases} \dfrac{\mathrm{d}y}{\mathrm{d}x} + y = e^{-x}, \\ y|_{x=0} = 1. \end{cases}$

解 使用公式法, 这里 $P(x) = 1, Q(x) = e^{-x}$, 于是

$$e^{-\int P(x)\mathrm{d}x} = e^{-\int \mathrm{d}x} = e^{-x}, \quad e^{\int P(x)\mathrm{d}x} = e^{\int \mathrm{d}x} = e^{x},$$

代入公式 (6.13) $y = \left[\int Q(x) e^{\int P(x)dx} dx + C\right] e^{-\int P(x)dx}$, 因此方程的通解为

$$y = e^{-x}\left(\int e^{-x} \cdot e^x dx + C\right) = e^{-x}\left(\int dx + C\right) = e^{-x}(x + C).$$

又 $y|_{x=0} = 1$, 于是 $C = 1$, 所以初值问题的解为

$$y = e^{-x}(x + 1).$$

例 6.2.11 求一曲线使这曲线通过点 $(0,1)$, 并且它在点 (x,y) 处的切线斜率等于 $2x + y$.

解 设所求曲线方程为 $y = y(x)$, 则

$$\begin{cases} \dfrac{dy}{dx} = 2x + y, \\ y|_{x=0} = 1. \end{cases}$$

这是一个一阶微分方程的初值问题. 方程可化为

$$\frac{dy}{dx} - y = 2x.$$

因此它是一阶线性非齐次方程, 且 $P(x) = -1, Q(x) = 2x$, 于是由公式 (6.13) 得到方程的通解为

$$y = \left(\int 2x e^{\int (-1)dx} dx + C\right) e^{-\int (-1)dx} = Ce^x - 2x - 2.$$

又 $y|_{x=0} = 1$, 于是 $C = 3$, 所以方程的特解为 $y = 3e^x - 2x - 2$.

习 题 6.2

1. 求下列微分方程的通解.

(1) $ydy = xdx$;

(2) $ydx = xdy$;

(3) $\dfrac{dy}{dx} = e^{x+y}$;

(4) $xy' - y \ln y = 0$;

(5) $\cos x \sin y dx + \sin x \cos y dy = 0$.

2. 求下列齐次微分方程的通解.

(1) $y' = \dfrac{y}{x} + \tan\dfrac{y}{x}$;

(2) $(x+y)y' + (x-y) = 0$;

(3) $(x^2 + y^2)dx - xydy = 0$;

(4) $2x^3 y' = y(2x^2 - y^2)$.

3. 求下列一阶线性微分方程的通解.

(1) $\dfrac{dy}{dx} + y = 0$;

(2) $\dfrac{dy}{dx} + y = e^{-x}$;

(3) $xy' + 2y = x$;　　　　　　　　　　　　(4) $y\mathrm{d}x + (x - y^3)\mathrm{d}y = 0$.

4. 求下列微分方程满足所给初始条件的特解.

(1) $(y+3)\mathrm{d}x + \cot x\mathrm{d}y = 0$, $y|_{x=0} = 1$;　　　(2) $y'\sin^2 x = y\ln y$, $y|_{x=\frac{\pi}{2}} = \mathrm{e}$;

(3) $\cos y\mathrm{d}x + (1 + \mathrm{e}^{-x})\sin y\mathrm{d}y = 0$, $y|_{x=0} = \dfrac{\pi}{4}$;　　　(4) $y' = \dfrac{x}{y} + \dfrac{y}{x}$, $y|_{x=1} = 2$.

小结

微分方程是利用微积分方法描述现实世界变化规律的有力武器. 本章介绍了几类最简单的常微分方程, 如可分离变量的方程、齐次方程、一阶线性微分方程等等, 以及其相应的解法. 此外本章还给出很多实例用以说明微分方程在解决实际问题中的应用.

知识点

1. 表示未知函数、未知函数的导数或微分以及自变量之间关系的方程为微分方程. 微分方程中出现的未知函数的最高阶导数的阶数, 称为该微分方程的阶.

2. 如果微分方程的解中含有任意常数, 且任意常数的个数等于该微分方程的阶数, 则称这样的解为该微分方程的通解.

3. 可分离变量的微分方程　形式为 $\dfrac{\mathrm{d}y}{\mathrm{d}x} = f(x)g(y)$ 的一阶微分方程称为可分离变量的微分方程. 解法是将变量分离, 化成 $\dfrac{\mathrm{d}y}{g(y)} = f(x)\mathrm{d}x$(其中 $g(y) \neq 0$), 两边积分, 即可得到方程的通解.

4. 齐次方程　形如 $\dfrac{\mathrm{d}y}{\mathrm{d}x} = \varphi\left(\dfrac{y}{x}\right)$ 的微分方程称为齐次方程. 其解法是令 $u = \dfrac{y}{x}$, 从而 $y = xu$, $\dfrac{\mathrm{d}y}{\mathrm{d}x} = u + x\dfrac{\mathrm{d}u}{\mathrm{d}x}$, 代入原方程得 $x\dfrac{\mathrm{d}u}{\mathrm{d}x} = \varphi(u) - u$, 此方程为可分离变量的微分方程.

5. 一阶线性微分方程　形如 $\dfrac{\mathrm{d}y}{\mathrm{d}x} + P(x)y = Q(x)$ 的微分方程, 称为一阶线性微分方程. 这类方程通解的公式为

$$y = C\mathrm{e}^{-\int P(x)\mathrm{d}x} + \mathrm{e}^{-\int P(x)\mathrm{d}x}\int Q(x)\mathrm{e}^{\int P(x)\mathrm{d}x}\mathrm{d}x.$$

伯努利家族

这些人一定取得了许多成就, 并且出色地达到了他们为自己制定的目标.

——约翰·伯努利

在数学史, 乃至人类的科学史上, 伯努利家族作为数学家族无疑是辉煌的, 是带有传奇色彩的. 从 17 世纪下半叶到 18 世纪百余年中, 伯努利家族出现三代八位数学家, 其中重要的数学家就有三人. 他们的研究领域涉及分析学、微分方程、几何学、概率论、力学等等, 现今在数学、物理的很多领域都可以看到伯努利这个名字.

雅各布·伯努利

约翰·伯努利

丹尼尔·伯努利

这个家族的祖上为躲避宗教迫害举家迁移到瑞士的巴塞尔定居, 并与当地的富商联姻, 几代之后积聚了大量的财富. 从尼古拉·伯努利开始这个家族进入辉煌的数学时代.

雅各布·伯努利 (Jacob Bernoulli, 1654—1705), 瑞士数学家. 他对莱布尼茨微积分的传播有举足轻重的影响. 他提出并研究了悬链线问题, 成果被应用于桥梁建设. 他提出极坐标的概念, 并深入研究了双纽线的性质. 他还研究了伯努利微分方程. 此外, 他的著作《猜度术》开创了概率研究的先河, 他还提出了伯努利大数定律.

约翰·伯努利 (Johann Bernoulli, 1667—1748), 瑞士数学家. 约翰首先提出明确的函数概念, 研究了有理函数的不定积分法、最速下降线问题等等. 约翰首先给出我们今天使用的洛必达法则.

丹尼尔·伯努利 (Daniel Bernoulli, 1700—1782), 瑞士数学家. 丹尼尔在多元函数微积分理论的建立上作出了突出贡献. 此外, 他还是流体力学的鼻祖.

我们现在使用的计算不定式极限的洛必达法则是约翰·伯努利最早发现的. 洛必达 (L'Hospital, 1661—1704) 是法国一位贵族, 是约翰的学生, 他定期向当时一些科学家收买他们的研究成果. 1696 年, 他把从约翰那里得到的这个求不定式极限的法则写入第一本分析教材《无穷小分析》中, 但是他宣称书中某些结果是他花钱买的, 原作者可以收回他们的成果. 但是, 约翰没有收回. 欧拉看到这本书之后, 就称这个法则为洛必达法则, 以后一直沿用至今.

在欧洲大陆有很多关于伯努利家族的传说. 据说, 一次丹尼尔·伯努利外出旅行, 在火车上碰到一个人, 他很谦逊地自我介绍说: "我是丹尼尔·伯努利." 谁知那人十分不屑地回应道: "是吗? 我还是艾萨克·牛顿呢!" 丹尼尔后来回忆说, 这是他听到的最迷人的恭维了.

C 第7章
Chapter 7　二元函数微积分

7.1　二元函数的概念与偏导数

第7章课件

7.1.1　二元函数的概念

一元函数的微积分学讨论的是一个自变量与因变量的关系, 它研究的是因变量受到一个变量因素的影响问题. 但是在现实问题中, 因变量往往受到多个变量因素的影响. 因此, 有必要将一元函数的微积分学推广成二元函数的微积分学.

设 x, y, z 是三个变量. 如果变量 x, y 在一定范围内变化时, 按照某个法则 f, 对于 x, y 的每一组取值都唯一对应变量 z 的一个值, 则称 z 是 x, y 的函数. 记为 $z = f(x, y)$. 称变量 x, y 为函数的自变量, 称变量 z 为因变量.

与一元函数类似, 我们将自变量 x, y 的变化范围称为这个函数的定义域, 记为 D_f. 对于自变量的某个固定的取值 $x = x_0, y = y_0$, 按照法则 f 所对应的因变量 z 的值如果是 z_0, 则记之为 $z_0 = f(x_0, y_0)$. z_0 称为函数在 x_0, y_0 处的函数值, 所有函数值的集合称为函数的值域, 记为 R_f.

二元函数的定义域及其映射法则 f 是确定一个二元函数的两个基本要素. 但是, 在很多情况下我们并不给出函数的定义域, 其定义域被默认为使得二元函数 $z = f(x, y)$ 有意义的点 (x, y) 的集合.

例 7.1.1　求二元函数 $z = f(x, y) = \sqrt{1 - x^2 - y^2}$ 的定义域 D_f.

解　若使得函数有意义, 只需根号下的式子 $1 - x^2 - y^2 \geqslant 0$, 即 $x^2 + y^2 \leqslant 1$. 这就是该函数的定义域 D_f.

二元函数与一元函数有着非常密切的关系. 设二元函数 $z = f(x, y)$, 点 $P_0(x_0, y_0) \in D_f$. 当固定 y_0 让 x 变化时, $z = f(x, y_0)$ 就是关于 x 的一元函数, 记之为 $F(x)$.

7.1.2　偏导数

我们研究事物的基本方法是化未知为已知, 体现在对函数的研究方面, 我们已知的是一元函数的微积分, 所以处理多元函数微积分的一个基本思想就是将多元函数问题转化为一元函数的问题. 在一元函数中, 为了研究因变量对自变量的变化率, 引入了导数的概念. 如路程对时间的变化率就是路程函数对时间的导数. 对于多元函数, 自变量不止一个, 我们需要研究因变量对每个自变量的变化率. 因此引入偏导数的概念.

设函数 $z = f(x, y)$ 在点 (x_0, y_0) 的某个邻域内有定义. 固定 $y = y_0$, 称一元函数 $f(x, y_0)$ 在 x_0 点的导数为二元函数 $z = f(x, y)$ 在 (x_0, y_0) 点对 x 的偏导数, 记作

$$\frac{\partial z}{\partial x}\bigg|_{\substack{x=x_0 \\ y=y_0}}, \quad \frac{\partial f}{\partial x}\bigg|_{\substack{x=x_0 \\ y=y_0}}, \quad f_x(x_0, y_0), \quad z_x\big|_{\substack{x=x_0 \\ y=y_0}}.$$

可见, 二元函数的偏导数就是将二元函数中的一个变量看作常数, 对另一个变量求导的导数. 应用一元函数导数的定义知

$$\frac{\partial z}{\partial x}\bigg|_{\substack{x=x_0 \\ y=y_0}} = \lim_{\Delta x \to 0} \frac{f(x_0 + \Delta x, y_0) - f(x_0, y_0)}{\Delta x}.$$

类似地, 可以定义 $z = f(x, y)$ 在 (x_0, y_0) 点对 y 的偏导数

$$\frac{\partial z}{\partial y}\bigg|_{\substack{x=x_0 \\ y=y_0}} = \lim_{\Delta y \to 0} \frac{f(x_0, y_0 + \Delta y) - f(x_0, y_0)}{\Delta y}.$$

如果 $f(x, y)$ 在区域 D 内每一点 (x, y) 处对 x 的偏导数都存在, 那么这些偏导数构成 x, y 的二元函数, 称为 $z = f(x, y)$ 对自变量 x 的偏导函数, 记为 $\frac{\partial z}{\partial x}$, $\frac{\partial f}{\partial x}$, $f_x(x, y), f_x, f_1, z_x$ 等等. 类似地, 可以定义 $z = f(x, y)$ 在区域 D 内对自变量 y 的偏导函数, 记为 $\frac{\partial z}{\partial y}$, $\frac{\partial f}{\partial y}$, $f_y(x, y)$, f_y, f_2, z_y 等等. 偏导函数也简称为偏导数.

偏导数的概念也可以推广到三元以至多元函数.

例 7.1.2　求 $z = x^2 \sin 2y$ 的偏导数.

解　对 x 求偏导 (把 x 看成自变量, y 看成是常量), 得到

$$\frac{\partial z}{\partial x} = 2x \sin 2y.$$

对 y 求偏导 (把 y 看成自变量, x 看成是常量), 得到

$$\frac{\partial z}{\partial y} = 2x^2 \cos 2y.$$

例 7.1.3　求函数 $z = f(x, y) = x^2 - 3xy + y^3$ 在 $(1, -2)$ 点处的偏导数.

解　方法 1　为求 $z = x^2 - 3xy + y^3$ 在 $(1, -2)$ 点处对 x 的偏导数, 先求

$$f(x, -2) = x^2 - 3x \cdot (-2) + (-2)^3 = x^2 + 6x - 8,$$

再对变量 x 在点 $x = 1$ 处求导得到

$$\left.\frac{\partial z}{\partial x}\right|_{\substack{x=1 \\ y=-2}} = \left[\frac{\mathrm{d}}{\mathrm{d}x}f(x,-2)\right]\Bigg|_{x=1} = (2x+6)|_{x=1} = 8.$$

类似地有

$$\left.\frac{\partial z}{\partial y}\right|_{\substack{x=1 \\ y=-2}} = \frac{\mathrm{d}}{\mathrm{d}y}f(1,y)\Bigg|_{y=-2} = (1-3y+y^3)'|_{y=-2} = (3y^2-3)|_{y=-2} = 9.$$

方法 2　先求偏导函数

$$\frac{\partial z}{\partial x} = 2x - 3y, \quad \frac{\partial z}{\partial y} = -3x + 3y^2$$

$f(x,y)$ 在 $(1,-2)$ 点处的偏导数就是偏导函数在 $(1,-2)$ 点处的函数值. 所以

$$\left.\frac{\partial z}{\partial x}\right|_{(1,-2)} = (2x-3y)\big|_{(1,-2)} = 8,$$

$$\left.\frac{\partial z}{\partial y}\right|_{(1,-2)} = (-3x+3y^2)\big|_{(1,-2)} = 9.$$

例 7.1.4　求 $u = \sqrt{x^2+y^2+z^2}$ 的偏导数.

解　这是求 $u = \sqrt{x^2+y^2+z^2}$ 的偏导函数. 关键是在每次求导时分清哪个是自变量, 哪个是常量. 在求 $\dfrac{\partial u}{\partial x}$ 时, x 是自变量, y, z 都看成是常量. 故

$$\frac{\partial u}{\partial x} = \frac{1}{2\sqrt{x^2+y^2+z^2}} \cdot (x^2+y^2+z^2)'_x = \frac{1}{2\sqrt{x^2+y^2+z^2}} \cdot 2x = \frac{x}{\sqrt{x^2+y^2+z^2}}.$$

同理可以计算得到

$$\frac{\partial u}{\partial y} = \frac{y}{\sqrt{x^2+y^2+z^2}}, \quad \frac{\partial u}{\partial z} = \frac{z}{\sqrt{x^2+y^2+z^2}}.$$

7.1.3　高阶偏导数

设函数 $z = f(x,y)$ 在区域 D 内有偏导函数 $\dfrac{\partial z}{\partial x}, \dfrac{\partial z}{\partial y}$, 如果这两个偏导函数关于 x, y 的偏导数存在, 则称它们为 $z = f(x,y)$ 的二阶偏导数. 偏导数 $\dfrac{\partial z}{\partial x}$ 关于 x 的偏导数叫做函数 z 对变量 x 的二阶偏导数, 记为 $\dfrac{\partial^2 z}{\partial x^2}$, 即 $\dfrac{\partial^2 z}{\partial x^2} = \dfrac{\partial}{\partial x}\left(\dfrac{\partial z}{\partial x}\right)$. 这个二阶偏导数也可以记为 $f_{xx}(x,y)$, $f_{11}(x,y)$, z_{xx} 等等. 类似可以定义函数 z 对

变量 y 的二阶偏导数. 偏导数 $\dfrac{\partial z}{\partial x}$ 关于 y 的偏导数叫做函数 z 对变量 x, y 的二阶混合偏导数, 记为 $\dfrac{\partial^2 z}{\partial x \partial y}$, 即 $\dfrac{\partial^2 z}{\partial x \partial y} = \dfrac{\partial}{\partial y}\left(\dfrac{\partial z}{\partial x}\right)$, 二阶混合偏导数也可以记为 $f_{xy}(x, y)$, $f_{12}(x, y)$, z_{xy} 等等. 偏导数 $\dfrac{\partial z}{\partial y}$ 关于 x 的偏导数叫做函数 z 对变量 y, x 的二阶混合偏导数, 记为 $\dfrac{\partial^2 z}{\partial y \partial x}$, 即 $\dfrac{\partial^2 z}{\partial y \partial x} = \dfrac{\partial}{\partial x}\left(\dfrac{\partial z}{\partial y}\right)$, 这个二阶混合偏导数也记为 $f_{yx}(x, y)$, $f_{21}(x, y)$, z_{yx} 等. 一般来说, 在同一个点处两个二阶混合偏导数未必相等. 但是, 如果两个二阶混合偏导数 $\dfrac{\partial^2 z}{\partial x \partial y}$ 与 $\dfrac{\partial^2 z}{\partial y \partial x}$ 都连续, 那么它们必定相等.

二元函数的二阶偏导数共有四个. 类似地, 可以定义三阶、四阶直至 n 阶偏导数. 二阶及二阶以上的偏导数统称为高阶偏导数, 而 $\dfrac{\partial z}{\partial x}$, $\dfrac{\partial z}{\partial y}$ 称为函数的一阶偏导数.

例 7.1.5 设二元函数 $z = \ln(x^2 + y^2)$, 证明函数 z 满足偏微分方程 $\dfrac{\partial^2 z}{\partial x^2} + \dfrac{\partial^2 z}{\partial y^2} = 0$.

证 计算 z 对变量 x, y 的一阶偏导数得到

$$\frac{\partial z}{\partial x} = \frac{2x}{x^2 + y^2}, \quad \frac{\partial z}{\partial y} = \frac{2y}{x^2 + y^2}.$$

进一步计算二阶偏导数得到

$$\frac{\partial^2 z}{\partial x^2} = \frac{\partial}{\partial x}\left(\frac{\partial z}{\partial x}\right) = \frac{\partial}{\partial x}\left(\frac{2x}{x^2 + y^2}\right) = 2 \cdot \frac{(x^2 + y^2) - x \cdot 2x}{(x^2 + y^2)^2} = \frac{2(y^2 - x^2)}{(x^2 + y^2)^2},$$

$$\frac{\partial^2 z}{\partial y^2} = \frac{\partial}{\partial y}\left(\frac{\partial z}{\partial y}\right) = \frac{\partial}{\partial y}\left(\frac{2y}{x^2 + y^2}\right) = 2 \cdot \frac{(x^2 + y^2) - y \cdot 2y}{(x^2 + y^2)^2} = \frac{2(x^2 - y^2)}{(x^2 + y^2)^2}.$$

两个式子相加得到

$$\frac{\partial^2 z}{\partial x^2} + \frac{\partial^2 z}{\partial y^2} = \frac{2(y^2 - x^2)}{(x^2 + y^2)^2} + \frac{2(x^2 - y^2)}{(x^2 + y^2)^2} = 0.$$

证毕.

例 7.1.6 求函数 $z = x^3 - 3x^2 y + y^3$ 的所有二阶偏导数.

解 先计算一阶偏导数得到

$$\frac{\partial z}{\partial x} = 3x^2 - 6xy, \quad \frac{\partial z}{\partial y} = -3x^2 + 3y^2.$$

再计算二阶偏导数得到

$$\frac{\partial^2 z}{\partial x^2} = \frac{\partial}{\partial x}\left(\frac{\partial z}{\partial x}\right) = \frac{\partial}{\partial x}(3x^2 - 6xy) = 6x - 6y,$$

$$\frac{\partial^2 z}{\partial x \partial y} = \frac{\partial}{\partial y}\left(\frac{\partial z}{\partial x}\right) = \frac{\partial}{\partial y}(3x^2 - 6xy) = -6x,$$

$$\frac{\partial^2 z}{\partial y \partial x} = \frac{\partial}{\partial x}\left(\frac{\partial z}{\partial y}\right) = \frac{\partial}{\partial x}(-3x^2 + 3y^2) = -6x,$$

$$\frac{\partial^2 z}{\partial y^2} = \frac{\partial}{\partial y}\left(\frac{\partial z}{\partial y}\right) = \frac{\partial}{\partial y}(-3x^2 + 3y^2) = 6y.$$

7.1.4 二元函数的极值

解决各类极值问题是微分学的一个重要应用. 这里要研究的问题就是二元函数的极值问题. 设 $P(x_0, y_0)$ 是一个固定点, 如果二元函数 $z = f(x,y)$ 在圆域 $D : (x - x_0)^2 + (y - y_0)^2 < r^2(r > 0)$ 内有定义, 且对任意一点 $(x,y) \in D$ 都有 $f(x,y) \leqslant f(x_0, y_0)(f(x,y) \geqslant f(x_0, y_0))$, 则称点 $P(x_0, y_0)$ 是函数 $z = f(x,y)$ 的一个**极大值点** (**极小值点**), 函数值 $f(x_0, y_0)$ 称为函数 $z = f(x,y)$ 的一个**极大值** (**极小值**).

与一元函数非常类似的是, 如果函数在极值点处存在偏导数, 那么该偏导数一定是零. 对函数 $z = f(x,y)$ 来说, 使得 $\frac{\partial z}{\partial x} = \frac{\partial z}{\partial y} = 0$ 成立的点称为函数的**驻点**或者**稳定点**.

例 7.1.7 考虑一些函数在坐标原点 $(0,0)$ 处的极值情况. 点 $(0,0)$ 是函数 $z = x^2 + y^2$ 的驻点, 且函数在点 $(0,0)$ 也取得极小值 0. 点 $(0,0)$ 是函数 $z = x^2 + |y|$ 的极小值点, 但是, $\left.\frac{\partial z}{\partial x}\right|_{(0,0)} = 0$, $\frac{\partial z}{\partial y}$ 不存在, 因此点 $(0,0)$ 不是驻点. 点 $(0,0)$ 是函数 $z = xy$ 的驻点, 但不是极值点. 这说明极值点未必是驻点, 而驻点也未必是极值点.

定理 7.1 若函数 $z = f(x,y)$ 在点 (x_0, y_0) 取得极值, 且在这点两个偏导数都存在, 那么点 (x_0, y_0) 一定是驻点.

定理 7.1 是极值存在的一个必要条件, 下面给出函数在驻点处取得极值的一个充分条件.

定理 7.2 若函数 $z = f(x,y)$ 有二阶连续偏导数, 点 (x_0, y_0) 是它的驻点. 记

$$A = f''_{xx}(x_0, y_0), \quad B = f''_{xy}(x_0, y_0), \quad C = f''_{yy}(x_0, y_0),$$

并记 $\Delta = AC - B^2$. 则有下面的结论, 如果 $\Delta > 0$, 函数 $z = f(x,y)$ 在点 (x_0, y_0) 处一定取得极值, 并且在 $A > 0$(或者 $C > 0$) 时, 函数取得极小值, 在 $A < 0$(或者 $C < 0$) 时, 函数取得极大值; 如果 $\Delta < 0$, 函数 $z = f(x,y)$ 在点 (x_0, y_0) 处没有极值.

例 7.1.8 研究函数 $z = x^3 + 3xy^2 - 15x - 12y$ 的极值.

解　计算出偏导数并令偏导数等于零得到方程组

$$\begin{cases} \dfrac{\partial z}{\partial x} = 3x^2 + 3y^2 - 15 = 0, \\[3mm] \dfrac{\partial z}{\partial y} = 6xy - 12 = 0. \end{cases}$$

解这个方程组得到四个驻点 $P_1\,(1,2)$, $P_2\,(2,1)$, $P_3\,(-1,-2)$, $P_4\,(-2,-1)$.

计算二阶偏导数得到

$$\frac{\partial^2 z}{\partial x^2} = 6x, \quad \frac{\partial^2 z}{\partial x \partial y} = 6y, \quad \frac{\partial^2 z}{\partial y^2} = 6x.$$

(i) 在点 $P_1\,(1,2)$. $A=6, B=12, C=6, \Delta=-108<0$, 因此在点 $P_1\,(1,2)$ 没有极值.

(ii) 在点 $P_2\,(2,1)$. $A=12, B=6, C=12, \Delta=108>0, A>0$, 因此在点 $P_2\,(2,1)$ 有极小值, 计算得到 $z_{\min}=-28$.

(iii) 在点 $P_3\,(-1,-2)$. $A=-6, B=-12, C=-6, \Delta=-108<0$, 因此在点 $P_3\,(-1,-2)$ 没有极值.

(iv) 在点 $P_4\,(-2,-1)$. $A=-12, B=-6, C=-12, \Delta=108>0, A<0$, 因此在点 $P_4\,(-2,-1)$ 有极大值, 计算得到 $z_{\max}=28$.

例 7.1.9　研究二元函数 $z=\mathrm{e}^{x-y}\left(x^2-2y^2\right)$ 的极值.

解　计算函数 z 对变量 x,y 的一阶偏导数得到

$$\frac{\partial z}{\partial x} = \mathrm{e}^{x-y}\left(x^2+2x-2y^2\right), \quad \frac{\partial z}{\partial y} = \mathrm{e}^{x-y}\left(-x^2+2y^2-4y\right).$$

令一阶偏导数等于零, 并注意到 $\mathrm{e}^{x-y} \neq 0$ 就可以得到方程组

$$x^2+2x-2y^2=0, \quad -x^2+2y^2-4y=0.$$

解方程组得到两个驻点 $P_1\,(0,0)$, $P_2\,(-4,-2)$.

计算所有二阶偏导数得到

$$\frac{\partial^2 z}{\partial x^2} = \mathrm{e}^{x-y}\left(x^2+4x-2y^2+2\right),$$

$$\frac{\partial^2 z}{\partial x \partial y} = \mathrm{e}^{x-y}\left(-x^2-2x+2y^2-4y\right),$$

$$\frac{\partial^2 z}{\partial y^2} = \mathrm{e}^{x-y} \left(x^2 - 2y^2 + 8y - 4 \right).$$

在点 $P_1(0,0)$. 可以计算出 $A = 2, B = 0, C = -4, \Delta = AC - B^2 = -8 < 0$, 因此点 $P_1(0,0)$ 不是极值点.

在点 $P_2(-4,-2)$. 可以计算出 $A = -6\mathrm{e}^{-2}, B = 8\mathrm{e}^{-2}, C = -12\mathrm{e}^{-2}, \Delta = AC - B^2 = 8\mathrm{e}^{-4} > 0$, 而 $A < 0$, 因此点 $P_2(-4,-2)$ 是一个极大值点, 极大值是 $z_{\max} = 8\mathrm{e}^{-2}$.

习　题　7.1

1. 求下列函数的定义域 D, 并作出 D 的图形.

(1) $z = \sqrt{x - \sqrt{y}}$;

(2) $z = \ln(y^2 - 2x + 1)$;

(3) $z = \dfrac{x^2 - y^2}{x^2 + y^2}$;

(4) $z = \dfrac{\sqrt{x + y}}{\sqrt{x - y}}$.

2. 求下列函数的偏导数.

(1) $z = x^3 y - xy^3$;

(2) $z = \dfrac{3}{y^2} - \dfrac{1}{\sqrt[3]{x}} + \ln 5$;

(3) $z = x\mathrm{e}^{-xy}$;

(4) $z = \dfrac{x + y}{x - y}$;

(5) $z = \arctan \dfrac{y}{x}$;

(6) $z = \sin(xy) + \cos^2(xy)$;

(7) $u = \sin(x^2 + y^2 + z^2)$;

(8) $u = x^{\frac{y}{z}}$.

3. 设 $f(x,y) = x + y - \sqrt{x^2 + y^2}$, 求: $f_x(3,4)$.

4. 设 $f(x,y) = (1 + xy)^y$, 求: $f_y(1,1)$.

5. 求下列函数的所有二阶偏导数.

(1) $z = x^3 + y^3 - 2x^2 y^2$;

(2) $z = \arctan \dfrac{x}{y}$;

(3) $z = x^y$;

(4) $z = \mathrm{e}^y \cos(x - y)$.

6. 设 $f(x,y,z) = xy^2 + yz^2 + zx^2$, 求: $f_{xx}(0,0,1), f_{xz}(1,0,2), f_{yz}(0,-1,0)$.

7. 设 $f(x,y) = \ln(\sqrt{x} + \sqrt{y})$, 求证: $x\dfrac{\partial f}{\partial x} + y\dfrac{\partial f}{\partial y} = \dfrac{1}{2}$.

8. 设函数 $u = \sqrt{x^2 + y^2 + z^2}$, 证明: 该函数满足方程 $\dfrac{\partial^2 u}{\partial x^2} + \dfrac{\partial^2 u}{\partial y^2} + \dfrac{\partial^2 u}{\partial z^2} = \dfrac{2}{u}$.

9. 求下列二元函数的极值.

(1) $z = (x - 1)^2 + 2y^2$;

(2) $z = x^2 + xy + y^2 - 2x - y$;

(3) $z = x^3 y^2 (6 - x - y), x > 0, y > 0$;

(4) $z = \dfrac{8}{x} + \dfrac{x}{y} + y, x > 0, y > 0$.

7.2 二重积分的概念和性质

7.2.1 二重积分概念的引入

曲顶柱体的体积问题 设曲面 Σ 的方程为 $z = f(x, y), (x, y) \in D$, 其中 D 是有界闭区域, 则 Σ 在 xOy 坐标面上的投影是 D. 假定 $f(x, y)$ 连续且 $f(x, y) \geqslant 0$, 则 Σ 在 xOy 坐标面的上方. 以 D 的边界为准线, 做母线平行于 z 轴的柱面, 在此柱面内以 Σ 为顶, 以平面区域 D 为底所围的空间区域称为曲顶柱体 (图 7.1). 我们来求这个曲顶柱体的体积 V.

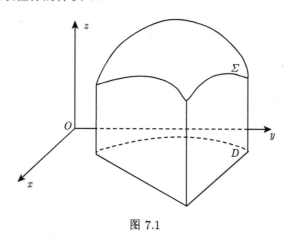

图 7.1

如果曲顶柱体是平顶柱体, 即 Σ 是某个平面 $z = h$, 则

$$V = D \text{ 的面积} \times \text{高} = D \text{ 的面积} \times h. \tag{7.1}$$

但是, 当 Σ 是一般的曲面时, 高度 $z = f(x, y)$ 随着点 (x, y) 在 D 内的变化而变化, 因此这样的体积问题已经不能用通常的体积公式 (7.1) 来计算. 回忆在定积分中求曲边梯形的面积问题, 在那里解决问题的方法也可以用来解决曲顶柱体的体积问题.

首先, 用一组曲线网将区域 D 分割成 n 个小的闭区域 $\Delta\sigma_1, \Delta\sigma_2, \cdots, \Delta\sigma_n$ (也用这些记号表示相应的小闭区域的面积), 分别以这些小闭区域的边界为准线, 作母线平行于 z 轴的柱面, 这些柱面将原来的曲顶柱体分为 n 个小的曲顶柱体, 依次记为 $\Delta V_1, \Delta V_2, \cdots, \Delta V_n$ (也用这些记号表示相应的小曲顶柱体的体积), 则

$$V = \Delta V_1 + \Delta V_2 + \cdots + \Delta V_n = \sum_{i=1}^{n} \Delta V_i. \tag{7.2}$$

当这些小闭区域都很小时, 由于 $f(x,y)$ 连续, 在同一个小闭区域上 $f(x,y)$ 的变化幅度也很小. 此时, 每一个小曲顶柱体都可以近似地看作平顶柱体. 我们在每个小闭区域 $\Delta\sigma_i$ 上任取点 $P_i(\xi_i\eta_i)$, 以 $f(\xi_i\eta_i)$ 为高, 底 $\Delta\sigma_i$ 做平顶柱体 (图 7.2), 则它的体积为 $f(\xi_i\eta_i) \cdot \Delta\sigma_i$. 因此, 相应的小曲顶柱体的体积 $\Delta V_i \approx f(\xi_i, \eta_i) \cdot \Delta\sigma_i (i = 1, 2, \cdots, n)$.

由 (7.2) 式则有

$$V \approx f\left(\xi_1, \eta_1\right)\Delta\sigma_1 + f\left(\xi_2, \eta_2\right)\Delta\sigma_2 + \cdots + f\left(\xi_n, \eta_n\right)\Delta\sigma_n = \sum_{i=1}^{n} f\left(\xi_i, \eta_i\right)\Delta\sigma_i.$$

$\sum\limits_{i=1}^{n} f(\xi_i, \eta_i) \cdot \Delta\sigma_i$ 仅仅是 V 的近似值. 但是, 各个小闭区域被分割得越细密, 这种近似程度就越好. 设 n 个小闭区域直径 (一个闭区域的直径是指闭区域上所有两点间距离的最大值. 它是闭区域 "个头" 大小的度量, 直径越小, "个头" 越小. 当闭区域是圆域时, 闭区域的直径就是圆域的直径) 中的最大值, 记为 λ, 如果 λ 很小, 则各个小闭区域都很小, 也表明分割得很细密. 如果这样的分割无限地细密下去, 即 $\lambda \to 0$, 则曲顶柱体的体积应为 $V = \lim\limits_{\lambda \to 0} \sum\limits_{i=1}^{n} f(\xi_i, \eta_i)\Delta\sigma_i$.

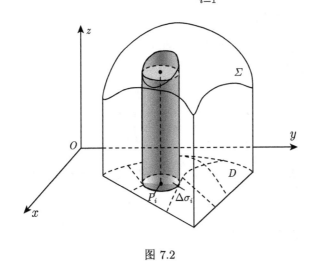

图 7.2

7.2.2 二重积分的定义

设 $z = f(x,y)$ 是定义在有界闭区域 D 上的函数. 将 D 任意分割成 n 个小闭区域 $\Delta\sigma_1, \Delta\sigma_2, \cdots, \Delta\sigma_n$, 其中 $\Delta\sigma_i$ 表示第 i 个小闭区域, (也表示它的面积). 在每个 $\Delta\sigma_i$ 上任取一点 (ξ_i, η_i), 作乘积 $f(\xi_i, \eta_i)\Delta\sigma_i (i = 1, 2, \cdots, n)$, 并

作和式 $\sum_{i=1}^{n} f(\xi_i, \eta_i)\Delta\sigma_i$. 如果各小闭区域直径中的最大值 λ 趋于零时, 这个和式的极限存在, 则称此极限为函数 $z = f(x, y)$ 在闭区域 D 上的二重积分, 记为 $\iint\limits_{D} f(x, y)\mathrm{d}\sigma$, 即

$$\iint\limits_{D} f(x, y)\mathrm{d}\sigma = \lim_{\lambda \to 0} \sum_{i=1}^{n} f(\xi_i, \eta_i)\Delta\sigma_i, \tag{7.3}$$

其中 $f(x, y)$ 称为被积函数, $f(x, y)\mathrm{d}\sigma$ 称为被积表达式, $\mathrm{d}\sigma$ 称为面积元素, x 和 y 称为积分变量, D 称为积分区域, $\sum_{i=1}^{n} f(\xi_i, \eta_i)\Delta\sigma_i$ 称为积分和. 由于在平面上计算图形面积的基本方法是长 $\times$ 宽, 因此通常把面积元素 $\mathrm{d}\sigma$ 直接记作 $\mathrm{d}x\mathrm{d}y$, 二重积分 $\iint\limits_{D} f(x, y)\mathrm{d}\sigma$ 就直接记作 $\iint\limits_{D} f(x, y)\mathrm{d}x\mathrm{d}y$.

初等微积分中的各种积分都归属于黎曼积分的范畴, 二重积分也不例外. 二重积分的步骤依然是对定义域的分割, 取点作近似, 作积分和, 取积分和的极限. 与定积分的定义比较, 可以看到积分方法完全相同.

7.2.3 二重积分的性质

由于二重积分与定积分在定义上的共性, 二重积分与定积分有本质上完全相同的性质. 这里列举如下.

性质 1 若函数 $f(x, y)$ 在区域 D 上可积, k 是常数, 则有

$$\iint\limits_{D} kf(x, y)\mathrm{d}\sigma = k \iint\limits_{D} f(x, y)\mathrm{d}\sigma.$$

性质 2 若函数 $f(x, y)$ 与 $g(x, y)$ 在区域 D 上可积, 则它们的和与差都可积, 且有下面等式成立

$$\iint\limits_{D} [f(x, y) \pm g(x, y)]\mathrm{d}\sigma = \iint\limits_{D} f(x, y)\mathrm{d}\sigma \pm \iint\limits_{D} g(x, y)\mathrm{d}\sigma.$$

性质 1 和性质 2 统称为二重积分的线性性质, 它们可以用统一的公式来表达

$$\iint\limits_{D} [af(x, y) + bg(x, y)]\,\mathrm{d}\sigma = a \iint\limits_{D} f(x, y)\mathrm{d}\sigma + b \iint\limits_{D} g(x, y)\mathrm{d}\sigma,$$

其中 a, b 为常数.

性质 3 (可加性) 若区域 D 被分为不相交的两区域 D_1 与 D_2, 函数 $f(x,y)$ 在区域 D, D_1 以及 D_2 上都可积, 那么

$$\iint\limits_{D} f(x,y)\mathrm{d}\sigma = \iint\limits_{D_1} f(x,y)\mathrm{d}\sigma + \iint\limits_{D_2} f(x,y)\mathrm{d}\sigma.$$

性质 4 (单调性) 若函数 $f(x,y), g(x,y)$ 在区域 D 上可积, 且在 D 上恒有

$$f(x,y) \geqslant g(x,y)$$

成立, 那么

$$\iint\limits_{D} f(x,y)\mathrm{d}\sigma \geqslant \iint\limits_{D} g(x,y)\mathrm{d}\sigma.$$

特别地, 若在 D 上恒有 $f(x,y) \geqslant 0$, 则二重积分 $\iint\limits_{D} f(x,y)\mathrm{d}\sigma \geqslant 0$.

又由于在 D 上恒有

$$-|f(x,y)| \leqslant f(x,y) \leqslant |f(x,y)|,$$

则

$$-\iint\limits_{D} |f(x,y)|\mathrm{d}\sigma \leqslant \iint\limits_{D} f(x,y)\mathrm{d}\sigma \leqslant \iint\limits_{D} |f(x,y)|\mathrm{d}\sigma.$$

于是二重积分也有绝对值不等式成立

$$\left| \iint\limits_{D} f(x,y)\mathrm{d}\sigma \right| \leqslant \iint\limits_{D} |f(x,y)|\mathrm{d}\sigma.$$

性质 5 设函数 $f(x,y)$ 在 D 上可积, 且在 D 上恒有 $m \leqslant f(x,y) \leqslant M$ 成立, 其中 m, M 为常数, 则

$$m \cdot A_D \leqslant \iint\limits_{D} f(x,y)\mathrm{d}\sigma \leqslant M \cdot A_D,$$

其中 A_D 表示区域 D 的面积 (以下都用 A_D 表示 D 的面积).

性质 6 (积分中值定理) 设函数 $f(x,y)$ 在有界闭区域 D 上连续, 则在 D 上至少存在一点 (ξ, η), 使得

$$\iint\limits_{D} f(x,y)\mathrm{d}\sigma = f(\xi, \eta) \cdot A_D.$$

称 $\dfrac{1}{A_D} \displaystyle\iint\limits_{D} f(x,y)\mathrm{d}\sigma$ 为函数 $f(x,y)$ 在 D 上的平均值. 特别, 当 $f(x,y) \equiv 1$ 时,

$$\iint\limits_{D} \mathrm{d}\sigma = A_D.$$

7.3 直角坐标系下二重积分的计算

下面根据二重积分的几何意义来讨论直角坐标系下它的计算. 这种计算是将二重积分化为两个依次进行的定积分, 称为二次积分或累次积分.

在平面直角坐标系 xOy 中, 设积分区域可以表示为 D: $a \leqslant x \leqslant b$, $\varphi_1(x) \leqslant y \leqslant \varphi_2(x)$, 其中 $\varphi_1(x), \varphi_2(x)$ 在区间 $[a,b]$ 上连续. 能够表示为这种形式的区域称为 x-型区域. 其特点是: D 在 x 轴上的投影区间为 $[a,b]$; 通过区间 (a,b) 垂直于 x 轴的直线 $x=x$ 与 D 的边界最多有两个交点. 当这样的直线沿水平方向移动时, 这些交点的轨迹分别构成了 D 的两条边界线 (图 7.3). 位于上方的边界线 $y = \varphi_2(x)$ 称为上边界; 位于下方的边界线 $y = \varphi_1(x)$ 称为下边界.

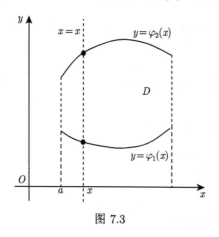

图 7.3

设连续函数 $z = f(x,y) \geqslant 0$, $(x,y) \in D$. 它所表示的曲面 Σ 在 xOy 坐标面上的投影就是区域 D. 如前所述, 以 Σ 为曲顶, D 为底的曲顶柱体的体积

$$V = \iint\limits_{D} f(x,y)\mathrm{d}x\mathrm{d}y.$$

我们采用定积分的方法来计算这个体积, 这个计算过程也就是二重积分的计算过程.

在区间 $[a,b]$ 上任意固定一点 x_0, 用过 x_0 垂直于 x 轴的平面去截曲顶柱体 (图 7.4 (a)), 其面积为 $S(x_0)$. 截面在 yOz 坐标面上的投影是以区间 $[\varphi_1(x_0),$

$\varphi_2(x_0)]$ 为底、曲线 $z = f(x_0, y)$ 为曲边的曲边梯形 (图 7.4 (b)). 根据定积分求曲边梯形的面积公式, 这个曲边梯形的面积为 $S(x_0) = \displaystyle\int_{\varphi_1(x_0)}^{\varphi_2(x_0)} f(x_0, y)\mathrm{d}y$.

将 x_0 记为 x. 于是过 $[a, b]$ 上任意一点 x 且垂直于 x 轴的平面截曲顶柱体所得截面的面积

$$S(x) = \int_{\varphi_1(x)}^{\varphi_2(x)} f(x, y)\mathrm{d}y.$$

曲顶柱体的体积微元为 $\mathrm{d}V = S(x)\mathrm{d}x$, 则曲顶柱体的体积为

$$V = \int_a^b S(x)\mathrm{d}x.$$

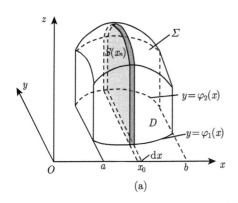
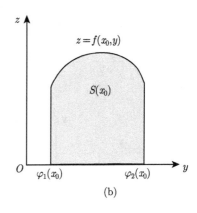

图 7.4

从而有计算公式

$$\iint\limits_D f(x, y)\mathrm{d}x\mathrm{d}y = \int_a^b \left[\int_{\varphi_1(x)}^{\varphi_2(x)} f(x, y)\mathrm{d}y \right]\mathrm{d}x,$$

上式通常被记为

$$\iint\limits_D f(x, y)\mathrm{d}x\mathrm{d}y = \int_a^b \mathrm{d}x \int_{\varphi_1(x)}^{\varphi_2(x)} f(x, y)\mathrm{d}y. \tag{7.4}$$

我们称 (7.4) 为先对 y 后对 x 的二次积分. 如果 $f(x, y)$ 不是非负函数, 二重积分的计算也可以使用公式 (7.4).

如果 D 是 x-形区域, 在 D 上的二重积分 $\displaystyle\iint\limits_D f(x, y)\mathrm{d}x\mathrm{d}y$ 的计算可以归结为两个定积分的计算问题. 第一次定积分计算公式 (7.4) 中左端积分式中的定积

分 $S(x) = \displaystyle\int_{\varphi_1(x)}^{\varphi_2(x)} f(x,y)\mathrm{d}y$，这个积分有时也叫做内层积分. 第二次定积分以函

数 $S(x)$ 作为被积函数计算定积分 $\displaystyle\int_a^b S(x)\,\mathrm{d}x$ 得到二重积分 $\displaystyle\iint_D f(x,y)\mathrm{d}x\mathrm{d}y$ 的

值. 第二次积分有时也叫做外层积分.

可见在计算二重积分的时候，确定积分区域的刻画方式，进而决定积分顺序是重中之重.

如果积分区域被看成 x-型区域，那么也就是选择内层积分对变量 y 进行，外层积分对变量 x 进行. 将积分区域 D 投影到 x 轴，找到投影区间 $[a,b]$. 对介于 a,b 之间的 x，作垂直直线 $x=x$ 由下向上穿过积分区域，决定进入区域的位置，也就是下边界 $y=\varphi_1(x)$；再决定离开区域的位置，也就是上边界 $y=\varphi_2(x)$（图 7.5）. 这样，内层积分是对变量 y 从 $\varphi_1(x)$ 到 $\varphi_2(x)$ 进行的，积分的结果记作 $S(x)$，外层积分是将 $S(x)$ 对变量 x 从 a 到 b 进行，即得到二重积分 $\displaystyle\iint_D f(x,y)\mathrm{d}x\mathrm{d}y$.

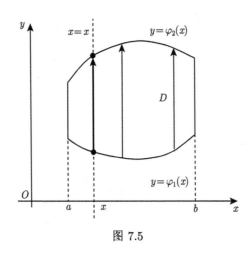

图 7.5

计算二重积分的这两种方法理论上都是可行的，但是，实际的计算复杂程度可能是不一样的. 因此，选择一个好的积分次序对计算二重积分是至关重要的.

例 7.3.1 计算二重积分 $I = \displaystyle\iint_D xy\mathrm{d}x\mathrm{d}y$，其中 D 是由抛物线 $y=x^2$ 及直线 $y=x$ 所围的区域.

解 积分区域 D，其中抛物线与直线的交点坐标由方程组 $\begin{cases} y=x^2, \\ y=x \end{cases}$ 的解确定. 显然，D 在 x 轴上的投影区间为 $[0,1]$，上边界为直线段 $y=x$；下边界

为抛物线段 $y = x^2$. 从而积分区域是 $D : 0 \leqslant x \leqslant 1, x^2 \leqslant y \leqslant x$. 于是 $I = \int_0^1 \mathrm{d}x \int_{x^2}^x xy\mathrm{d}y$. 如前所述, 先做内层积分的计算 $\int_{x^2}^x xy\mathrm{d}y$, 将 x 看作常数, 对 y 求定积分, 即

$$\int_{x^2}^x xy\mathrm{d}y = \frac{xy^2}{2}\bigg|_{x^2}^x = \frac{x \cdot x^2}{2} - \frac{x \cdot x^4}{2} = \frac{1}{2}(x^3 - x^5),$$

可见内层积分的结果是关于 x 的函数. 外层积分就是对这个函数在 $[0, 1]$ 上再求定积分, 从而

$$I = \frac{1}{2}\int_0^1 \left(x^3 - x^5\right)\mathrm{d}x = \frac{1}{2}\left(\frac{1}{4}x^4 - \frac{1}{6}x^6\right)\bigg|_0^1 = \frac{1}{24}.$$

将整个计算过程连接起来写在一起就是

$$I = \int_0^1 \mathrm{d}x \int_{x^2}^x xy\mathrm{d}y = \int_0^1 \frac{1}{2}\,xy^2\big|_{x^2}^x\,\mathrm{d}x = \frac{1}{2}\int_0^1 \left(x^3 - x^5\right)\mathrm{d}x = \frac{1}{24}.$$

注意 在进行内层积分时, 由于 x 被看作常数, 故 $\int_{x^2}^x xy\mathrm{d}y = x\int_{x^2}^x y\mathrm{d}y$. 这时二次积分通常写为 $I = \int_0^1 x\mathrm{d}x \int_{x^2}^x y\mathrm{d}y$ 的形式, 于是 $I = \int_0^1 x\left(\frac{y^2}{2}\bigg|_{x^2}^x\right)\mathrm{d}x = \int_0^1 \frac{x}{2}\left(x^2 - x^4\right)\mathrm{d}x = \frac{1}{24}$. 这样的计算过程更加简明.

如果积分区域被看作 y-型区域, 也就是说, 我们准备选择内层积分对 x 进行, 外层积分对 y 进行. 首先将积分区域投影到 y 轴上, 并找到投影区间 $[c, d]$. 对介于 c, d 的值 y, 用水平直线 $y = y$ 从左到右穿过积分区域, 决定进入积分区域的位置, 也就是左边界 $x = \psi_1(y)$; 再决定离开积分区域的位置, 也就是右边界 $x = \psi_2(y)$ (图 7.6). 这样, 内层积分对变量 x 从 $\psi_1(y)$ 到 $\psi_2(y)$ 进行, 积分的结果记作 $T(y)$, 外层积分将 $T(y)$ 对变量 y 从 c 到 d 进行积分, 即得到先对 x 后对 y 的二次积分

$$\iint\limits_D f(x,y)\mathrm{d}x\mathrm{d}y = \int_c^d \left[\int_{\psi_1(y)}^{\psi_2(y)} f(x,y)\mathrm{d}x\right]\mathrm{d}y = \int_c^d \mathrm{d}y \int_{\psi_1(y)}^{\psi_2(y)} f(x,y)\mathrm{d}x. \quad (7.5)$$

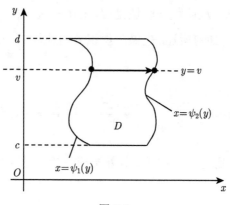

图 7.6

如在例 7.3.1 中, 积分区域 D 不仅是 x-型区域, 它也是 y-型区域 (图 7.7). D 在 y 轴上的投影区间是 $[0,1]$, 左边界是 $x = y$; 右边界是 $x = \sqrt{y}$. 因此,

$$D : 0 \leqslant y \leqslant 1, y \leqslant x \leqslant \sqrt{y}.$$

于是

$$I = \int_0^1 \mathrm{d}y \int_y^{\sqrt{y}} xy\mathrm{d}x = \int_0^1 \left[\int_y^{\sqrt{y}} xy\mathrm{d}x \right] \mathrm{d}y = \int_0^1 \left[\frac{x^2 y}{2} \Big|_y^{\sqrt{y}} \right] \mathrm{d}y$$

$$= \int_0^1 \left[\frac{y^2}{2} - \frac{y^3}{2} \right] \mathrm{d}y = \frac{1}{24}.$$

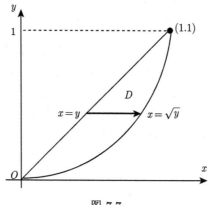

图 7.7

例 7.3.2 依照不同的积分次序计算 $I = \iint\limits_D xy\mathrm{d}x\mathrm{d}y$, 其中 D 由抛物线 $y^2 = x$ 及直线 $y = x - 2$ 围成.

解 画出积分区域 D 的图形, 解方程组 $\begin{cases} y^2 = x, \\ y = x - 2 \end{cases}$ 可得两个交点 $(4,2)$, $(1,-1)$.

如果先对 y 后对 x 积分, 这时的上边界为一条曲线 $y = \sqrt{x}$, 而下边界却为两条曲线 $y = -\sqrt{x}$ 和 $y = x - 2$. 因此需做出辅助线 $x = 1$, 将 D 分为两个区域 $D_{左}$ 和 $D_{右}$ (图 7.8). 它们在 x 轴上的投影分别为区间 $[0,1]$ 和 $[1,4]$. 则

$$I = \iint\limits_{D_{左}} xy\mathrm{d}x\mathrm{d}y + \iint\limits_{D_{右}} xy\mathrm{d}x\mathrm{d}y.$$

分别在这两个区域上做二次积分. 此时,

$$D_{左}: 0 \leqslant x \leqslant 1, -\sqrt{x} \leqslant y \leqslant \sqrt{x}, \quad D_{右}: 1 \leqslant x \leqslant 4, x-2 \leqslant y \leqslant \sqrt{x}. \text{ 于是}$$

$$\begin{aligned} \iint\limits_{D_{左}} xy\mathrm{d}x\mathrm{d}y &= \int_0^1 x\mathrm{d}x \int_{-\sqrt{x}}^{\sqrt{x}} y\mathrm{d}y \\ &= \int_0^1 x\left[\frac{1}{2}y^2 \Big|_{-\sqrt{x}}^{\sqrt{x}}\right]\mathrm{d}x = \frac{1}{2}\int_0^1 x[(\sqrt{x})^2 - (-\sqrt{x})^2]\mathrm{d}x \\ &= \frac{1}{2}\int_0^1 0\mathrm{d}x = 0 \end{aligned}$$

$$\begin{aligned} \iint\limits_{D_{右}} xy\mathrm{d}x\mathrm{d}y &= \int_1^4 x\mathrm{d}x \int_{x-2}^{\sqrt{x}} y\mathrm{d}y \\ &= \int_1^4 x\left[\frac{1}{2}y^2 \Big|_{x-2}^{\sqrt{x}}\right]\mathrm{d}x = \frac{1}{2}\int_1^4 x[(\sqrt{x})^2 - (x-2)^2]\mathrm{d}x \\ &= \frac{1}{2}\int_1^4 (-x^3 + 5x^2 - 4x)\mathrm{d}x = \frac{45}{8}. \end{aligned}$$

于是

$$I = 0 + \frac{45}{8} = \frac{45}{8}.$$

如果先对 x 后对 y 积分, 这时的左边界为 $x = y^2$, 右边界为 $x = y + 2$, 它们各为一条曲线 (图 7.9). D 在 y 轴上的投影为 $[-1,2]$. 因此 $D: -1 \leqslant y \leqslant 2, y^2 \leqslant x \leqslant y + 2$, 于是

$$\int_{-a}^a f(x)\mathrm{d}x = 2\int_0^a f(x)\mathrm{d}x.$$

这个例题说明了选择适当的积分次序可以使得二重积分的计算变得简单.

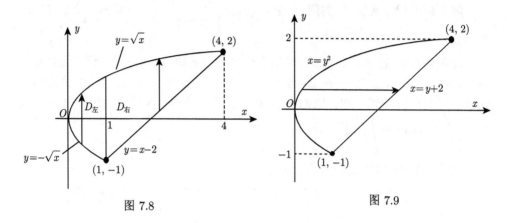

图 7.8　　　　　　　　　　　　图 7.9

例 7.3.3 设区域 D 由抛物线 $y^2 = 2x$ 及直线 $y = x - 4$ 围成, 求 D 的面积 A.

解 由于 $A = \iint\limits_{D} \mathrm{d}x\mathrm{d}y$, 只需计算这个二重积分即可. 积分区域 D (图 7.10). D 在 y 轴上的投影区间为 $[-2, 4]$, 左边界为 $x = \dfrac{1}{2}y^2$, 右边界为 $x = y + 4$. 于是

$$A = \int_{-2}^{4} \mathrm{d}y \int_{\frac{1}{2}y^2}^{y+4} \mathrm{d}x = \int_{-2}^{4} [x|_{\frac{1}{2}y^2}^{y+4}] \mathrm{d}y$$

$$= \int_{-2}^{4} \left[(y+4) - \frac{1}{2}y^2 \right] \mathrm{d}y$$

$$= \left(\frac{1}{2}y^2 + 4y - \frac{1}{6}y^3 \right) \Big|_{-2}^{4} = 18.$$

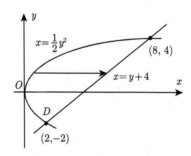

图 7.10

以上的讨论都是在积分区域 D 是 x-型或 y-型时将二重积分化为二次积分去

计算. 如果积分区域 D 不是这两类区域, 则需将 D 分割成若干个 x-型或 y-型的小区域, 然后利用区域可加性分别在各个小区域上做二次积分后再相加.

例 7.3.4 设 $f(x,y)$ 连续, 改变二次积分 $I = \int_{-2}^{2} \mathrm{d}x \int_{-\sqrt{4-x^2}}^{4-x^2} f(x,y)\mathrm{d}y$ 的次序.

解 先画出积分区域 D 的图形. 由给出的积分限可知 D: $-2 \leqslant x \leqslant 2$, $-\sqrt{4-x^2} \leqslant y \leqslant 4-x^2$. 原积分是先对 y 后对 x 的二次积分 (图 7.11 (a)). 若改变积分次序, 先对 x 后对 y 积分, 需把 D 用直线 $y=0$ 分为 $D_上$ 和 $D_下$ 两个区域 (图 7.11 (b)). 因此

$$I = \iint\limits_{D_上} f(x,y)\mathrm{d}x\mathrm{d}y + \iint\limits_{D_下} f(x,y)\mathrm{d}x\mathrm{d}y$$

$$= \int_0^4 \mathrm{d}y \int_{-\sqrt{4-y}}^{\sqrt{4-y}} f(x,y)\mathrm{d}x + \int_{-2}^0 \mathrm{d}y \int_{-\sqrt{4-y^2}}^{\sqrt{4-y^2}} f(x,y)\mathrm{d}x.$$

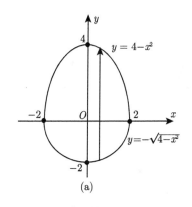
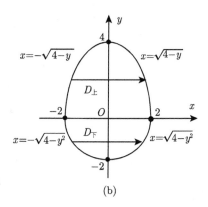

图 7.11

定积分中, 若积分区间为 $[-a,a]$, 当被积函数 $f(x)$ 是奇函数时 $\int_{-a}^{a} f(x)\mathrm{d}x = 0$; 当被积函数 $f(x)$ 是偶函数时, $\int_{-a}^{a} f(x)\mathrm{d}x = 2\int_0^a f(x)\mathrm{d}x$. 我们经常利用被积函数的奇偶性来简化定积分的计算. 在二重积分中, 我们也可以利用积分区域的对称性, 结合被积函数的奇偶性来简化计算.

设积分区域 D 关于 y 轴对称, 它被 y 轴分为左右对称的两部分

$$D = D_左 + D_右.$$

(1) 若被积函数 $f(x,y)$ 关于 x 是奇函数, 即对于任何 y 都有 $f(-x,y) = -f(x,y)$, 则

$$I = \iint\limits_{D} f(x,y)\mathrm{d}x\mathrm{d}y = 0.$$

(2) 若被积函数 $f(x,y)$ 关于 x 是偶函数, 即对于任何 y 都有 $f(-x,y) = f(x,y)$, 则

$$I = \iint\limits_{D} f(x,y)\mathrm{d}x\mathrm{d}y = 2\iint\limits_{D_左} f(x,y)\mathrm{d}x\mathrm{d}y = 2\iint\limits_{D_右} f(x,y)\mathrm{d}x\mathrm{d}y.$$

我们用图 7.12 所示的区域来说明以上结论. 设 D 在 y 轴上的投影为 $[a,b]$. 由于 D 关于 y 轴对称, 若右边界为 $x = \psi(y)$, 则左边界就为 $x = -\psi(y)$. 于是

$$I = \int_a^b \mathrm{d}y \int_{-\psi(y)}^{\psi(y)} f(x,y)\mathrm{d}x.$$

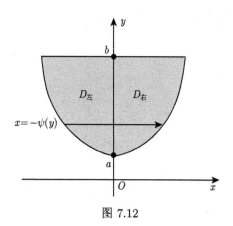

图 7.12

当 $f(x,y)$ 关于 x 是奇函数时, 内层积分 $\displaystyle\int_{-\psi(y)}^{\psi(y)} f(x,y)\mathrm{d}x = 0$, 从而 $I = \displaystyle\int_a^b 0\mathrm{d}x = 0$. 当 $f(x,y)$ 关于 x 是偶函数时, 内层积分

$$\int_{-\psi(y)}^{\psi(y)} f(x,y)\mathrm{d}x = 2\int_0^{\psi(y)} f(x,y)\mathrm{d}x,$$

于是

$$I = 2\int_a^b \mathrm{d}x \int_0^{\psi(y)} f(x,y)\mathrm{d}y = 2\iint\limits_{D_右} f(x,y)\mathrm{d}x\mathrm{d}y.$$

同理 $I = 2\iint\limits_{D_左} f(x,y)\mathrm{d}x\mathrm{d}y.$

如果积分区域关于 x 轴对称, 当考虑被积函数具有相应的奇偶性时, 也可得到类似的结论. 请读者自行叙述此种情况下二重积分的有关结论.

例 7.3.5　分别在下列区域上计算二重积分 $I = \iint\limits_D y\cos xy\mathrm{d}x\mathrm{d}y$,

(1) $D = [-1, 1] \times [0, 1]$ (图 7.13 (a));
(2) $D = [0, 1] \times [-1, 1]$ (图 7.13 (b)).

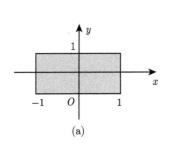
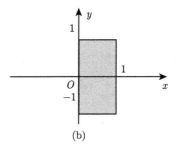

(a)　　　　　　(b)

图 7.13

解　(1) 此时的积分区域关于 y 轴对称, 被积函数 $y\cos xy$ 关于 x 是偶函数, 从而

$$I = \iint\limits_D y\cos xy\mathrm{d}x\mathrm{d}y = 2\int_0^1 \mathrm{d}y \int_0^1 y\cos xy\mathrm{d}x$$

$$= 2\int_0^1 \left[\sin(xy)\big|_0^1\right]\mathrm{d}y$$

$$= 2\int_0^1 \sin y\mathrm{d}y = 2(1 - \cos 1).$$

(2) 此时积分区域关于 x 轴对称, 被积函数关于 y 是奇函数, 从而 $I = 0$.

如果积分区域是矩形区域 $D = [a, b] \times [c, d]$ (图 7.14), 被积函数分别是关于 x 和 y 的两个一元函数的乘积 $f(x, y) = h(x)g(y)$, 则有

$$\iint\limits_D f(x, y)\mathrm{d}x\mathrm{d}y = \int_a^b \mathrm{d}x \int_c^d h(x)g(y)\mathrm{d}y$$

$$= \left(\int_a^b h(x)\mathrm{d}x\right) \cdot \left(\int_c^d g(y)\mathrm{d}y\right).$$

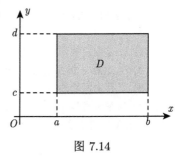

图 7.14

这时的二重积分可以表示为两个定积分的乘积 (请读者自行证明). 如

$$\int_0^1 \mathrm{d}x \int_0^{\frac{\pi}{2}} x\sin y\mathrm{d}y = \left(\int_0^1 x\mathrm{d}x\right)\cdot\left(\int_0^{\frac{\pi}{2}} \sin y\mathrm{d}y\right)$$
$$= \frac{1}{2}\cdot 1 = \frac{1}{2}.$$

习 题 7.3

1. 不用计算, 利用二重积分的性质判断下列二重积分的符号.

(1) $I = \iint\limits_D y^2 x\mathrm{e}^{-xy}\mathrm{d}\sigma$, 其中 $D: 0 \leqslant x \leqslant 1, -1 \leqslant y \leqslant 0$;

(2) $I = \iint\limits_D \ln(1 - x^2 - y^2)\mathrm{d}\sigma$, 其中 $D: x^2 + y^2 \leqslant \frac{1}{4}$.

2. 利用直角坐标计算下列二重积分

(1) $I = \iint\limits_D x\mathrm{e}^{xy}\mathrm{d}x\mathrm{d}y$, 其中 $D: 0 \leqslant x \leqslant 1, -1 \leqslant y \leqslant 0$;

(2) $I = \iint\limits_D \dfrac{\mathrm{d}x\mathrm{d}y}{(x - y)^2}$, 其中 $D: 1 \leqslant x \leqslant 2, 3 \leqslant y \leqslant 4$;

(3) $I = \iint\limits_D (3x + 2y)\mathrm{d}x\mathrm{d}y$, 其中 D 是由两个坐标轴及直线 $x + y = 2$ 围成;

(4) $I = \iint\limits_D x\cos(x + y)\mathrm{d}x\mathrm{d}y$, 其中 D 是顶点分别为 $(0,0), (\pi,0), (\pi,\pi)$ 的三角形区域;

(5) $I = \iint\limits_D xy^2\mathrm{d}x\mathrm{d}y$, 其中 D 是由抛物线 $y^2 = 2x$ 和直线 $x = \dfrac{1}{2}$ 所围的区域;

(6) $I = \iint\limits_D \dfrac{x^2}{y^2}\mathrm{d}x\mathrm{d}y$, 其中 D 是由直线 $x = 2, y = x$ 和双曲线 $xy = 1$ 围成的区域.

3. 将下列二重积分 $I = \iint\limits_D f(x, y)\mathrm{d}x\mathrm{d}y$ 按两种次序化为二次积分.

(1) D 是由直线 $y = x$ 及抛物线 $y^2 = 4x$ 围成的区域;
(2) D 是由 x 轴及半圆周 $x^2 + y^2 = 4(y \geqslant 0)$ 所围的区域;
(3) D 是由抛物线 $y = x^2$ 及 $y = 4 - x^2$ 所围的区域;
(4) D 是由直线 $y = x, y = 3x, x = 1$ 和 $x = 3$ 所围的区域.

4. 改变下列二次积分的次序.

(1) $I = \int_0^1 \mathrm{d}y \int_y^{\sqrt{y}} f(x, y)\mathrm{d}x$;

(2) $I = \int_0^1 \mathrm{d}y \int_{-\sqrt{1-y^2}}^{\sqrt{1-y^2}} f(x, y)\mathrm{d}x$;

(3) $I = \int_1^e \mathrm{d}x \int_0^{\ln x} f(x,y)\mathrm{d}y;$ (4) $I = \int_{-1}^1 \mathrm{d}x \int_{-\sqrt{1-x^2}}^{1-x^2} f(x,y)\mathrm{d}y.$

5. 利用二重积分计算下列平面图形的面积.

(1) 平面图形由抛物线 $y^2 = 2x$ 与直线 $y = x - 4$ 围成;

(2) 平面图形由曲线 $y = \cos x$ 在 $[0, 2\pi]$ 内的部分与直线 $y = 1$ 围成.

6. 求由四个平面 $x = 0, x = 1, y = 0, y = 1$ 所围的柱体被平面 $z = 0$ 及 $2x + 3y + z = 6$ 截得的立体的体积.

7. 求由平面 $x = 0, y = 0, x + y = 1$ 所围成的柱体被平面 $z = 0$ 及抛物面 $x^2 + y^2 = 6 - z$ 截得的立体的体积.

8. 求由曲面 $z = x^2 + 2y^2$ 及 $z = 6 - 2x^2 - y^2$ 所围的立体的体积.

9. 设平面板所在的区域 D 由直线 $y = 0, y = x$ 及 $x = 1$ 围成, 它在点 (x, y) 处的密度为 $\rho(x, y) = x^2 + y^2$, 求该平面板的质量.

小结

本章介绍多元函数微积分. 多元函数微积分是一元函数微积分的推广, 但是, 由于高维空间的复杂性, 两者也有不少差别. 本章以二元函数为例, 介绍了多元函数微积分的基本知识.

7.1 节简要介绍多元函数的概念, 以及多元函数的偏导数、高阶偏导数的定义与计算. 7.2 节以曲顶柱体的体积为例介绍二重积分的概念与主要性质. 7.3 节则以体积计算为例介绍在直角坐标系中把二重积分转化为两次定积分的具体方法.

知识点

1. 设 x, y, z 是三个变量, 如果变量 x, y 在一定范围内变化时, 按照某个法则 f, 对于 x, y 的每一组取值都唯一对应变量 z 的一个值, 则称变量 z 是变量 x, y 的函数, 记为 $z = f(x, y), z = z(x, y)$ 或 $f(x, y)$. 称变量 x, y 为函数的自变量, 称变量 z 为因变量.

2. 设函数 $z = f(x, y)$ 在点 (x_0, y_0) 的某个邻域内有定义. 固定 $y = y_0$, 称一元函数 $f(x, y_0)$ 在 x_0 点的导数为二元函数 $z = f(x, y)$ 在 (x_0, y_0) 点对 x 的偏导数.

3. 常数因子 k 可以提到积分号外面, 即 $\iint\limits_D kf(x, y)\mathrm{d}\sigma = k \iint\limits_D f(x, y)\mathrm{d}\sigma.$

4. 函数和 (或差) 的积分等于积分的和 (或差), 即

$$\iint\limits_D [f(x, y) \pm g(x, y)]\mathrm{d}\sigma = \iint\limits_D f(x, y)\mathrm{d}\sigma \pm \iint\limits_D g(x, y)\mathrm{d}\sigma.$$

5. 若积分区域 D 被分为两区域 D_1 与 D_2, 则在 D 上的二重积分等于 D_1 与 D_2 上二重积分的和, 即 $\iint\limits_{D} f(x,y)\mathrm{d}\sigma = \iint\limits_{D_1} f(x,y)\mathrm{d}\sigma + \iint\limits_{D_2} f(x,y)\mathrm{d}\sigma$.

6. 若在 D 上恒有 $f(x,y) \geqslant g(x,y)$, 则 $\iint\limits_{D} f(x,y)\mathrm{d}\sigma \geqslant \iint\limits_{D} g(x,y)\mathrm{d}\sigma$.

7. 设在 D 上恒有 $m \leqslant f(x,y) \leqslant M$, 其中 m, M 为常数, 则

$$m \cdot A_D \leqslant \iint\limits_{D} f(x,y)\mathrm{d}\sigma \leqslant M \cdot A_D,$$

其中 A_D 表示区域 D 的面积.

8. **积分中值定理** 设函数 $f(x,y)$ 在有界闭区域 D 上连续, 则在 D 上至少存在一点 (ξ, η), 使得 $\iint\limits_{D} f(x,y)\,\mathrm{d}x\mathrm{d}y = f(\xi, \eta) \cdot A_D$.

9. 若 $f(x,y)$ 是定义在 x-型区域 D 上的可积函数, 且

$$D = \{(x,y) \mid \varphi_2(x) \leqslant y \leqslant \varphi_1(x), a \leqslant x \leqslant b\},$$

那么有二重积分计算公式

$$\iint\limits_{D} f(x,y)\,\mathrm{d}x\mathrm{d}y = \int_a^b \mathrm{d}x \int_{\varphi_2(x)}^{\varphi_1(x)} f(x,y)\,\mathrm{d}y.$$

如果命运是块顽石, 我就化为大锤, 将它砸得粉碎!

——欧拉

欧拉, Leonhard Euler, 1707 年 4 月 15 日生于瑞士巴塞尔, 1783 年 9 月 18 日卒于俄国圣彼得堡, 瑞士数学家. 欧拉是历史上最多产的数学家, 他在包括解析几何、三角学、几何学、微积分以及数论等数学和物理学的广泛领域都做出过巨大的贡献.

欧拉出身于一个牧师家庭. 早年欧拉的父亲希望他献身神学, 他进入巴塞尔大学学习神学和希伯来语. 但是, 欧拉的数学才能引起约翰·伯努利的注意. 当伯努利们对欧拉的父亲说他的儿子注定是一位伟大的数学家时, 这位父亲让步了. 1727 年, 欧拉

应圣彼得堡科学院的邀请第一次来到俄国, 在十四年的留居生涯中, 他在分析学、数论和力学领域作出大量杰出的工作. 1741 年, 欧拉应腓特烈二世的邀请赴柏林科学院就职. 1766 年欧拉重返圣彼得堡直至离世. 欧拉 1735 年右眼几乎失明, 1766 年双目失明, 在双目失明后的 17 年里, 欧拉凭借强大的心算能力和超人的记忆力写作了大量的研究论文和学术著作.

今天我们可以在很多领域看到欧拉的名字, 比如欧拉公式、欧拉函数、欧拉方程、欧拉多项式、欧拉常数、欧拉积分、欧拉线等等. 在纯粹数学中仍然存在美,

$$e^{i\pi} + 1 = 0.$$

上面这个数学公式被认为是最优美的数学公式, 它就是欧拉发现的. 这个公式的非凡之处在于它包含了五个最重要的数: $0, 1, \pi, e, i$!

欧拉被同时代的人称为分析的化身. 法国著名数学家拉普拉斯说: 读读欧拉, 读读欧拉, 他是我们大家的老师.

部分习题答案

第 1 章　函数与极限

习题 1.1

1. (1) $\{x|x>3\}$; (2) $\{x|4<x<6\}$; (3) $\{x|3<x\leqslant 4\}$.

3. $a=1,b=2$.

4. (1) $\left\{x\middle|-\sqrt{2}\leqslant x<0 \text{ 或 } 0<x\leqslant\sqrt{2}\right\}$; (2) $\left\{x\middle|\dfrac{3}{2}<x\leqslant 4 \text{ 且 } x\neq 2\right\}$;

   (3) $\{x|-3\leqslant x\leqslant -1\}$; (4) $\{x|x\in\mathbb{R} \text{ 且 } x\neq 0\}$;

   (5) $\{x|x\in\mathbb{R} \text{ 且 } x\neq 2, x\neq 1\}$; (6) $\{x|2<x\leqslant 4\}$.

5. (1) $(-4,4)$;　　　　　　　　　　　　(2) $(a-\varepsilon,a+\varepsilon)$;

   (3) $(-\infty,-3]\cup[3,+\infty)$;　　　　　(4) $[-3,-2)\cup(4,5]$.

6. 不相同, 因为它们的定义域不相同, 前者的定义域为 $\{x|x\in\mathbb{R} \text{ 且 } x\neq 1\}$, 后者的定义域为全体实数.

7. $f(1)=0$,　$f(0)=-2$,　$f(-x)=x^2-x-2$,　$f\left(\dfrac{1}{x}\right)=\dfrac{1}{x^2}+\dfrac{1}{x}-2$.

8. $f[f(x)]=\dfrac{x}{1-2x}$;　　　　　　　　$f\{f[f(x)]\}=\dfrac{x}{1-3x}$.

9. $f(x-1)=\begin{cases} 0, & x=1, \\ 1, & \text{其他}; \end{cases}$　　　　$f(x^2-1)=\begin{cases} 0, & x=\pm 1, \\ 1, & \text{其他}. \end{cases}$

10. $f(x)=\begin{cases} (x-1)^2, & 1\leqslant x\leqslant 2, \\ 2(x-1), & 2<x\leqslant 3. \end{cases}$

11. (1) 偶函数; (2) 奇函数; (3) 非奇非偶函数; (4) 奇函数; (5) 非奇非偶函数; (6) 奇函数.

12. (1) $a>1$ 时为增函数, $a<1$ 时为减函数;

   (2) $x<0$ 时为增函数, $x>0$ 时为减函数;

(3) 减函数.

13. (1) $y = \dfrac{4x+2}{x-1}$ $(x \neq 1)$;

(2) $y = \dfrac{1}{4}\arcsin\dfrac{y}{3}$, $\quad y \in [-3,3]$;

(3) $y = e^{x-1} + 1$;

(4) $y = \sqrt[3]{x+6}$.

14. (1) $y = \sin(3x+1)$;

(2) $y = \sqrt{2+x^2}$;

(3) $y = e^{2\tan t}$;

(4) $y = \sqrt{\ln\sqrt{t}}$.

15. $y = -\dfrac{1}{2}x^2 + 4x$.

习题 1.2

1. (1) 0; (2) 1; (3) 1; (4) 0; (5) 3; (6) ∞; (7) 4; (8) $\dfrac{1}{2}$.

2. (1) 发散; (2) 发散; (3) 发散; (4) 收敛; (5) 收敛; (6) 发散.

习题 1.3

1. $\lim\limits_{x \to 0^+} f(0) = 1$, $\lim\limits_{x \to 0^-} f(0) = 1$, 故当 $x \to 0$ 时极限存在;

$\lim\limits_{x \to 0^+} g(0) = 1$, $\lim\limits_{x \to 0^-} g(0) = -1$. 故当 $x \to 0$ 极限不存在.

2. $\lim\limits_{x \to 3^+} f(x) = 3$, $\lim\limits_{x \to 3^-} f(x) = 8$.

3. (1) $5.4, 5.04, 5.004$; (2) $4.6, 4.96, 4.996$; (3) 5.

4. (1) $-2.2, -2.02, -2.002$; (2) $-1.8, -1.98, -1.998$; (3) -2.

5. (1) $1.21, 1.0201, 1.002001$; (2) $0.81, 0.9801, 0.998001$; (3) 1.

6. (1) $1.71, 1.9701, 1.997001$; (2) $2.31, 2.0301, 2.003001$; (3) 2.

习题 1.4

1. 不一定, 例如 $\lim\limits_{x \to 0} \dfrac{5x}{x} = 5$.

2. (1) 0; (2) 0.

3. 当 $x = 2k\pi$, $k \in \mathbb{N}$ 时, $x \to +\infty$, 此时 $y = 2k\pi$, 无界; 不是无穷大, 由于 $x = 2k\pi + \dfrac{\pi}{2}$ 时, $y = 0$, 而非无限增大.

4. $1000x^3$, $\quad \sqrt{3x}$, $\quad \dfrac{x}{0.0001}$, $\quad x + 0.01x$, $\quad \dfrac{x^4}{x}$.

5. (1) $-\dfrac{1}{2}$; (2) 1; (3) $\dfrac{5}{3}$; (4) $\sqrt{2}$; (5) $\dfrac{1}{3}$;

(6) 0; (7) 0; (8) 1; (9) 0; (10) ∞.

6. (1) 1; (2) $\dfrac{1}{2}$; (3) $3a^2$; (4) -1; (5) 1; (6) $\dfrac{5}{2}$; (7) $\dfrac{\sqrt{2}}{3}$; (8) -2; (9) $-\dfrac{2}{3}$.

7. (1) $\dfrac{3}{2}$; (2) $\dfrac{1}{1-q}$; (3) $\dfrac{3}{2}$; (4) 1; (5) $\dfrac{1}{2}$; (6) 1; (7) $\dfrac{1}{6}$; (8) 1; (9) $+\infty$.

8. 高阶无穷小: $x^4 + x^3, x^2\sqrt[3]{x} - 5x^3\sqrt{x}$;

同阶无穷小：$x^2\left(1+x^2\right), x^2\left(x^2+4x-7\right)$；

等价无穷小：$x^2\left(1+x^2\right)$.

习题 1.5

1. (1) 0;　(2) $\dfrac{3}{4}$;　(3) 2;　(4) $\dfrac{2}{3}$;　(5) 1;　(6) 1;　(7) x.

2. (1) e^4;　(2) e^{-1};　(3) 1;　(4) e^{-6};　(5) 1;　(6) $\dfrac{2}{3}$;　(7) 2;　(8) e^{-1}.

习题 1.6

2. (1) 连续; (2) 连续; (3) 不连续; (4) 连续.

3. 不连续, $\lim\limits_{x\to 0+} f(x) = \lim\limits_{x\to 0+} x^2 = 0$, $\lim\limits_{x\to 0-} f(x) = 0-1 = -1$, $\lim\limits_{x\to 0+} f(x) \neq \lim\limits_{x\to 0-} f(x)$, 故不连续.

4. $f(x)$ 在 $x=-1$ 处不连续, 在其他点都连续.

5. $k=1$.

6. $k=2$.

习题 1.7

1. $(-\infty, -3), (-3, 2), (2, +\infty)$, $\dfrac{1}{2}, -\dfrac{8}{5}, \infty$.

2. (1) $\dfrac{\mathrm{e}+1}{2}$;　(2) 1;　(3) $-\sqrt{2}$;　(4) ln3;　(5) $\cos a$;　(6) 1;　(7) e^{-2}.

3. 不连续.

4. $a=1$.

5. (1) $(-\infty, -2), (-2, 1), (1, +\infty)$;　　　(2) $\infty, \dfrac{8}{5}, \dfrac{2}{3}$.

6. (1) $(-\infty, 0), (0, +\infty)$;　　　(2) $(-\infty, 0), (0, +\infty)$;

   (3) $(-\infty, +\infty)$;　　　(4) $(-\infty, 2), (2, +\infty)$;

   (5) $(-\infty, 0), (0, +\infty)$;　　　(6) $(k\pi, k\pi+\pi), k \in \mathbb{Z}$.

第 2 章　导数与微分

习题 2.1

1. $-6, 0, 18.6$.

3. 12.

4. $(2, 6)$.

5. 切线方程 $y = -x + \dfrac{\pi}{3} + \dfrac{\sqrt{3}}{2}$, 法线方程 $y = x - \dfrac{\pi}{3} + \dfrac{\sqrt{3}}{2}$;

7. 可导.

8. 可导.

9. 连续, 可导.

10. $f(x)$ 在 $x = 0$ 处连续不可导, 在 $x = 1$ 处连续可导, 在 $x = 2$ 处不连续, 不可导.

11. $20, 50$.

12. 5.

习题 2.2

1. (1) $6x - 1$;　　　 (2) $(a + b)x^{a+b-1}$;　　 (3) $\dfrac{1}{\sqrt{x}} + \dfrac{1}{x^2}$;

　 (4) $x - \dfrac{4}{x^3}$;　　　 (5) $6x^2 - 2x$;　　　 (6) $\dfrac{3x + 1}{\sqrt{2x}}$.

2. (1) $2\ln x + 2$;　　 (2) $nx^{n-1}\ln x + x^{n-1}$;　 (3) $\dfrac{1}{2x\ln a}$;

　 (4) $\dfrac{-2}{(x-1)^2}$;　　 (5) $\dfrac{3(1-x^2)}{(1+x^2)^2}$;　　 (6) $\dfrac{10 - 12x + 3x^2}{(2-x)^2}$.

3. (1) $x\cos x - 2\sin x$;　　　　　 (2) $\dfrac{1 - \cos x - x\sin x}{(1 - \cos x)^2}$;

　 (3) $\sec^2 x - \tan x - x\sec^2 x$;　　 (4) $\dfrac{4\cos x + 8}{(1 + 2\cos x)^2}$.

4. (1) $\dfrac{3}{2}, 0$;　　　 (2) $\dfrac{\sqrt{2}}{8}(2 + \pi)$;　　 (3) $-\dfrac{1}{25}$.

5. (1) $3x^2 + 2x + 1$;　　　　　　 (2) $\dfrac{x}{\sqrt{x^2 - a^2}}$;

　 (3) $\dfrac{4}{\ln a} \cdot \dfrac{x}{1 + 2x^2}$;　　　 (4) $\dfrac{2x}{x^2 - a^2}$;

　 (5) $\dfrac{1}{2x}\left(1 + \dfrac{1}{\sqrt{\ln x}}\right)$;　　 (6) $\dfrac{1}{(1-x)\sqrt{x}}$;

　 (7) $nx^{n-1}\cos x^n$;　　　　　 (8) $n\sin^{n-1} x\cos(n+1)x$;

　 (9) $\csc x$;　　　　　　　　 (10) $2x\sin\dfrac{1}{x} - \cos\dfrac{1}{x}$;

　 (11) $\dfrac{1}{x\ln x}$;　　　　　　 (12) $\dfrac{1}{\sqrt{x^2 - a^2}}$.

6. (1) $4\mathrm{e}^{2x}$;　　　 (2) $-2x\mathrm{e}^{-x^2}$;　　 (3) $ax^{a-1} + a^x\ln a$;

　 (4) $\dfrac{1}{x^2}\mathrm{e}^{-\frac{1}{x}}$;　　 (5) $-\mathrm{e}^{-x}(\cos 3x + 3\sin 3x)$;

　 (6) $(2x + 1)\mathrm{e}^{x^2 + x - 2}\cos\left(\mathrm{e}^{x^2 + x - 2}\right)$.

7. (1) $\dfrac{2(1 - x^2)}{(1 + x^2)^2}$;　 (2) $\dfrac{1}{x}$;　　 (3) $2x(2x^2 + 3)\mathrm{e}^{x^2}$;　 (4) $-2\mathrm{e}^{-x}\cos x$.

8. (1) $y'' = 4f''(2x^2) + 16x^2 f''(2x^2)$;　 (2) $y'' = \dfrac{4[f(2x)f''(2x) - (f'(2x))^2]}{[f(2x)]^2}$.

9. (1) $y^{(n)} = (\ln a)^n a^x$;　　　　 (2) $y^{(n)} = (-1)^{n-1}\dfrac{(n-1)!}{(1+x)^n}$;

(3) $y^{(n)} = 2^n \cos\left(2x + \dfrac{n\pi}{2}\right)$;　　　　(4) $y^{(n)} = m(m-1)\cdots(m-n+1)x^{m-n}$.

习题 2.3

1. (1) $y' = \dfrac{y-2x}{2y-x}$;　　　　　　(2) $y' = \dfrac{ay}{y-ax}$;

　(3) $y' = \dfrac{2y}{y-1}$;　　　　　　(4) $y' = \dfrac{e^y}{1-xe^y}$.

2. (1) $y' = \dfrac{1}{\sqrt{4-x^2}}$;　　　　　(2) $y' = \dfrac{1}{x^2+1}$;

　(3) $y' = \dfrac{2\arcsin\dfrac{x}{2}}{\sqrt{4-x^2}}$;　　　　(4) $y' = 2\sqrt{1-x^2}$;

　(5) 0.

3. (1) $y' = y\left[\dfrac{1}{x} - \dfrac{1}{2}\left(\dfrac{1}{1+x} + \dfrac{1}{1-x}\right)\right]$;　　(2) $y' = y\left[\dfrac{2}{x} + \dfrac{1}{1-x} - \dfrac{1}{2}\left(\dfrac{1}{3-x} + \dfrac{2}{3+x}\right)\right]$.

　(3) $y' = \dfrac{ny}{\sqrt{1+x^2}}$;　　　　　(4) $y' = y\left(\dfrac{a_1}{x-a_1} + \cdots + \dfrac{a_n}{x-a_n}\right)$.

4. (1) $y' = -\dfrac{2\sin\ln(1+2x)}{1+2x}$;　　　　(2) $y' = (\ln x)^x\left[\ln(\ln x) + \dfrac{1}{\ln x}\right]$

　(3) $y' = 2x^{x^2+1}\ln x + x^{x^2+1} + 2xe^{x^2} + e^x x^{e^x}\ln x + e^x x^{e^x-1} + e^{x+e^x}$;

　(4) $y' = -\dfrac{\sqrt{y}}{\sqrt{x}}$;　　　　　(5) $y_x = -\dfrac{f'\left(\arcsin\dfrac{1}{x}\right)}{x\sqrt{x^2-1}}$;

　(6) $y_x = f'(e^x + e^x)(e^x + exe^{x-1})$;　　(7) $y_x = \sin 2x(f'(\sin^2 x) - f'(\cos^2 x))$.

5. $y' = \dfrac{1}{1 - \varepsilon\cos y}$.

6. $y' = \dfrac{x\left(a^2 - 2x^3 - 2xy^2\right)}{y\left(a^2 + 2x^2 + 2y^2\right)}$.

7. (1) $\dfrac{\mathrm{d}y}{\mathrm{d}x} = \dfrac{3t^2+1}{2t}$;　　　　(2) $\dfrac{\mathrm{d}y}{\mathrm{d}x} = \dfrac{\cos\theta - \theta\sin\theta}{1 - \sin\theta - \theta\cos\theta}$.

8. (1) $\dfrac{\mathrm{d}^2 y}{\mathrm{d}x^2} = 6t + 11 + \dfrac{5}{t}$;　　　(2) $\dfrac{\mathrm{d}^2 y}{\mathrm{d}x^2} = \dfrac{1}{f''(t)}$.

习题 2.4

1. $\mathrm{d}y|_{x=1} = 7\mathrm{d}x$, $\Delta x = 1$ 时, $\Delta y = 8$; $\Delta x = 0.2$ 时, $\Delta y = 1.44$; $\Delta x = 0.001$ 时, $\Delta y = 0.007001$.

2. (1) $\mathrm{d}y = -\dfrac{x}{\sqrt{1-x^2}}\mathrm{d}x$;　　　　(2) $\mathrm{d}y = \dfrac{2}{x}\mathrm{d}x$;

　(3) $\mathrm{d}y = -e^{-x}(\cos x + \sin x)\mathrm{d}x$;　　(4) $\mathrm{d}y = \dfrac{1}{2\sqrt{x-x^2}}\mathrm{d}x$;

　(5) $\mathrm{d}y = -\dfrac{3x^2}{2(1-x^3)}\mathrm{d}x$;　　　　(6) $\mathrm{d}y = \dfrac{1}{2}\sec^2\left(\dfrac{x}{2}\right)\mathrm{d}x$.

3. (1) $\mathrm{d}y = 0$;　　(2) $\mathrm{d}y = \dfrac{2}{e}\mathrm{d}x$;　　(3) $\mathrm{d}y = 9\mathrm{d}x$;

　(4) $\mathrm{d}y = -11\mathrm{d}x$;　　(5) $\mathrm{d}y = -\pi^2\mathrm{d}x$;　　(6) $\mathrm{d}y = 0$.

4. $\mathrm{d}s = A\omega\cos(\omega t + \varphi)\mathrm{d}t$.

第 3 章　中值定理与导数的应用

习题 3.2

1. (1) 1;　　(2) 2;　　(3) $\dfrac{m}{n}a^{m-n}$;　(4) -1;　　(5) $\dfrac{1}{3}$;　　(6) $\dfrac{2}{3}$;

(7) $\mathrm{e}^{\frac{1}{3}}$;　　(8) $-\dfrac{1}{3}$;　　(9) $\mathrm{e}^{-\frac{1}{3}}$;　　(10) $\mathrm{e}^{\frac{1}{3}}$;　　(11) $\dfrac{1}{2}$;　　(12) 0.

3. $\dfrac{17}{2}$.

习题 3.3

1. 增区间 $[0, 100]$, 减区间 $[100, +\infty)$.

2. 增区间 $[-1, 0]$, $[1, +\infty)$; 减区间 $(-\infty, -1]$, $[0, 1]$.

3. 增区间 $(-\infty, -1]$, $[3, +\infty)$, 减区间 $[-1, 1)$, $(1, 3]$.

7. (1) 拐点 $\left(\dfrac{5}{3}, \dfrac{20}{27}\right)$, 凹区间 $\left(-\infty, \dfrac{5}{3}\right)$, 凸区间 $\left(\dfrac{5}{3}, +\infty\right)$;

(2) 拐点 $(-2, -2\mathrm{e}^{-2})$, 凹区间 $(-\infty, -2)$, 凸区间 $(-2, +\infty)$;

(3) 拐点 $(-1, \ln 2)$, $(1, \ln 2)$, 凹区间 $(-\infty, -1)$, $(1, +\infty)$, 凸区间 $[-1, 1]$;

(4) 没有拐点, 整个区间为凸区间;

(5) 拐点 $(0, 0)$, $\left(\sqrt{3}, \dfrac{\sqrt{3}}{2}\right)$, $\left(-\sqrt{3}, -\dfrac{\sqrt{3}}{2}\right)$, 凹区间 $(-\infty, -\sqrt{3})$, $(0, \sqrt{3})$, 凸区间 $(-\sqrt{3}, 0)$, $(\sqrt{3}, +\infty)$.

8. (1) 凹函数; (2) 凸函数.

习题 3.4

1. (1) 极小值 $y(-1) = y(1) = 4$, 极大值 $y(0) = 5$;

(2) 极小值 $y\left(-\dfrac{\pi}{4} + 2k\pi\right) = -\dfrac{\sqrt{2}}{2}\mathrm{e}^{-\frac{\pi}{4}+2k\pi}$, 极大值 $y\left(\dfrac{3\pi}{4} + 2k\pi\right) = \dfrac{\sqrt{2}}{2}\mathrm{e}^{\frac{3\pi}{4}+2k\pi}$;

(3) 极小值 $y(-3) = 27$, 没有极大值;

(4) 极小值 $y(1) = 2 - 4\ln 2$, 没有极大值;

(5) 极小值 $y(0) = 0$, 极大值 $y(2) = \dfrac{4}{\mathrm{e}^2}$;

(6) 极小值 $y\left(\dfrac{2}{5}\right) = -\dfrac{3}{5}\sqrt[3]{\dfrac{4}{25}}$.

2. $a = 2$, $f\left(\dfrac{\pi}{3}\right) = \sqrt{3}$.

3. (1) 最大值 $y(1) = \dfrac{1}{2}$, 最大值 $y(0) = 0$;

(2) 最大值 $y(-10) = 132$, 最小值 $y(1) = y(2) = 0$;

(3) 最大值 $y(4) = 6$, $y(0) = 0$.

4. $2\pi\left(1 - \dfrac{\sqrt{6}}{3}\right)$.

5. $\sqrt[3]{\dfrac{a}{2k}}$.

6. $\dfrac{20\sqrt{3}}{3}$.

7. $\left(\dfrac{a}{\sqrt{3}}, \dfrac{2}{3}a^2\right)$.

第 4 章　不定积分

习题 4.1

1. (1) $f(x) = \dfrac{x^2}{2} + 2x - 1$;   (2) $f(x) = x^2 - 3$.

2. (1) $x - \dfrac{4}{3}x^3 + C$;   (2) $\dfrac{2^x}{\ln 2} + \dfrac{x^3}{3} + C$;

  (3) $\dfrac{3}{4}x^{\frac{4}{3}} - 4x^{\frac{1}{2}} + C$;   (4) $\dfrac{2}{5}x^{\frac{5}{2}} - 2x^{\frac{3}{2}} + C$;

  (5) $x - \arctan x + C$;   (6) $\dfrac{t^2}{2} + 3t + 3\ln|t| - \dfrac{1}{t} + C$;

  (7) $\dfrac{2}{5}x^{\frac{5}{2}} + \dfrac{1}{2}x^2 + 6x^{\frac{1}{2}} + C$;   (8) $u - \sin u + C$;

  (9) $\mathrm{e}^t + t + C$;   (10) $\tan x + \cot x + C$.

3. $f'(x) = \dfrac{2}{x^3}$.

4. $-\sin x + C$.

5. $f(x) = \begin{cases} \dfrac{x^3}{3} + C, & x \leqslant 0, \\[2mm] -\cos x + 1 + C, & x > 0. \end{cases}$

习题 4.2

1. (1) $-\dfrac{2}{7}(2-x)^{\frac{7}{2}} + C$;   (2) $-\sqrt{1-2v} + C$;

  (3) $\dfrac{1}{3} \cdot \dfrac{a^{3x}}{\ln a} + C$;   (4) $-\mathrm{e}^{-x} + C$;

  (5) $\ln(1 + x^2) + C$;   (6) $\dfrac{1}{3}(u^2 - 3)^{\frac{3}{2}} + C$;

  (7) $-2\mathrm{e}^{\frac{1}{2x}} + C$;   (8) $(x^3 - 5)^{\frac{1}{3}} + C$;

  (9) $\dfrac{(\ln x)^3}{3} + C$;   (10) $\dfrac{1}{2}\ln|1 + 2t| + C$;

  (11) $\ln|\ln x| + C$;   (12) $5\ln(\mathrm{e}^x + 1) + C$;

  (13) $\dfrac{1}{6}\arctan\dfrac{3x}{2} + C$;   (14) $3\sin\dfrac{2}{3}x + C$;

(15) $e^{\sin x} + C$; (16) $\sin e^x + C$;

(17) $\arctan e^t + C$.

2. (1) $\dfrac{3}{4}(x+a)^{\frac{4}{3}} + C$; (2) $\dfrac{6}{5}(x+2)^{\frac{5}{2}} - 4(x+2)^{\frac{3}{2}} + C$;

(3) $\sqrt{2x-3} - \ln(\sqrt{2x-3}+1) + C$; (4) $3x^{\frac{1}{3}} - 6x^{\frac{1}{6}} + 6\ln(1+x^{\frac{1}{6}}) + C$.

习题 4.3

(1) $x\ln(x^2+1) - 2x + 2\arctan x + C$; (2) $x\arctan x - \dfrac{1}{2}\ln(1+x^2) + C$;

(3) $xe^x - e^x + C$; (4) $-x\cos x + \sin x + C$;

(5) $-\dfrac{\ln x}{x} - \dfrac{1}{x} + C$; (6) $-e^{-x}(x^2 + 2x + 2) + C$;

(7) $\dfrac{1}{2}e^x(\sin x - \cos x) + C$; (8) $2e^{\sqrt{x}}(\sqrt{x} - 1) + C$;

(9) $2x\ln x - 2x + C$; (10) $\tan x \ln\cos x + \tan x - x + C$;

(11) $\dfrac{1}{2}x(\sin\ln x + \cos\ln x) + C$; (12) $x\tan x - \ln|\cos x| - \dfrac{x^2}{2} + C$;

(13) $\dfrac{1}{6}(1-x)^6 - \dfrac{1}{5}(1-x)^5 + C$; (14) $x(\arcsin x)^2 + 2\arcsin x\sqrt{1-x^2} - 2x + C$.

第 5 章　定积分及其应用

习题 5.1

1. $\dfrac{b^2 - a^2}{2}$.

2. (1) 直线 $y = 2x$ 与 $x = 1$, x 轴围成的面积为 1.

(2) $x^2 + y^2 = R^2(y > 0)$ 在第一象限与 x 轴, y 轴围成的面积, 说明圆的面积是 πR^2.

(3) $y = \sin x$ 在 $[-\pi, \pi]$ 上与 x 轴围成的面积在 y 轴的上下两部分的面积相等.

3. (1) 6; (2) 0; (3) $\dfrac{25}{2}\pi$; (4) $\dfrac{1}{2}a(ab + 2c)$.

4. $e - 1$.

5. 10.

习题 5.2

1. (1) >; (2) >; (3) >.

2. (1) $[1, e]$; (2) $\left[0, \dfrac{27}{16}\right]$; (3) $\left[-2, \dfrac{2}{3}\right]$; (4) $\left[\dfrac{\pi}{9}, \dfrac{2\pi}{3}\right]$.

4. (1) 正号; (2) 正号.

习题 5.3

1. (1) $F'(x) = \sqrt{1+x}$;　　　　　　　　(2) $F'(x) = -xe^x$;

   (3) $F'(x) = \dfrac{2x}{\sqrt{1+x^8}}$;　　　　　　(4) $F'(x) = 2xe^{x^2} - 3x^2e^{x^3}$;

   (5) $F'(x) = \dfrac{e^{-x}}{2\sqrt{x}}$;　　　　　　　(6) $F'(x) = \dfrac{e^{\frac{1}{x}}}{x}$.

2. (1) $\dfrac{196}{3}$;　　　　　(2) 12;　　　　　　　(3) $-\dfrac{65}{4}$;

   (4) $10 + 12\ln 2 - 4\ln 3$;　(5) 5;　　　　　　(6) $\dfrac{1}{2} - \dfrac{1}{4}\ln 3$.

3. (1) 1;　　　　　(2) $\dfrac{1}{2}$.

4. 最大值 $F(0) = 0$, 最小值 $F(4) = -\dfrac{32}{3}$.

5. $c = \dfrac{5}{2}$.

习题 5.4

1. (1) $4 - 2\ln 3$;　　(2) $4 - 2\arctan 2$;　　(3) $6 - \dfrac{3}{2}\pi$;

   (4) $\dfrac{\pi}{6}$;　　　　　(5) $\dfrac{\pi}{3} + \dfrac{\sqrt{3}}{2}$;　　　(6) $2\sqrt{3} - 2$;

   (7) $1 - \dfrac{1}{\sqrt{e}}$;　　(8) $\pi - 2$;　　　　(9) $2\sqrt{2}$.

2. (1) 1;　　　　　　(2) $\dfrac{\sqrt{3}\pi}{12} + \dfrac{1}{2}$;　　(3) $-\dfrac{2}{e} + 1$;

   (4) 1;　　　　　　(5) $\dfrac{1}{2}(e^{\frac{\pi}{2}} + 1)$;　　(6) $\dfrac{\pi}{4} - \dfrac{1}{2}$;

   (7) $\dfrac{\sqrt{2}\pi}{4} - \dfrac{1}{2}\ln(3 - 2\sqrt{2})$;　　　　(8) $\dfrac{\pi^2}{8} - 1$.

3. $\max I(x) = I(e^2) = \ln(e - 1) - \dfrac{e}{e - 1}$.

习题 5.5

1. (1) $\dfrac{4}{3}a\sqrt{a}$;　(2) $\dfrac{10}{3}$;　(3) $\dfrac{8}{3}$;　(4) $\dfrac{\pi}{2} - 1$;　(5) 4.

2. $c = \dfrac{1}{2}$.

3. (1) $\pi r^2 h$;　(2) $\dfrac{\pi}{3}r^2 h$;　　(3) $\dfrac{\pi}{3}h\left(r_1^2 + r_1 r_2 + r_2^2\right)$;　　(4) $\dfrac{4}{3}\pi r^3$;　　(5) $2\pi^2 R r^2$.

习题 5.6

1. (1) 1;　　　　　(2) 1;　　　　　(3) $\dfrac{\sqrt{2}\pi}{24}$;　　　(4) $\dfrac{\pi}{12}$.

2. (1) 2;　　　　　(2) $4\sqrt{2}$;　　　(3) π;　　　　(4) -1.

第 6 章　常微分方程

习题 6.1

1. (1) 一阶方程;　(2) 一阶方程;　(3) 三阶方程;　(4) 一阶方程.

习题 6.2

1. (1) $y^2 = x^2 + C$;　(2) $y = Cx$;　(3) $\mathrm{e}^x + \mathrm{e}^{-y} = C$;

　(4) $y = \mathrm{e}^{Cx}$;　(5) $\sin y = \dfrac{C}{\sin x}$.

2. (1) $y = x \arcsin Cx$;　(2) $\arctan \dfrac{y}{x} + \ln \sqrt{x^2 + y^2} = C$;

　(3) $y^2 = 2x^2(\ln|x| + C)$;　(4) $x^2 = y^2(\ln|x| + C)$.

3. (1) $y = C\mathrm{e}^{-x}$;　(2) $y = (C + x)\mathrm{e}^{-x}$;

　(3) $y = \dfrac{C}{x^2} + \dfrac{x}{3}$;　(4) $xy - \dfrac{1}{4}y^4 = C$.

4. (1) $y = 4\cos x - 3$;　(2) $\ln|\ln y| = -\cot x$;

　(3) $\cos y = \dfrac{\sqrt{2}}{4}(\mathrm{e}^x + 1)$;　(4) $\dfrac{1}{2}\left(\dfrac{y}{x}\right)^2 = \ln|x| + 2$.

第 7 章　二元函数微积分

习题 7.1

1. (1) $\{(x, y) | x^2 \geqslant y, x \geqslant 0, y \geqslant 0\}$;　(2) $\{(x, y) | y^2 - 2x + 1 > 0\}$;

　(3) $\{(x, y) | y^2 + x^2 \neq 0\}$;　(4) $\{(x, y) | x > y, x + y \geqslant 0\}$.

2. (1) $\dfrac{\partial z}{\partial x} = 3x^2 y - y^3$,　$\dfrac{\partial z}{\partial y} = x^3 - 3xy^2$;

　(2) $\dfrac{\partial z}{\partial x} = \dfrac{1}{3}x^{-\frac{4}{3}}$,　$\dfrac{\partial z}{\partial y} = -6y^{-3}$;

　(3) $\dfrac{\partial z}{\partial x} = \mathrm{e}^{-xy} - xy\mathrm{e}^{-xy}$,　$\dfrac{\partial z}{\partial y} = -x^2 \mathrm{e}^{-xy}$;

　(4) $\dfrac{\partial z}{\partial x} = \dfrac{-2y}{(x - y)^2}$,　$\dfrac{\partial z}{\partial y} = \dfrac{2x}{(x - y)^2}$;

　(5) $\dfrac{\partial z}{\partial x} = \dfrac{-y}{x^2 + y^2}$,　$\dfrac{\partial z}{\partial y} = \dfrac{x}{x^2 + y^2}$;

　(6) $\dfrac{\partial z}{\partial x} = y\cos(xy) - y\sin 2xy$,　$\dfrac{\partial z}{\partial y} = x\cos(xy) - x\sin 2xy$;

　(7) $\dfrac{\partial u}{\partial x} = 2x\cos(x^2 + y^2 + z^2)$,　$\dfrac{\partial u}{\partial y} = 2y\cos(x^2 + y^2 + z^2)$,

$$\frac{\partial u}{\partial z} = 2z\cos(x^2 + y^2 + z^2);$$

(8) $\dfrac{\partial u}{\partial x} = \dfrac{y}{z}x^{\frac{y}{z}-1}, \quad \dfrac{\partial u}{\partial y} = \dfrac{1}{z}x^{\frac{y}{z}}\ln x, \quad \dfrac{\partial u}{\partial z} = -\dfrac{y}{z^2}x^{\frac{y}{z}}\ln x.$

3. $f_x(3,4) = \dfrac{2}{5}$.

4. $f_y'(1,1) = 1 + 2\ln 2$.

5. (1) $\dfrac{\partial^2 z}{\partial x^2} = 6x - 4y^2, \quad \dfrac{\partial^2 z}{\partial x\partial y} = -8xy, \quad \dfrac{\partial^2 z}{\partial y^2} = 6y - 4x^2;$

(2) $\dfrac{\partial^2 z}{\partial x^2} = \dfrac{-2xy}{(x^2+y^2)^2}, \quad \dfrac{\partial^2 z}{\partial x\partial y} = \dfrac{x^2 - y^2}{(x^2+y^2)^2}, \quad \dfrac{\partial^2 z}{\partial y^2} = \dfrac{2xy}{(x^2+y^2)^2};$

(3) $\dfrac{\partial^2 z}{\partial x^2} = y(y-1)x^{y-2}, \quad \dfrac{\partial^2 z}{\partial x\partial y} = x^{y-1} + y\ln x \cdot x^{y-1}, \quad \dfrac{\partial^2 z}{\partial y^2} = \ln^2 x \cdot x^y;$

(4) $\dfrac{\partial^2 z}{\partial x^2} = -\mathrm{e}^y\cos(x-y), \quad \dfrac{\partial^2 z}{\partial x\partial y} = \mathrm{e}^y[\cos(x-y) - \sin(x-y)], \quad \dfrac{\partial^2 z}{\partial y^2} = 2\mathrm{e}^y\sin(x-y).$

6. $f_{xx}(0,0,1) = 2, \ f_{xz}(1,0,2) = 2, \ f_{yz}(0,-1,0) = 0.$

9. (1) 极小值 $z(1,0) = 0$; (2) 极小值 $z(1,0) = -1$; (3) 极小值 $z(3,2) = 108$; (4) 极小值 $z(4,2) = 6$.

习题 7.3

1. (1) $I = \displaystyle\iint\limits_{D} y^2 x\mathrm{e}^{-xy}\mathrm{d}\sigma > 0;$ (2) $I = \displaystyle\iint\limits_{D} \ln(1 - x^2 - y^2)\mathrm{d}\sigma < 0.$

2. (1) $I = \displaystyle\iint\limits_{D} x\mathrm{e}^{xy}\mathrm{d}x\mathrm{d}y = \mathrm{e} - 1;$ (2) $I = \displaystyle\iint\limits_{D} \dfrac{\mathrm{d}x\mathrm{d}y}{(x-y)^2} = -\ln 3;$

(3) $I = \displaystyle\iint\limits_{D} (3x + 2y)\mathrm{d}x\mathrm{d}y = \dfrac{20}{3};$ (4) $I = \displaystyle\iint\limits_{D} x\cos(x+y)\mathrm{d}x\mathrm{d}y = -\pi;$

(5) $I = \displaystyle\iint\limits_{D} xy^2\mathrm{d}x\mathrm{d}y = \dfrac{1}{21};$ (6) $I = \displaystyle\iint\limits_{D} \dfrac{x^2}{y^2}\mathrm{d}x\mathrm{d}y = \dfrac{9}{4}.$

3. (1) $I = \displaystyle\int_0^4 \mathrm{d}x \int_x^{2\sqrt{x}} f(x,y)\mathrm{d}y = \int_0^4 \mathrm{d}y \int_{\frac{y^2}{4}}^{y} f(x,y)\mathrm{d}x;$

(2) $I = \displaystyle\int_{-2}^2 \mathrm{d}x \int_0^{\sqrt{4-x^2}} f(x,y)\mathrm{d}y = \int_0^2 \mathrm{d}y \int_{-\sqrt{4-y^2}}^{\sqrt{4-y^2}} f(x,y)\mathrm{d}x;$

(3) $I = \displaystyle\int_{-\sqrt{2}}^{\sqrt{2}} \mathrm{d}x \int_{x^2}^{4-x^2} f(x,y)\mathrm{d}y = \int_0^2 \mathrm{d}y \int_{-\sqrt{y}}^{\sqrt{y}} f(x,y)\mathrm{d}x + \int_2^4 \mathrm{d}y \int_{-\sqrt{4-y}}^{\sqrt{4-y}} f(x,y)\mathrm{d}x;$

(4) $I = \displaystyle\int_1^3 \mathrm{d}x \int_x^{3x} f(x,y)\mathrm{d}y = \int_1^3 \mathrm{d}y \int_1^{y} f(x,y)\mathrm{d}x + \int_3^9 \mathrm{d}y \int_{\frac{y}{3}}^{3} f(x,y)\mathrm{d}x.$

4. (1) $I = \displaystyle\int_0^1 \mathrm{d}x \int_{x^2}^{x} f(x,y)\mathrm{d}y;$ (2) $I = \displaystyle\int_{-1}^1 \mathrm{d}x \int_0^{\sqrt{1-x^2}} f(x,y)\mathrm{d}y;$

(3) $I = \int_0^1 \mathrm{d}y \int_{e^y}^{e} f(x, y)\mathrm{d}x$;

(4) $I = \int_{-1}^0 \mathrm{d}y \int_{-\sqrt{1-y^2}}^{\sqrt{1-y^2}} f(x, y)\mathrm{d}x + \int_0^1 \mathrm{d}y \int_{-\sqrt{1-y}}^{\sqrt{1-y}} f(x, y)\mathrm{d}x$.

5. (1) $S = 18$;　　(2) $S = 2\pi$.

6. $\dfrac{7}{2}$.

7. $\dfrac{17}{6}$.

8. 6π.

9. $\dfrac{1}{3}$.

参考文献

陈建华. 2004. 经济应用数学：线性代数. 北京. 高等教育出版社.

黄惠青, 梁治安. 2006. 线性代数. 北京: 高等教育出版社.

李心灿. 1997. 高等数学应用 205 例. 北京: 高等教育出版社.

申亚男, 张晓丹, 李为东. 2017. 线性代数. 2 版. 北京: 机械工业出版社.

盛聚, 谢式千, 潘承毅. 2008. 概率论与数理统计. 4 版. 北京: 高等教育出版社.

同济大学数学系. 2014. 高等数学. 7 版. 北京: 高等教育出版社.

同济大学数学系. 2015. 线性代数. 6 版. 北京: 高等教育出版社.

姚孟臣. 2005. 大学文科高等数学. 北京: 高等教育出版社.

http://mathshistory.st-andrews.ac.uk/Biographies/.